기초미적분학

유주식 지음

KM 경문사

머리말

이 책은 수학에 대한 기초가 부족한 학생이나 공업계열 고등학교와 같이 수학을 공부할 기회가 적었던 학생들을 위하여 만들어졌다. 이와 같은 목적으로 중학교 과정의 수학부터 시작함으로써 기초가 부족한 학생들도 쉽게 배울 수 있게 하였다. 즉 일차식과 인수분해 등의 아주 기초적인 내용부터 시작함으로써 학생들이 처음부터 수학을 배운다는 생각으로 공부할 수 있게 하였다. 책의 주요 내용은 다음과 같다.

수식 계산,	함수와 그래프,	수열,
방정식,	삼각함수,	함수의 극한,
부등식,	지수함수와 로그함수,	미분과 적분.

이 책을 통하여 수학적 기초와 함께 미적분에 대한 기본 개념을 쉽게 익힐 수 있으리라 생각된다. 특히 이 책은 미적분을 가르쳐야 하는데 수학에 대한 기초가 부족한 학생이 많은 경우의 수업에 아주 적합하다고 할 수 있다.

이 책에서는 주요 내용을 간결하게 정리하여 설명하였고, 연습문제의 해답을 모두 수록하여 학생들이 스스로 공부하는 데 도움이 되게 하였다.

아무쪼록 이 책을 통하여 전공 공부에 필요한 수학적 기초를 다질 수 있게 되기를 바라는 바이다. 끝으로 책의 출판에 도움을 주신 도서출판 경문사 관계자분들께 감사드린다.

2016년 3월

유 주 식

차례

제5장 삼각함수와 쌍곡선함수

제6장 지수함수와 로그함수

제7장 수열

제8장 함수의 극한과 연속

제 1 장 식의 계산

1.1 일차식 계산

1.2 일차방정식

1.3 다항식 연산

1.4 항등식과 미정계수법

1.5 인수분해

1.1 일차식 계산[1)]

1.1.1 용어의 정의

수와 문자를 사용하여 수량 사이의 관계를 나타낸 식을 문자식 혹은 간단히 식이라 한다. 문자식에서 사용하는 기본적인 용어는 다음과 같다.

(1) 항 : 수 또는 문자의 곱으로만 이루어진 식.
(2) 상수항 : 문자가 들어 있지 않고, 수로만 이루어진 항.
(3) 단항식 : 한 개의 항으로만 이루어진 항.
(4) 다항식 : 단항식들의 합(또는 차)으로 이루어진 항.
(5) 계수 : 단항식에서 문자에 곱하는 수.
(6) 차수 : 항에 포함되어 있는 어떤 문자에 곱하는 개수를 그 문자에 대한 차수라고 한다.
(7) 일차식 : 차수가 1인 다항식.
(8) 동류항 : 문자 부분과 차수가 모두 같은 항. (상수항끼리도 동류항이다.)

예 **항, 계수, 상수항, 1차식, 다항식** 식 $2x-3y+4$에서
(1) 항은 $2x$, $-3y$, 4의 3개다.
(2) x의 계수는 2, y의 계수는 -3이다.
(3) 4는 상수항이다.
(4) x에 대한 1차식, y에 대한 1차식이다.
(5) 3 개의 항으로 이루어진 다항식이다.

예 **차수** 식 $2x^3+5x+4y^2-y+1$에서
$2x^3$의 x에 대한 차수는 3이고, $4y^2$의 y에 대한 차수는 2이다.
이 식은 x에 대한 3차식이고, y에 대한 2차식이다.

예 **1차식** 다음과 같은 식은 모두 1차식이다.

(1) $2x-3$ (2) $\frac{3}{2}x$ (3) $3x+4y+5$

---

1) 수학을 처음부터 배운다는 생각을 하고 시작하도록 한다. 이보다도 더 기초는 초등학교 때 배우는 수의 덧셈, 뺄셈, 곱셈, 나눗셈이다.

예 **동류항** $2x-3y+4x^2+6+y-4x-7$에서

(1) $2x$와 $-4x$는 문자 부분이 x인 동류항이다.

(2) $-3y$와 y는 문자 부분이 y인 동류항이다.

(3) 6과 -7은 상수항으로 동류항이다.

(4) $2x$와 $4x^2$은 문자(x)는 같으나 차수가 다르므로 동류항이 아니다.

1.1.2 일차식 계산

(1) 동류항끼리 모아 계산한다. (같은 문자끼리 묶어서 간단히 한다.)

(2) 괄호가 있으면 분배법칙을 이용하여 괄호를 푼 다음 동류항끼리 묶어서 계산한다.2)

$$\text{분배법칙 : } a(x+y)=ax+ay,\ (x+y)a=ax+ay$$

예 (1) $(2x-3)-(-4x+5)=2x-3+4x-5$

$$=(2+4)x+(-3-5)=6x-8$$

(2) $2x+3y-5-4x+2y+1=(2-4)x+(3+2)y+(-5+1)$

$$=-2x+5y-4$$

(3) $2(x-3)+3(x+4)=2x-6+3x+12$

$$=(2+3)x+(-6+12)=5x+6$$

예제 1.1.1 다음 식을 간단히 하여라.

(1) $\frac{3}{2}\times(6x-4y)$　　　　(2) $(12x+6)\div\frac{3}{2}$

풀이 (1) $\frac{3}{2}\times(6x-4y)=\frac{3}{2}\times 6x-\frac{3}{2}\times 4y=9x-6y$

(2) $(12x+6)\div\frac{3}{2}=12x\times\frac{2}{3}+6\times\frac{2}{3}=8x+4$

예제 1.1.2 $2x-[3x-\{(x+2)-(5x-4)\}]$를 간단히 하여라.

풀이 $2x-[3x-\{(x+2)-(5x-4)\}]$

$$=2x-\{3x-(x+2-5x+4)\}$$

$$=2x-\{3x-(-4x+6)\}$$

2) 수식을 계산할 때나 계산기를 사용할 때 괄호의 특성을 잘 알아야 한다.

$$= 2x - (3x + 4x - 6)$$
$$= 2x - (7x - 6) = 2x - 7x + 6$$
$$= -5x + 6$$

◎ ( ) → { } → [ ] 순으로 괄호를 풀어서 계산한다.

예제 1.1.3 $\frac{3}{2}(-4x + 2y + 2) - \frac{6x - 3y + 9}{3}$을 간단히 하여라.

풀이 $\frac{3}{2}(-4x + 2y + 2) - \frac{6x - 3y + 9}{3}$

$$= -6x + 3y + 3 - \frac{6}{3}x + \frac{3}{3}y - \frac{9}{3}$$
$$= (-6 - 2)x + (3 + 1)y + (3 - 3)$$
$$= -8x + 4y$$

예제 1.1.4 $A = 2x - y - 3$, $B = x + 3y$일 때 다음 식(F)을 x, y에 대한 식으로 나타내어라.

$$F = 3A - 4B + 2(-A + 3B) + 5$$

풀이 먼저 준 식을 A, B에 대하여 정리한 다음 x, y에 대한 식으로 구한다.

$$F = 3A - 4B + 2(-A + 3B) + 5$$
$$= 3A - 4B - 2A + 6B + 5$$
$$= A + 2B + 5$$
$$= (2x - y - 3) + 2(x + 3y) + 5$$
$$= 2x - y - 3 + 2x + 6y + 5$$
$$= 4x + 5y + 2$$

Note ▪ 수식은 언어이다. 문자로 표현된 식에 익숙해지자.

수와 문자를 사용하여 수량 사이의 관계를 나타낸 식을 문자식 혹은 간단히 식이라고 한다. 대부분의 이공학 관련 문제를 해석할 때는 주어진 문제를 문자식으로 표현한 후, 이 식을 풀어서 필요로 하는 수량(물리량)을 구한다. 따라서 문자로 표현된 수식에 익숙해야 하며 수식을 자유자재로 계산할 수 있어야 한다.

예를 들어 뉴턴운동법칙을 말로 설명하면 다음과 같다.

'물체의 가속도(a)는 물체가 받는 힘(F)에 비례하고 물체의 질량(m)에 반비례한다.'

그런데 이것을 수식으로 표현하면

$$'F = ma'$$

로 간단하게 나타낼 수 있다. 이와 같이 수식은 이공학에서 꼭 필요한 아주 편리한 언어라는 것을 알 수 있다.

일상생활에서 대화하기 위해서는 언어를 알아야 하듯이 이공학을 공부하기 위해서는 수식을 알아야 한다는 것을 한 번 더 강조하는 바이다. 이공학도로서 필요한 수학적 기초를 확고하게 다져두자.

연습문제 1.1

1. 다음 식을 간단히 하여라.

(1) $2(x-3)+(3x+5)-(4x-1)$

(2) $\dfrac{6x-10}{-2}-\dfrac{9x+6}{3}$

(3) $-(4x-2)+\dfrac{3}{2}(2x-1)-2(-x+1)+\dfrac{1}{2}$

(4) $(x-y)-4\{-2(x-y)+(-x+y)\}$

(5) $15\left(-\dfrac{2}{3}x+\dfrac{3}{5}y-\dfrac{7}{15}\right)-21\left(\dfrac{2}{7}x-\dfrac{5}{3}y+\dfrac{4}{7}\right)$

(6) $5x-[2x+4\{x-(2x-1)\}]$

(7) $-3[-4x-2\{-3(4x-2)+y\}-4(2y-1)]+30(x-y-1)$

(8) $2(2x-3y-1)-3[-1-2\{-(2x-y-2)+3x-y\}]$

(9) $\dfrac{4}{3}(-3x+6y)-2\left\{\dfrac{2}{5}(-10x+5y)+\dfrac{3}{2}(4x-2y)\right\}$

2. $6(x+2)+(\quad)=5x+7$일 때 ( ) 안에 알맞은 식을 구하여라.

3. 다음 표에서 가로와 세로의 합이 모두 같을 때 A, B, C, D에 알맞은 식을 구하여라. 대각선 방향은 고려하지 않는다.

$4x$	$2x-1$	$-3x+2$
$5x+6$	$-3x-4$	D
A	B	C

4. $x=3$, $y=-\dfrac{1}{5}$일 때 $-\dfrac{2}{3}(4x-y+6)+\dfrac{1}{2}(5x-3y+8)$의 값을 구하여라.

5. $A=2x+3y$, $B=-(x+2y)$일 때 다음 식을 x, y를 사용한 식으로 나타내어라.

$$2(A-B)-3(A-2B)-5B$$

1.2 일차방정식

1.2.1 등식

등호(=)를 사용하여 두 수나 식이 같음을 나타내는 식을 등식이라 하고, 등식에서 등호의 왼쪽과 오른쪽 부분을 각각 좌변과 우변, 두 변을 통틀어 양변이라고 한다.

1.2.2 등식의 성질

등식이 $A=B$ 일 때

(1) 등식의 양변에 같은 수를 더하거나 빼도 등식은 성립한다.

$$A+C=B+C$$
$$A-C=B-C$$

(2) 등식의 양변에 같은 수를 곱하여도 등식은 성립한다.

$$A\times C=B\times C$$

(3) 등식의 양변을 0 이 아닌 같은 수로 나누어도 등식은 성립한다.3)

$$\frac{A}{C}=\frac{B}{C}\quad(C\neq 0)$$

예 (1) $x-2=3$ 이면 $(x-2)+2=3+2 \quad \therefore x=5$

$x+4=5$ 이면 $(x+4)-4=5-4 \quad \therefore x=1$

(2) $\frac{1}{2}\times x=3$ 이면 $(\frac{1}{2}\times x)\times 2=3\times 2 \quad \therefore x=3\times 2=6$

(3) $2x=3$ 이면 $\frac{2x}{2}=\frac{3}{2} \quad \therefore x=\frac{3}{2}$

1.2.3 방정식과 항등식

등식에서 (미지수가 x일 때),

(1) 항등식 : 어떤 문자(x)의 값에 관계없이 항상 성립하는 등식을 그 문자(x)에 대한

3) 특히 문자를 사용하는 컴퓨터 프로그램에서 영(0)으로 나누어지는 경우가 있는지 잘 체크해야 한다. 변수값이 영(0)으로 변하여 나눗셈에서 에러가 발생하는 경우가 많다.

항등식이라 한다.

(2) 방정식 : 어떤 문자(x)가 특정한 값을 가질 때만 성립하는 등식을 그 문자(x)에 대한 방정식이라 한다. 방정식은 문자의 값에 따라 참, 거짓이 달라진다.

◎ 방정식을 성립시키는 x의 값을 그 방정식의 '해' 또는 '근', 해 전체의 집합을 방정식의 '해집합'이라 하고, 방정식의 해집합을 구하는 것을 '방정식을 푼다'고 말한다.

예 (1) 항등식 : $2x+3+4x+5=6x+8$ ……①

식 ①은 좌변을 동류항끼리 정리한 것이 우변이므로 x의 값에 관계없이 항상 성립한다.

(2) 방정식 : $2x+3=5$ ……②

식 ②는 $x=1$일 때만 성립하고, x의 다른 값을 대입하면 성립하지 않는다. 이때 $x=1$을 이 방정식의 해라고 한다.

1.2.4 일차방정식[4)]

$ax+b=0$ (a, b는 상수, $a \neq 0$)와 같이 미지수가 하나이고, 미지수 x의 최고차항의 차수가 일차인 방정식을 x에 대한 일차방정식이라 한다.

예 $2x+a^2+3=4x+5$ ……①

식 ①은 x에 대한 일차방정식이지만 a에 대해서는 이차방정식이 되므로 여러 개의 문자가 포함된 방정식은 반드시 미지수를 명시해야 한다.

1.2.5 일차방정식의 풀이

미지수가 x 일 때,

(1) x 를 포함하는 항은 모두 좌변으로, 상수항은 우변으로 이항한 후 양변을 정리하여 $Ax=B$ 의 꼴로 만든다.

(2) $Ax=B$ 의 해

① $A \neq 0$ 이면 $x=\dfrac{B}{A}$

② $A=0$ 인 경우, $B=0$ 이면 해는 모든 수(부정)

$B \neq 0$ 이면 해가 없다(불능).

---

4) 기초적인 공학 문제는 일차방정식으로 풀 수 있는 문제가 많다. 구하고자 하는 물리량을 어떤 문자(미지수)로 놓고 식을 풀어서 원하는 값을 구하는 방법에 익숙해지도록 한다.

◉ 등식의 성질을 이용하여 항의 부호를 바꾸어 다른 변으로 옮기는 것을 '이항'이라 한다.

예제 1.2.1 x에 대한 다음 방정식을 풀어라.

(1) $3(x-4)-6=2(-3x+4)+1$ (2) $ax-1=2x+3$

풀이 (1) 준 식의 괄호를 풀면

$$3x-12-6=-6x+8+1$$

이다. $-6x$를 좌변으로 이항하고 상수항을 우변으로 이항하여 x를 구한다.

$$3x+6x=9+18$$
$$9x=27$$
$$\therefore\ x=\frac{27}{9}=3$$

(2) $2x$를 좌변으로 이항하고 상수항을 우변으로 이항하면

$$ax-2x=3+1$$
$$\therefore\ (a-2)x=4$$

이다. 따라서 이 식의 해는 다음과 같다.

① $a\neq 2$ 이면 $x=\dfrac{4}{a-2}$

② $a=2$ 이면 해가 없다(불능).

1.2.6 연립일차방정식

(1) 두 개 이상의 미지수를 포함하는 방정식을 연립방정식이라 하고, 미지수가 두 개이고 차수가 일차인 방정식을 이원 연립일차방정식이라고 한다.

(2) 이원 연립일차방정식 : $\begin{cases} ax+by=c & \cdots\cdots ① \\ a'x+b'y=c' & \cdots\cdots ② \end{cases}$

1.2.7 이원 연립일차방정식의 해의 판별

연립방정식 $\begin{cases} ax+by+c=0 & \cdots\cdots ① \\ a'x+b'y+c'=0 & \cdots\cdots ② \end{cases}$ 에서

(1) $\frac{a}{a'} \neq \frac{b}{b'}$ 일 때 한 쌍의 해를 갖는다.

(2) $\frac{a}{a'} = \frac{b}{b'} \neq \frac{c}{c'}$ 일 때 해가 없다. (불능)

(3) $\frac{a}{a'} = \frac{b}{b'} = \frac{c}{c'}$ 일 때 해가 무수히 많다. (부정)

예 (1) $\begin{cases} 3x+2y-7=0 & \cdots\cdots ① \\ 2x-3y+4=0 & \cdots\cdots ② \end{cases}$: 한 쌍의 해 $x=1,\ y=2$

(2) $\begin{cases} 3x+2y-7=0 & \cdots\cdots ① \\ 6x+4y+4=0 & \cdots\cdots ② \end{cases}$: 식 ②를 2로 나누면 $3x+2y+2=0$이 된다.

그런데 ①에서 $3x+2y-7=0$이므로 서로 모순되어 해가 없다.

(3) $\begin{cases} 2x+3y+4=0 & \cdots\cdots ① \\ 4x+6y+8=0 & \cdots\cdots ② \end{cases}$: 식 ②를 2로 나누면 $2x+3y+4=0$이 되어 ①과 일치한다. 따라서 미지수는 2개$(x,\ y)$인데 식은 하나이므로 해가 무수히 많다.

1.2.8 이원 연립일차방정식의 풀이

(1) 가감법 : (i) 두 방정식에 적당한 수를 곱하여 두 식을 서로 빼거나 더하여 한 미지수를 소거한 후 남은 미지수의 값을 구한다.
(ii) 구한 값을 주어진 식 중의 하나에 대입하여 다른 미지수의 값을 구한다.

(2) 대입법 : (i) 한 방정식을 한 미지수(x 혹은 y)에 대하여 푼 후, 그것을 다른 방정식에 대입하여 남은 미지수의 값을 구한다.
(ii) 구한 값을 한 미지수에 대하여 푼 식에 대입하여 다른 미지수의 값을 구한다.

◉ 두 식에서 주어진 관계식을 이용하여 한 미지수를 없애는 것을 '소거'라 한다.

예제 1.2.2 **가감법** 다음 연립방정식의 해를 구하여라.

$$\begin{cases} 3x-2y=4 & \cdots\cdots ① \\ 4x+3y=11 & \cdots\cdots ② \end{cases}$$

풀이 y를 소거하기 위해 $3\times①+2\times②$를 하면

$$9x+8x=12+22$$

$$17x = 34$$
$$\therefore\ x = 2$$

가 구해진다. 다음에 $x = 2$를 ①에 대입하여 y를 구한다.

$$3 \times 2 - 2y = 4,\ -2y = -2\ \ \therefore\ y = 1$$

따라서 주어진 연립방정식의 해는 $x = 2$, $y = 1$이다.

예제 1.2.3 **대입법** 다음 연립방정식의 해를 구하여라.

$$\begin{cases} 2x + y = 4 & \cdots\cdots ① \\ x - 2y = 7 & \cdots\cdots ② \end{cases}$$

풀이 식 ①에서 $y = 4 - 2x$이므로 이 식을 ②에 대입하면 x가 구해진다.

$$x - 2(4 - 2x) = 7$$
$$5x = 15$$
$$\therefore\ x = 3$$

다음에 $x = 3$을 $y = 3 - 2x$에 대입하여 y를 구한다.

$$y = 3 - 2x = 3 - 2 \times 3 = -2$$

$\therefore$ 연립방정식의 해는 $x = 3$, $y = -2$ 이다.

1.2.9 방정식을 이용한 문제 풀이[5)]

(1) 구하고자 하는 양을 정하여 미지수를 선택한다.
(2) 문제의 뜻에 맞는 방정식(미지수들의 관계식)을 세운다 :
 '주어진 조건'과 '문제에 내포된 조건'을 찾아서 수식으로 표현한다.
(3) 방정식을 풀어 미지수를 구한다.
(4) 구한 해가 문제의 뜻에 맞는지 확인한다.

◎ 수학에서 미지수로 많이 사용되는 변수는 x, y 등이지만 일반적으로 이공학 문제에서는 물리적인 특성을 그대로 잘 나타내는 문자(F, m, a, v, t, s, $\cdots$)를 사용한다.

5) 주어진 조건을 수식으로 표현하고 이 식을 풀어서 필요한 값을 구할 수 있는 습관을 들이도록 한다.

예제 1.2.4 합이 37인 두 자연수가 있다. 큰 수는 작은 수의 4배보다 2가 더 크다고 할 때 두 수를 구하여라.

풀이 큰 수를 x, 작은 수를 y라고 한다.
두 수의 합이 37이므로

$$x+y=37 \quad \cdots\cdots ①$$

이고, 큰 수는 작은 수의 4배보다 2가 더 크므로

$$x=4y+2 \quad \cdots\cdots ②$$

이다. 여기에서 ②를 ①에 대입하면 다음과 같이 두 수가 구해진다.

$$\begin{aligned} &x+y=37 \\ &(4y+2)+y=37 \\ &5y=35 \\ \therefore\ &y=7,\ x=4y+2=30 \end{aligned}$$

예제 1.2.5 두 자리의 자연수가 있다. 이 수의 각 자리 숫자의 합은 11이고, 이 수의 십의 자리와 일의 자리를 바꾼 숫자는 처음 수보다 27이 더 작다고 할 때 처음 수를 구하여라.

풀이 십의 자리수를 x, 일의 자리수를 y라고 하면 처음 수의 값은 $10x+y$이고, 자리수를 바꾼 수의 값은 $10y+x$가 된다.
따라서 각 자리 숫자의 합은 11이므로

$$x+y=11 \quad \cdots\cdots ①$$

이고, 자리를 바꾼 숫자($10y+x$)가 처음 수($10x+y$)보다 27이 더 작다는 조건은

$$\begin{aligned} &10y+x=(10x+y)-27 \\ &9x-9y=27 \\ \therefore\ &x-y=3 \quad \cdots\cdots ② \end{aligned}$$

으로 표현된다. ①, ②를 연립하여 풀면 $x=7$, $y=4$가 얻어진다. 따라서 구하고자 하는 처음 수는 74이다.

◉ 십의 자리수가 m이고 일의 자리수가 n인 수는 $10m+n$이다.

예제 1.2.6 시속 8km의 속력으로 뛰어가다가 시속 4km의 속력으로 걸어서 2시간 30분 만에 16km의 순환 도로를 한 바퀴 돌았다. 뛰어간 거리와 걸어간 거리는 각각 몇 km인가?

풀이 뛰어간 거리를 x(km), 걸어간 거리를 y(km)라고 한다.
뛰어간 거리와 걸어간 거리를 합한 전체 거리는 16km이므로

$$x+y=16 \quad \cdots\cdots ①$$

이고, 총 소요 시간 2시간 30분은 $\frac{5}{2}$시간이므로

$$\frac{x}{8}+\frac{y}{4}=\frac{5}{2} \quad (\leftarrow\ t=\frac{s}{v})$$
$$x+2y=20 \cdots\cdots ②$$

이다. 이상의 두 식 ①, ②를 연립하여 풀면 $x=12$(km), $y=4$(km)가 구해진다.

◉ 속도 v, 시간 t, 거리 s의 관계는 다음과 같다 : $s=vt$, $t=\frac{s}{v}$, $v=\frac{s}{t}$.

예제 1.2.7 교실에 여러 개의 긴 의자가 있다. 한 의자에 4명씩 앉으면 3명의 학생이 못 앉는다. 그리고 한 의자에 5명씩 앉으면 3명이 앉는 의자가 1개 생기고 5개의 의자가 남는다. 학생 수를 구하여라.

풀이 의자의 개수를 x라 한다.

- 한 의자에 4명씩 앉으면 3명의 학생이 못 앉게 되므로 학생 수는 $4x+3$이다.
- 한 의자에 5명씩 앉으면 3명이 앉는 의자가 1개 생기고 5개의 의자가 남으므로 이때 5명이 앉는 의자 수는 $(x-1-5)=(x-6)$이고, 학생 수는 $5(x-6)+3$이 된다.

여기에서 학생 수가 일정하므로 위의 조건으로부터 다음과 같이 x가 구해진다.

$$4x+3=5(x-6)+3$$
$$4x-5x=-27-3$$
$$-x=-30$$
$$\therefore x=30$$

따라서 학생 수는 $4\times30+3=123$ (명)이다.

예제 1.2.8 스프링상수가 각각 k_1, k_2인 두 개의 스프링을 직렬연결하면 합성스프링상수 k'와의 사이에는 $\frac{1}{k'}=\frac{1}{k_1}+\frac{1}{k_2}$의 관계식이 성립한다. 스프링상수가 $2k$, $3k$인 스프링을 직렬연결하였을 때 합성스프링상수를 구하여라.

풀이 합성스프링상수를 x라고 하면 다음과 같이 x가 구해진다.

$$\frac{1}{x}=\frac{1}{k_1}+\frac{1}{k_2}$$
$$=\frac{1}{2k}+\frac{1}{3k}=\left(\frac{1}{2}+\frac{1}{3}\right)\frac{1}{k}$$
$$=\left(\frac{3+2}{6}\right)\frac{1}{k}=\frac{5}{6k}$$
$$\therefore \quad x=\frac{6k}{5}$$

예제 1.2.9 그림과 같은 직각삼각형 ABC에서 $\overline{AB}=\overline{BC}=12\text{cm}$이고, 직사각형 BDEF와 삼각형 CDE의 넓이가 같을 때 $\overline{BD}$의 길이를 구하여라.

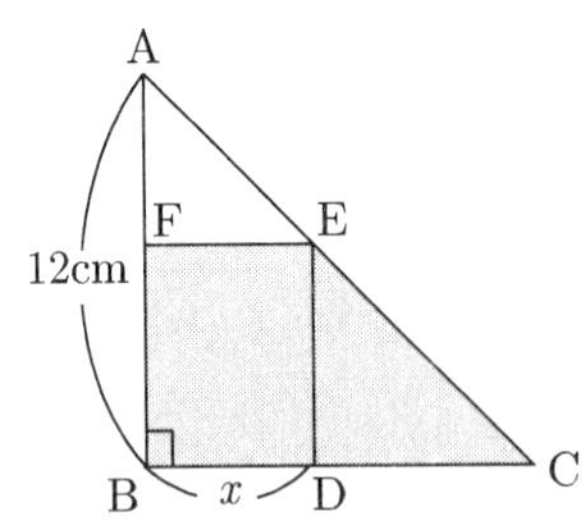

풀이 삼각형 ABC는 이등변 삼각형이므로 삼각형 CDE도 이등변 삼각형이다. 여기에서 $\overline{BD}=x(\text{cm})$로 하면

$$\overline{CD}=\overline{BC}-\overline{BD}=12-x \ (\text{cm})$$
$$\overline{DE}=\overline{CD}=12-x \ (\text{cm})$$

이므로 직사각형 BDEF의 넓이는

$$x\times(12-x)\ \ (\mathrm{cm}^2)$$

이고, 삼각형 CDE의 넓이는

$$\frac{1}{2}\times(12-x)\times(12-x)\ \ (\mathrm{cm}^2)$$

이다. 따라서 $x=\overline{\mathrm{BD}}$는 다음과 같이 구해진다.

$$x\times(12-x)=\frac{1}{2}\times(12-x)\times(12-x)$$

(← 양변을 $(12-x)$로 나눈다.)

$$x=\frac{1}{2}(12-x)$$

$$2x=12-x$$

$$3x=12$$

$$\therefore\ \ x=4\ \ (\mathrm{cm})$$

연습문제 1.2

1. x에 대한 다음 방정식을 풀어라. a, b는 임의 상수이다.

(1) $2\{2x-3(-x+1)\}=-x+5$

(2) $1.2(x-1)-2(2.4x-1)=-2x-1.6$

(3) $-\dfrac{2(x-1)}{3}=\dfrac{x-1}{2}+\dfrac{(-x+5)}{6}+1$

(4) $0.5x-\dfrac{2x-1}{4}+1=\dfrac{3}{2}\left(\dfrac{1}{2}-0.4x\right)+0.3x$

(5) $a(3x-2)-5x=-2(1+x)$

2. 다음 연립방정식을 만족하는 해(x, y)를 구하여라.

(1) $\begin{cases} 3x-2y=-2 \\ 3x-4y=2 \end{cases}$

(2) $\begin{cases} x+y=3 \\ 2x-3y=6 \end{cases}$

(3) $\begin{cases} 12+y=2(x-y) \\ 3x+4y=1 \end{cases}$

(4) $\begin{cases} 3x-2y-7=4x+2y+7 \\ 10x+8=-7y \end{cases}$

(5) $\begin{cases} 0.2x+0.1y+\dfrac{1}{2}=0 \\ \dfrac{x}{4}-\dfrac{y}{3}+2=0 \end{cases}$

(6) $\begin{cases} \dfrac{y}{3}+\dfrac{1}{2}=\dfrac{x}{2}-\dfrac{2}{3} \\ \dfrac{x}{5}-\dfrac{y}{10}=\dfrac{1}{2} \end{cases}$

3. 가로의 길이가 세로의 길이보다 3m 더 길고, 둘레의 길이가 14m인 직사각형의 세로 길이를 구하여라.

4. 연속한 세 홀수의 합이 45일 때 세 수를 구하여라.

5. 질량 m, 초기속도 v_0, 가속도 a인 물체의 t 시간 후의 속도 $v=v_0+at$이고 물체에 작용하는 힘 $F=ma$이다. 5 m/s의 속도로 운동하고 있는 질량이 10kg인 물체에 일정한 힘을 운동 방향으로 5초 동안 작용시켜 속도가 15m/s가 되었다. 물체에 작용한 힘은 몇 N인가?

◉ 힘의 단위 $1\,\mathrm{N}=1\,\mathrm{kg}\cdot\dfrac{\mathrm{m}}{\mathrm{s}^2}$이다.

6. 두 수의 합이 56이고 차가 14일 때 두 수를 구하여라.

7. 합이 32인 두 자연수가 있다. 큰 수를 작은 수로 나누면 몫이 5이고 나머지가 2일 때 두 수를 구하여라.

8. 두 자리 자연수가 있다. 이 수의 각 자리 숫자의 합은 8이고, 이 수의 십의 자리와 일의 자리를 바꾼 숫자는 처음 수의 2배보다 17이 더 작다고 할 때 처음 수를 구하여라.

9. 산을 올라갈 때는 시속 3km로 걷고, 내려갈 때는 올라갈 때보다 3km 더 먼 거리를 시속 4km의 속력으로 내려왔다. 이때 걸린 총 소요 시간이 6시간이면 올라간 거리는 몇 km인가?

10. 점 A에서 B로 가는데 시속 60km로 가면 시속 70km로 갈 때보다 5분이 더 걸린다. 두 지점 A, B 사이의 거리를 구하여라.

◉ 속도 v, 이동거리 s, 소요 시간 t일 때 $v=\frac{s}{t}$, $t=\frac{s}{v}$이다.

11. 시속 126km의 속도로 달리는 자동차에 브레이크를 걸었을 때 자동차는 $-3.5\,\mathrm{m/s^2}$의 등가속도 운동을 하였다. 브레이크를 건 후 자동차가 정지할 때까지 걸린 시간(s)을 구하여라. 처음속도 v_0, 가속도 a의 등가속도 운동에서 t초 후의 물체의 속도 $v=v_0+at$이고, 시속 126km의 속도는 $\frac{126\mathrm{km}}{3600\mathrm{s}}$의 속도이다.

12. 10%의 소금물 500g이 있다. 여기에 몇 g의 물을 더 넣으면 8%의 소금물이 되는가?

◉ 소금물의 농도$=\frac{\text{소금의 양}}{\text{소금물의 양}}\times 100(\%)$로 정의된다. 소금물 = 소금 + 물.

13. 가로와 세로의 길이가 각각 7m, 5m인 직사각형이 있다. 세로의 길이를 2m 더 길게 하여 처음 넓이의 2배가 되는 직사각형을 만들 때 늘어난 세로의 길이를 구하여라.

14. 학교 동아리에서 필요한 물건을 구입하기 위해 회원으로부터 비용을 모으려 한다. 1인당 500원씩 모으면 1500원이 모자라고 600원씩 모으면 2000원이 남는다. 회원 수를 구하여라.

1.3 다항식 연산

1.3.1 내림차순과 오름차순

(1) 내림차순 : 한 문자에 대하여 차수가 높은 항부터 나열하는 것.
(2) 오름차순 : 한 문자에 대하여 차수가 낮은 항부터 나열하는 것.

예 $F = x^2 + 2xy + 3y^2 + 4x + 5y + 6$

(1) 식 F를 x에 대해 내림차순으로 정리하면

$$F = x^2 + (2y+4)x + 3y^2 + 5y + 6$$

이다. 이때 y는 상수와 같이 취급한다.

(2) 식 F를 x에 대해 오름차순으로 정리하면

$$F = 3y^2 + 5y + 6 + (2y+4)x + x^2$$

으로 표현된다.

1.3.2 다항식의 덧셈과 뺄셈

(1) 동류항끼리 모아서 정리한다.
(2) 괄호가 있으면 다음과 같은 분배법칙을 이용하여 괄호를 푼 다음 동류항끼리 모아서 정리한다.

$$C(x+y) = Cx + Cy \quad (\text{분배법칙})$$

1.3.3 다항식의 덧셈에 대한 연산법칙

세 다항식 A, B, C의 덧셈에 대하여 다음 법칙이 성립한다.

(1) 교환법칙 : $A + B = B + A$
(2) 결합법칙 : $(A+B) + C = A + (B+C)$

예 (1) $3(x+3y) - 2(-x+y) = 3x + 9y + 2x - 2y = 5x + 7y$

(2) $x(x+2xy+1) + 2x^2 - x^2y + 3x = x^2 + 2x^2y + x + 2x^2 - x^2y + 3x$
$= 3x^2 + x^2y + 4x$

1.3.4 다항식의 곱셈에 대한 연산법칙

세 다항식 A, B, C에 대하여

(1) 교환법칙 : $AB = BA$
(2) 결합법칙 : $A(BC) = (AB)C$
(3) 분배법칙 : $A(B+C) = AB + AC$, $(A+B)C = AC + BC$

1.3.5 분배법칙

(1) $a(x+y) = ax + ay$, $(x+y)a = ax + ay$
(2) $(a+b)(x+y+z) = ax + ay + az + bx + by + bz$
(3) $(a+b+c)(x+y+z) = ax + ay + az + bx + by + bz + cx + cy + cz$

1.3.6 지수법칙

자연수 m, n에 대해 다음 지수법칙이 성립한다.

(1) $a^m \times a^n = a^{m+n}$
(2) $(a^m)^n = a^{mn}$
(3) $a^m \div a^n = \begin{cases} a^{m-n} & (m > n) \\ \dfrac{1}{a^{n-m}} & (m < n) \end{cases}$, $a^0 = 1 \ (a \neq 0)$
(4) $(ab)^m = a^m b^m$, $\left(\dfrac{a}{b}\right)^m = \dfrac{a^m}{b^m} \quad (b \neq 0)$

◉ 어떤 수 a를 n 번 곱한 것을 a^n으로 나타내고 a를 밑, n을 지수라 한다.

예 (1) $(2x+3)(-x+4) = 2x \times (-x) + 2x \times 4 + 3 \times (-x) + 3 \times 4$
$= -2x^2 + 8x - 3x + 12 = -2x^2 + 5x + 12$
(2) $(x+2y)(x^2 - 3xy + 4y^2) = x^3 - 3x^2y + 4xy^2 + 2x^2y - 6xy^2 + 8y^3$
$= x^3 - x^2y - 2xy^2 + 8y^3$

1.3.7 곱셈공식[6)]

(1) $(a+b)^2 = a^2 + 2ab + b^2$, $(a-b)^2 = a^2 - 2ab + b^2$

---

6) (1) ~ (7) 공식은 기억하도록 한다. 많이 사용하는 식이다.

(2) $(a+b)(a-b)=a^2-b^2$

(3) $(x+a)(x+b)=x^2+(a+b)x+ab$

(4) $(ax+b)(cx+d)=acx^2+(ad+bc)x+bd$

(5) $(a+b+c)^2=a^2+b^2+c^2+2ab+2bc+2ca$

(6) $(a+b)^3=a^3+3a^2b+3ab^2+b^3=a^3+b^3+3ab(a+b)$

$(a-b)^3=a^3-3a^2b+3ab^2-b^3=a^3-b^3-3ab(a-b)$

(7) $(a+b)(a^2-ab+b^2)=a^3+b^3$

$(a-b)(a^2+ab+b^2)=a^3-b^3$

(8) $(a+b+c)(a^2+b^2+c^2-ab-bc-ca)=a^3+b^3+c^3-3abc$

(9) $(a^2+ab+b^2)(a^2-ab+b^2)=a^4+a^2b^2+b^4$

예 곱셈공식 이용

(1) $(2x+3)^2=4x^2+12x+9$, $(2x-5)^2=4x^2-20x+25$

(2) $(2x-3y)(2x+3y)=4x^2-9y^2$

(3) $(x-2)(x+5)=x^2+3x-10$

(4) $(2x+3)(4x+5)=8x^2+22x+15$

(5) $(x-2y+3z)^2=x^2+4y^2+9z^2-4xy-12yz+6zx$

(6) $(2x+1)^3=8x^3+12x^2+6x+1$, $(x-2)^3=x^3-6x^2+12x-8$

(7) $(2x+y)(4x^2-2xy+y^2)=8x^3+y^3$

$(x-2y)(x^2+2xy+4y^2)=x^3-8y^3$

(8) $(x-y+1)(x^2+y^2+xy-x+y+1)=x^3-y^3+3xy+1$

(9) $(x^2+2xy+4y^2)(x^2-2xy+4y^2)=x^4+4x^2y^2+16y^4$

1.3.8 다항식의 나눗셈

다항식 F를 식 $p(p\neq 0)$로 나누었을 때의 몫을 Q, 나머지를 R이라고 하면

$$F=pQ+R$$

이 된다. 단, R의 차수는 p의 차수보다 낮다. 특히 $R=0$일 때 식 F는 p로 나누어떨어진다고 한다.

(1) 다항식÷단항식 : $(a+b)\div p=\dfrac{a}{p}+\dfrac{b}{p}$

(2) 다항식÷다항식 : 두 다항식을 내림차순으로 정리한 후 계수가 0인 항은 비워 두고 계산한다.

예 (1) $(2x^2y-12xy^2)\div 2x=\dfrac{2x^2y}{2x}-\dfrac{12xy^2}{2x}=xy-6y^2$

(2) $(2x^3+3x^2-4x+5)\div(x-2)$

$$\begin{array}{r|l}
 & 2x^2+7x+10 \\
\hline
x-2 & 2x^3+3x^2-4x+5 \\
 & 2x^3-4x^2 \\
\hline
 & \quad 7x^2-4x+5 \\
 & \quad 7x^2-14x \\
\hline
 & \qquad 10x+5 \\
 & \qquad 10x-20 \\
\hline
 & \qquad\quad 25
\end{array}$$

식 $(2x^3+3x^2-4x+5)$을 $(x-2)$로 나누었을 때 몫은 $2x^2+7x+10$이고 나머지는 25다.

예제 1.3.1 식 $(2x-3)(2x+3)(4x^2+9)$ 를 전개하여라.

풀이 공식 $(a-b)(a+b)=a^2-b^2$을 이용한다.

$$\begin{aligned}(2x-3)(2x+3)(4x^2+9)&=\left[(2x)^2-3^2\right](4x^2+9)\\&=(4x^2-9)(4x^2+9)\\&=\left[(4x^2)^2-9^2\right]\\&=16x^4-81\end{aligned}$$

예제 1.3.2 식 $(2x-1)^3(-3x+4)^2(-2x+3)$ 을 전개했을 때 계수의 총합을 구하여라.

풀이 주어진 식은 최고차항이 6차이므로 식을 전개하면

$$A_1x^6+A_2x^5+A_3x^4+A_4x^3+A_5x^2+A_6x+A_7$$

로 쓸 수 있다. 이 식에서 계수의 총합

$$A_1+A_2+A_3+A_4+A_5+A_6+A_7$$

은 $x=1$일 때의 식의 값과 같다는 것을 알 수 있다. 따라서 주어진 식을 전개했을 때 계수의 총합(S)은 다음과 같다.

$$S=(2\times 1-1)^3(-3\times 1+4)^2(-2\times 1+3)=1$$

예제 1.3.3 $x^2-5x-1=0$ 일 때 다음 식의 값을 구하여라.

(1) $x^2+\dfrac{1}{x^2}$　　　　(2) $x^3-\dfrac{1}{x^3}$

풀이 먼저 주어진 식으로부터 $x-\dfrac{1}{x}$의 값을 구한다. 여기에서 $x\neq 0$ 이므로 $x^2-5x-1=0$ 의 양변을 x로 나누면

$$x-5-\frac{1}{x}=0$$

이다. 따라서

$$x-\frac{1}{x}=5$$

이다. 식 (1), (2)를 $x-\dfrac{1}{x}$로 표현하여 식의 값을 구한다.

(1) $x^2+\dfrac{1}{x^2}=\left(x-\dfrac{1}{x}\right)^2+2x\times\dfrac{1}{x}=5^2+2=27$

(2) $$\begin{aligned} x^3-\frac{1}{x^3}&=\left(x-\frac{1}{x}\right)\left(x^2+x\times\frac{1}{x}+\frac{1}{x^2}\right)\\ &=\left(x-\frac{1}{x}\right)\left(x^2+1+\frac{1}{x^2}\right)\\ &=\left(x-\frac{1}{x}\right)\left[\left(x^2+\frac{1}{x^2}\right)+1\right]\\ &=5\times(27+1)=140\end{aligned}$$

◉ $a^3-b^3=(a-b)(a^2+ab+b^2)$

예제 1.3.4 $x+y=3,\ xy=1$ 일 때 다음 식의 값을 구하여라.

(1) $x-y$ (2) x^2+y^2

(3) x^3+y^3 (4) x^4+y^4

풀이 (1) $(x-y)^2=(x+y)^2-4xy=3^2-4\times 1=5$

$\therefore\ (x-y)=\pm\sqrt{5}$

(2) $x^2+y^2=(x+y)^2-2xy=3^2-2\times 1=7$

(3) $x^3+y^3=(x+y)^3-3xy(x+y)=3^3-3\times 1\times 3=18$

(4) $x^4+y^4=(x^2+y^2)^2-2(xy)^2=7^2-2\times 1^2=47$

◎ $(a+b)^3=a^3+3a^2b+3ab^2+b^3=a^3+b^3+3ab(a+b)$

$\therefore\ a^3+b^3=(a+b)^3-3ab(a+b)$

$(a-b)^3=a^3-3a^2b+3ab^2-b^3=a^3-b^3-3ab(a-b)$

$\therefore\ a^3-b^3=(a-b)^3+3ab(a-b)$

예제 1.3.5 $x^8=20$ 일 때 다음 식의 값을 구하여라.

$$(x-1)(x+1)(x^2+1)(x^4+1)$$

풀이 $(a-b)(a+b)=a^2+b^2$을 계속 이용한다.

$$\begin{aligned}&(x-1)(x+1)(x^2+1)(x^4+1)\\&=(x^2-1)(x^2+1)(x^4+1)\quad [\leftarrow (x-1)(x+1)=x^2-1]\\&=(x^4-1)(x^4+1)\quad [\leftarrow (x^2-1)(x^2+1)=x^4-1]\\&=x^8-1\\&=20-1\\&=19\end{aligned}$$

예제 1.3.6 x^4+ax^2+b 가 $x-1,\ x^2+1$로 나누어떨어질 때 a, b의 값을 구하여라.

풀이 몫을 $Q(x)$라고 하면 준 식은 다음과 같이 표현된다.

$$x^4+ax^2+b=(x-1)(x^2+1)Q(x)$$

여기에서 $x=1$ 을 대입하면

$$1+a+b=0 \quad \cdots\cdots \text{①}$$

이고, $x^2=-1$ 을 대입하면

$$1-a+b=0 \quad \cdots\cdots \text{②}$$

이다. ①, ②를 연립하여 풀면 $a=0$, $b=-1$이 구해진다.

예제 1.3.7 그림과 같이 가로, 세로, 높이가 각각 a, b, c인 직육면체의 모든 모서리의 길이의 합이 20이고 겉넓이가 16일 때 $a^2+b^2+c^2$의 값을 구하여라.

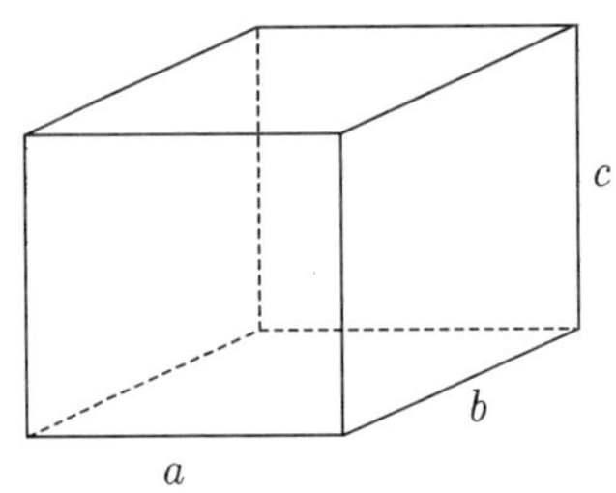

풀이 • 모든 모서리의 길이의 합이 20이므로

$$4(a+b+c)=20$$
$$\therefore\ (a+b+c)=5$$

• 겉넓이가 16이므로

$$2(ab+bc+ca)=16$$
$$\therefore\ (ab+bc+ca)=8$$

따라서 $a^2+b^2+c^2$의 값은 다음과 같이 구해진다.

$$\begin{aligned} a^2+b^2+c^2 &= (a+b+c)^2-2(ab+bc+ca) \\ &= 5^2-2\times 8 \\ &= 9 \end{aligned}$$

연습문제 1.3

1. 다음 식을 전개하여 정리하여라.

(1) $(2x-3)(4x+5)$ (2) $(2x-y)(-3x+4y)$

(3) $(x-y-z)(x+y+z)$ (4) $(x-2y+1)(x-2y-1)$

2. $(7+6x+5x^2+4x^3+3x^4+2x^5+x^6)^2$ 의 전개식에서 x^3의 계수를 구하여라.

3. $x^2-3x+1=0$ 일 때 $x^3+x^2+x+\frac{1}{x}+\frac{1}{x^2}+\frac{1}{x^3}$의 값을 구하여라.

4. $(2x-1)(x^2+ax+a)$의 전개식에서 x^2 항의 계수가 7일 때 상수항을 구하여라.

5. $(2x-3y+4z-5)(-5x+4y-3z+2)$을 전개하였을 때 계수의 총합을 구하여라.

6. $3x^3-2x^2+x+1$을 $x-2$으로 나누었을 때의 몫과 나머지를 구하여라.

7. $x=2+\sqrt{3}$, $y=2-\sqrt{3}$일 때 다음 식의 값을 구하여라.

(1) x^2+y^2 (2) $\frac{y}{x}+\frac{x}{y}$

8. $x=1+\sqrt{2}$, $y=1-\sqrt{2}$일 때 x^2+y^2과 x^4+y^4의 값을 구하여라.

9. $x+y=3$, $xy=5$일 때 다음 식의 값을 구하여라.

(1) $x^2-4xy+y^2$ (2) $\frac{y^2}{x}+\frac{x^2}{y}$

10. $\frac{1}{x}+\frac{1}{y}=6$일 때 $\frac{x+y}{x-2xy+y}$의 값을 구하여라.

1.4 항등식과 미정계수법

1.4.1 항등식의 성질 I

등식에 포함된 문자에 어떤 값을 대입하여도 항상 성립하는 등식을 그 문자에 대한 항등식이라 한다. 다음 식

$$\begin{aligned} &A_n x^n + A_{n-1}x^{n-1} + A_{n-2}x^{n-2} + \cdots + A_2 x^2 + A_1 x + A_0 \\ &\quad = A'_n x^n + A'_{n-1}x^{n-1} + A'_{n-2}x^{n-2} + \cdots + A'_2 x^2 + A'_1 x + A'_0 \end{aligned}$$

이 x에 대한 항등식이면

$$A_n = A'_n,\ A_{n-1} = A'_{n-1},\ A_{n-2} = A'_{n-2},\ \cdots,\ A_1 = A'_1,\ A_0 = A'_0$$

이다. 즉, 좌변과 우변의 같은 차수의 계수가 모두 같을 때 두 식이 항등식이 된다.

1.4.2 항등식의 성질 II

(1) $ax+b=0$이 x에 대한 항등식 $\Leftrightarrow$ $a=b=0$
$ax+b=a'x+b'$이 x에 대한 항등식 $\Leftrightarrow$ $a=a',\ b=b'$

(2) $ax^2+bx+c=0$이 x에 대한 항등식 $\Leftrightarrow$ $a=b=c=0$
$ax^2+bx+c=a'x^2+b'x+c'$이 x에 대한 항등식
$\Leftrightarrow$ $a=a',\ b=b',\ c=c'$

(3) $ax+by+c=0$이 x, y에 대한 항등식 $\Leftrightarrow$ $a=b=c=0$

예 (1) $(k-1)x+(h-2)=0$이 x에 대한 항등식이면 $k=1,\ h=2$이다.
(2) $2x^2+bx+4=ax^2-5x+c$가 x에 대한 항등식이면 $a=2,\ b=-5,\ c=4$이다.
(3) $(k+2)x+(h-3)y=0$이 $x,\ y$대한 항등식이면 $k=-2,\ h=3$이다.

1.4.3 미정계수법

항등식의 성질을 이용하여 등식의 정해지지 않은 계수를 구하는 방법.

(1) 계수비교법 : 항등식의 양변에 있는 같은 차수의 항의 계수가 같으므로 양변의 계수를 비교하여 결정하는 방법.

(2) 수치대입법 : 항등식은 미지수에 어떤 값을 대입하여도 항상 성립하므로 적당한

수치를 대입하여 계수를 결정하는 방법.

예 (1) $2x+b=a(x-1)$일 때 a, b의 값은?

$2x+b=ax-a$이므로 x의 계수와 상수항을 비교하면,

$$2=a,\ b=-a$$

이므로 $a=2, b=-2$이다.

(2) $2(x-1)+a(x-2)=b(x-1)+3$일 때 a, b의 값은?

- 양변에 $x=1$을 대입하면 $-a=3 \quad \therefore\ a=-3$
- 양변에 $x=2$를 대입하면 $2=b+3 \quad \therefore\ b=-1$

예제 1.4.1 **계수비교법** 다음 등식이 모든 실수 x에 대하여 항상 성립할 때 상수 $a,\ b,\ c$의 값을 구하여라.

$$(x-1)(ax+3)=2x^2+bx+c$$

풀이 준 식의 좌변을 전개하여 정리하면

$$ax^2+(-a+3)x-3=2x^2+bx+c$$

이다. 이 식에서 양변의 계수를 비교하면

$$\begin{aligned} x^2 &: \ a=2 \\ x &: \ -a+3=b \\ \text{상수} &: \ -3=c \end{aligned}$$

이므로 $a=2,\ b=1,\ c=-3$의 값이 구해진다.

예제 1.4.2 **수치대입법** 다음 등식이 모든 실수 x에 대하여 항상 성립할 때 상수 $a,\ b$의 값을 구하여라.

$$a(x-2)+b(x-1)=2x-6$$

풀이 준 식 $a(x-2)+b(x-1)=2x-6$에서

- 양변에 $x=1$을 대입하면

$$a(1-2)+0=2\times 1-6$$

$$-a=-4$$
$$\therefore\ a=4$$

• 양변에 $x=2$를 대입하면

$$0+b(2-1)=2\times2-6$$
$$\therefore\ b=-2$$

예제 1.4.3 **수치대입법** 다음 등식이 모든 실수 x에 대하여 항상 성립할 때 상수 a, b, c의 값을 구하여라.

$$a(x-1)(x+1)+bx(x-1)+cx(x+1)=x^2+2x+3$$

풀이 준 식 $a(x-1)(x+1)+bx(x-1)+cx(x+1)=x^2+2x+3$에서

• 양변에 $x=1$을 대입하면

$$0+0+2c=1+2+3$$
$$\therefore\ c=3$$

• 양변에 $x=-1$을 대입하면

$$0+2b=1-2+3$$
$$\therefore\ b=1$$

• 양변에 $x=0$을 대입하면

$$-a+0+0=0+0+3$$
$$\therefore\ a=-3$$

예제 1.4.4 **수치대입법** 다음 식이 어떤 식 $f(x)$에 대해 x에 관한 항등식이 되도록 상수 a, b의 값을 구하여라.

$$(x+1)(x^2-3)f(x)=x^4+ax^2+b$$

풀이 준 식의 양변에 $x=-1$을 대입하면

$$0=1+a+b$$
$$\therefore\ a+b=-1 \quad \cdots\cdots \text{①}$$

이고, 양변에 $x^2=3$을 대입하면

$$0=3^2+3a+b$$
$$\therefore\ 3a+b=-9\ \cdots\cdots ②$$

의 관계식이 얻어진다. ①, ②를 연립하여 풀면 $a=-4$, $b=3$이 구해진다.

예제 1.4.5 **계수비교법** 다음 등식이 모든 실수 x, y에 대하여 항상 성립할 때 상수 a, b의 값을 구하여라.

$$a(-x+y)+b(x-2y)=3x-4y$$

풀이 좌변을 전개하여 정리하면

$$(-a+b)x+(a-2b)y=3x-4y$$

이므로 양변의 계수를 비교하면

$$x\ :\ -a+b=3\ \cdots\cdots ①$$
$$y\ :\ a-2b=-4\ \cdots\cdots ②$$

이다. 두 식을 연립하여 풀면 $a=-2$, $b=1$이다.

예제 1.4.6 **수치대입법** 다음 식이 모든 실수 x에 대하여 성립하도록 상수 a, b의 값을 구하여라.[7)]

$$\frac{5x-7}{x^2-3x+2}=\frac{a}{x-1}+\frac{b}{x-2}$$

풀이 주어진 식의 우변을 통분하면

$$\frac{a}{x-1}+\frac{b}{x-2}=\frac{a(x-2)+b(x-1)}{(x-1)(x-2)}=\frac{a(x-2)+b(x-1)}{x^2-3x+2}$$

이다. 따라서 준 식은

$$\frac{5x-7}{x^2-3x+2}=\frac{a(x-2)+b(x-1)}{x^2-3x+2}$$

---

7) 부분분수로 분해할 때 미정계수법을 적용하여 상수를 구한다. 유리함수를 적분하거나 라플라스 역변환을 구할 때 부분분수 분해가 이용된다.

이 된다, 이 식이 항상 성립하려면 양변의 분자가 같아야 하므로

$$5x-7=a(x-2)+b(x-1)$$

이다. 이 방정식은 모든 x에 대해 성립하므로 $x=2, 1$을 차례로 대입하면

$$5 \cdot 2-7=b \cdot (2-1),\ 5 \cdot 1-7=a \cdot (1-2)$$

이다. 여기에서 $a=2,\ b=3$이 구해진다.

예제 1.4.7 **수치대입법** 다음 식이 모든 실수 x에 대하여 성립하도록 상수 $a,\ b,\ c$의 값을 구하여라.

$$\frac{4x+2}{x(x+1)(x+2)}=\frac{a}{x}+\frac{b}{x+1}+\frac{c}{x+2}$$

풀이 주어진 식의 우변을 통분하면

$$\frac{a}{x}+\frac{b}{x+1}+\frac{c}{x+2}=\frac{a(x+1)(x+2)+bx(x+2)+cx(x+1)}{x(x+1)(x+2)}$$

이다. 따라서 준 식은

$$\frac{4x+2}{x(x+1)(x+2)}=\frac{a(x+1)(x+2)+bx(x+2)+cx(x+1)}{x(x+1)(x+2)}$$

이 된다. 이 식이 항상 성립하려면 양변의 분자가 같아야 하므로

$$4x+2=a(x+1)(x+2)+bx(x+2)+cx(x+1)$$

이다. 이 방정식은 모든 x에 대해 성립하므로 $x=0, -1, -2$를 차례로 대입하면

$$2=a\times 2,\ -2=b\times(-1),\ -6=c\times 2$$

이다. 여기에서 $a=1,\ b=2,\ c=-3$이 구해진다.

예제 1.4.8 **계수비교법** x에 대한 다음 항등식이 성립할 때 상수 A, B, C의 값을 구하여라.

$$\frac{x+10}{x(x^2+2x+5)} = \frac{A}{x} + \frac{Bx+C}{x^2+2x+5}$$

풀이 준 식의 우변에서 분모를 통분하여 정리하면

$$\begin{aligned}\frac{x+10}{x(x^2+2x+5)} &= \frac{A}{x} + \frac{Bx+C}{x^2+2x+5}\\ &= \frac{A(x^2+2x+5)+x(Bx+C)}{x(x^2+2x+5)}\end{aligned}$$

이다. 항등식이 되기 위해서 첫 번째 식과 마지막 식의 분자를 갖게 하면

$$\begin{aligned}x+10 &= A(x^2+2x+5)+x(Bx+C)\\ &= (A+B)x^2+(2A+C)x+5A\end{aligned}$$

가 된다. 여기에서 같은 차수에 대한 양변의 계수를 비교하면

x^2의 계수 : $0 = A+B$
x 의 계수 : $1 = 2A+C$
상수항 : $10 = 5A$

위의 세 관계식으로부터 $A=2$, $B=-2$, $C=-3$의 값이 구해진다.

Note ▪ 부분분수 분해

[예제 1.4.6], [예제 1.4.7], [예제 1.4.8]과 같이 하나의 유리함수를 두 개 이상의 유리함수의 합으로 나타내는 것을 부분분수로 분해한다고 하며, 이와 같은 부분분수 분해는 특히 유리함수를 적분할 때 많이 이용된다.

연습문제 1.4

1. 다음 등식이 x에 대한 항등식일 때 상수 a, b, c의 값을 구하여라.

(1) $a(x+1)+b(x-1)=2x$

(2) $x^2-3x+4=ax^2+(b-1)x+c$

(3) $(a+b)x^2-(b-2)x+(c+1)=x^2+3$

(4) $x^2+2=a(x-1)^2+b(x-1)+c$

(5) $x^3-3x-2=(x+1)(ax^2+bx+c)$

2. 임의의 실수 x, y에 대하여 다음 식이 항상 성립할 때 상수 a, b, c의 값을 구하여라.

(1) $a(x+y)-b(x-y)+5=2x+4y+c$

(2) $a(2x-y)+b(x+y)+c+1=x-8y+5$

3. $ax(x-1)+bx(x-2)+c(x-1)(x-2)=2x^2-x-2$ 일 때 상수 a, b, c 의 값을 구하여라.

4. $(2x+1)(-x-2)(3x+2)(-5x-4)=Ax^4+Bx^3+Cx^2+Dx+E$일 때, A, E와 $B-C+D$의 값을 구하여라.

5. $\dfrac{x+4}{(x-2)(x+2)}=\dfrac{a}{x+2}+\dfrac{b}{x-2}$가 x에 대한 항등식이 되도록 하는 상수 a, b의 값을 구하여라.

6. $\dfrac{3x+1}{x(x+1)^2}=\dfrac{a}{x}+\dfrac{b}{x+1}+\dfrac{c}{(x+1)^2}$가 x에 대한 항등식이 되도록 하는 상수 a, b, c의 값을 구하여라.

7. 다음 식이 어떤 식 $f(x)$에 대해 x에 관한 항등식이 되도록 상수 a, b의 값을 구하여라.

$$(x-1)(x^2-2)f(x)=x^4+ax^2+b$$

1.5 인수분해

1.5.1 인수분해[8)]

하나의 다항식을 두 개 이상의 단항식이나 다항식의 곱으로 나타내는 것을 인수분해라 한다.

(1) 인수분해를 하는 방법은 여러 가지가 있지만 기본 원칙은 공통인수를 찾는 것이다.

(2) 특정 형태의 다항식은 인수분해 공식을 이용하면 편리하다.

1.5.2 공통인수에 의한 인수분해

(1) $ax + ay = a(x + y)$

(2) $a(x + y) + b(x + y) = (a + b)(x + y)$

예 (1) $a + 2ab = a(1 + 2b)$

(2) $2x^2 + 4x = 2x(x + 2)$

(3) $3x^2y + 6xy^2 = 3xy(x + 2y)$

(4) $ax + 2x + 3a + 6 = x(a + 2) + 3(a + 2) = (a + 2)(x + 3)$

(5) $(x + 2y)^2 + 4x + 8y = (x + 2y)^2 + 4(x + 2y) = (x + 2y)(x + 2y + 4)$

(6) $(x - 1)^2 + 2(x - 1)^3 = (x - 1)^2\{1 + 2(x - 1)\} = (x - 1)^2(2x - 1)$

1.5.3 인수분해 공식

(1) $a^2 + 2ab + b^2 = (a + b)^2$, $a^2 - 2ab + b^2 = (a - b)^2$

(2) $a^2 - b^2 = (a + b)(a - b)$

(3) $x^2 + (a + b)x + ab = (x + a)(x + b)$

(4) $acx^2 + (ad + bc)x + bd = (ax + b)(cx + d)$

(5) $a^2 + b^2 + c^2 + 2ab + 2bc + 2ca = (a + b + c)^2$

(6) $a^3 + b^3 = (a + b)(a^2 - ab + b^2)$

$a^3 - b^3 = (a - b)(a^2 + ab + b^2)$

---

8) 인수분해는 방정식을 풀어서 해를 구할 때 사용하는 기본적인 방법이므로 충분하게 연습하도록 한다.

예 (여기에서 $A \cdot B = A \times B$ 를 나타낸다.)

(1) $x^2+6x+9=x^2+2\cdot x\cdot 3+3^2=(x+3)^2$

(2) $4x^2-9y^2=(2x)^2-(3y)^2=(2x+3y)(2x-3y)$

(3) $x^2+5x+6=x^2+(2+3)x+2\times 3=(x+2)(x+3)$

(4) $3x^2+10x+8=1\cdot 3x^2+(1\cdot 4+2\cdot 3)x+2\cdot 4$

$=(x+2)(3x+4)$

(5) $x^2+4y^2+9+4xy+12y+6x$

$=x^2+(2y)^2+3^2+2\cdot x\cdot 2y+2\cdot 2y\cdot 3+2\cdot 3\cdot x$

$=(x+2y+3)^2$

(6) $x^3+1=(x+1)(x^2-x+1)$

$x^3-1=(x-1)(x^2+x+1)$

1.5.4 복잡한 식의 인수분해

(1) 변수 치환 : 식의 공통부분 또는 식의 일부를 다른 문자로 치환하여 인수분해 한다.

(2) 복이차식(ax^4+bx^2+c의 형태) : $x^2=X$ 로 놓고 aX^2+bX+c 를 인수분해하거나 적당한 식을 더하거나 빼서 $(Ax+B)^2-(Cx)^2$ 의 꼴로 변형하여 인수분해 한다.

(3) 여러 개의 문자가 포함된 식 : 한 문자에 대하여 정리한 후 인수분해한다.

① 차수가 가장 낮은 문자에 대해 내림차순으로 정리한다.

② 차수가 같을 때는 어느 한 문자에 대하여 내림차순으로 정리한다.

예 변수 치환

(1) $(x^2-2x+3)(x^2-2x+2)-2=A(A-1)-2$ ($\leftarrow x^2-2x+3=A$)

$=A^2-A-2=(A-2)(A+1)$

$=(x^2-2x+1)(x^2-2x+4)$

$=(x-1)^2(x^2-2x+4)$

(2) $(x+y)(x+y-1)-2(x+y)-4=A^2-3A-4$ ($\leftarrow x+y=A$)

$=(A+1)(A-4)=(x+y+1)(x+y-4)$

예 복이차식 : x^4+ax^2+b의 형태

(1) $x^4-3x^2-4=X^2-3X-4=(X-4)(X+1)$ ($\leftarrow x^2=X$)

$$= (x^2 - 4)(x^2 + 1)$$
$$= (x - 2)(x + 2)(x^2 + 1)$$

(2) $x^4 - 8x^2 + 4 = (x^4 - 4x^2 + 4) - 4x^2 = (x^2 - 2)^2 - (2x)^2$
$$= (x^2 - 2 + 2x)(x^2 - 2 - 2x)$$
$$= (x^2 + 2x - 2)(x^2 - 2x - 2)$$

예 여러 개의 문자가 포함된 식

(1) $ab + b + a + 1 = a(b + 1) + (b + 1) = (a + 1)(b + 1)$

(2) $x^2 + 2xy - 2y - 1 = 2y(x - 1) + (x^2 - 1) = 2y(x - 1) + (x - 1)(x + 1)$
$$= (x - 1)(2y + x + 1)$$
$$= (x - 1)(x + 2y + 1)$$

(3) $x^2 + 2y^2 + 3xy - 2x - 2y = x^2 + x(3y - 2) + 2y^2 - 2y$
$$= x^2 + x(3y - 2) + y(2y - 2)$$
$$= (x + y)(x + 2y - 2)$$

($\leftarrow$ 곱하여 $2y^2 - 2y$, 합하여 $3y - 2$가 되는 인수 y, $2y - 2$를 찾는다.)

1.5.5 나머지정리

(1) x에 대한 다항식 $f(x)$를 일차식 $(x - \alpha)$로 나누었을 때의 나머지는 $f(\alpha)$이다.

(2) 일반적으로, 다항식 $f(x)$를 일차식 $(ax + b)$로 나누었을 때의 나머지는 $f\left(-\dfrac{b}{a}\right)$ 이다.

1.5.6 인수정리

x에 대한 다항식 $f(x)$가 $f(\alpha) = 0$이면

$$f(x) = (x - \alpha)Q(x)$$

이다. 즉, $f(x)$를 $(x - \alpha)$로 나누었을 때의 몫은 $Q(x)$이고 나머지는 0이다.

1.5.7 인수정리를 이용한 다항식 $f(x)$의 인수분해

(1) $f(\alpha) = 0$가 되는 α를 구한다.

(2) 조립제법을 사용하여 $f(x)$를 $(x - \alpha)$로 나눈 몫 $Q(x)$를 구한다.

$$\rightarrow f(x) = (x - \alpha)Q(x)$$

(3) 다시 몫 $Q(x)$를 인수분해할 수 있으면 인수분해한다.

◎ 2차 이상의 고차식을 인수분해할 때 인수정리를 사용하여 인수를 찾는다.

1.5.8 인수 $(x-\alpha)$를 찾는 방법

$f(\alpha)=0$가 되는 α는

$$x=\pm\frac{\text{상수항의 약수}}{\text{최고차항 계수의 약수}}\text{를 대입하여 찾는다.}$$

예 $f(x)=2x^3+x^2-8x-4$인 경우

$x=\pm\dfrac{\text{상수항의 약수}}{\text{최고차항 계수의 약수}}=\pm\dfrac{1}{2},\ \pm1,\ \pm2,\ \pm4$ 를 대입하여

$f(x)=0$가 되는 α를 찾는다.

여기에서는 $f(-\dfrac{1}{2})=0,\ f(2)=0,\ f(-2)=0$ 가 되므로

$f(x)$는 $2x+1,\ x-2,\ x+2$ 를 인수로 갖는다.

1.5.9 조립제법

다항식 $f(x)$를 일차식 $(x-\alpha)$로 나눌 때 직접 나누지 않고 계수만을 사용하여 몫 $[Q(x)]$과 나머지(R)를 구하는 방법. $f(x)=(x-\alpha)Q(x)+R$를 이용한다.

예 조립제법: 3차식 $f(x)=A_0x^3+A_1x^2+A_2x+A_3$를 $(x-\alpha)$로 나눌 때

$$\begin{array}{c|cccc} \alpha & A_0 & A_1 & A_2 & A_3 \\ & & \alpha B_0 & \alpha B_1 & \alpha B_2 \\ \hline & A_0 & (A_1+\alpha B_0) & (A_2+\alpha B_1) & (A_3+\alpha B_2) \\ & \downarrow & \downarrow & \downarrow & \downarrow \\ & B_0 & B_1 & B_2 & R \end{array}$$

$\rightarrow$ 몫 $Q(x)=B_0x^2+B_1x+B_2$, 나머지 $R=A_3+\alpha B_2$

예 x^3+3x^2-6x+5 를 $x-1$ 로 나눌 때의 몫과 나머지

$$\begin{array}{c|cccc} 1 & 1 & 3 & -6 & 5 \\ & & 1 & 4 & -2 \\ \hline & 1 & 4 & -2 & \boxed{3} \end{array}$$

$\therefore$ 몫$=x^2+4x-2$, 나머지$=3$

x^3-2x^2+3x-4 를 $x-2$ 로 나눌 때의 몫과 나머지

$$\begin{array}{c|cccc} 2 & 1 & -2 & 3 & -4 \\ & & 2 & 0 & 6 \\ \hline & 1 & 0 & 3 & \boxed{2} \end{array}$$

$\therefore$ 몫$=x^2+3$, 나머지$=2$

예 인수정리를 이용한 다항식 $f(x)=x^3-2x^2-5x+6$의 인수분해

$f(1)=0$이므로 $f(x)$는 $(x-1)$을 인수로 갖는다.

$$\therefore\ f(x)=(x-1)Q(x)$$

조립제법을 사용하여 몫 $Q(x)$ 를 구한다.

$$\begin{array}{c|cccc} 1 & 1 & -2 & -5 & 6 \\ & & 1 & -1 & -6 \\ \hline & 1 & -1 & -6 & \boxed{0} \end{array}$$

$$\therefore\ Q(x)=x^2-x-6$$

$$\begin{aligned}\therefore\ f(x) &= (x-1)Q(x) \\ &= (x-1)(x^2-x-6) \\ &= (x-1)(x+2)(x-3)\end{aligned}$$

예제 1.5.1 $f(x)=x^3+ax^2+bx+2$ 가 $x-1$, $x-2$ 를 인수로 가질 때 상수 a, b 의 값을 구하여라.

풀이 $x-1$, $x-2$ 를 인수로 가지므로

$$f(1)=1+a+b+2=0$$

$$\therefore\ a+b=-3 \cdots\cdots ①$$

$$f(2)=8+4a+2b+2=0$$

$$\therefore\ 2a+b=-5 \cdots\cdots ②$$

두 식을 연립하여 풀면 $a=-2$, $b=-1$이다.

예제 1.5.2 $f(x)=x^4+ax^3+bx^2+2$ 를 $x-1$로 나누었을 때 나머지가 2이고, $x+1$로 나누었을 때 나머지가 8일 때 상수 a, b 의 값을 구하여라.

풀이 나머지 정리에 의해

$$f(1)=1+a+b+2=2$$
$$\therefore\ a+b=-1 \cdots\cdots ①$$
$$f(-1)=1-a+b+2=8$$
$$\therefore\ -a+b=5 \cdots\cdots ②$$

두 식을 연립하여 풀면 $a=-3$, $b=2$ 이다.

예제 1.5.3 x^6-26x^3-27을 인수분해하여라.

풀이 먼저 $x^3=X$ 로 놓고 인수분해한 후 x에 대한 식으로 나타낸다.

$$\begin{aligned} \text{준 식} &= X^2-26X-27 \\ &=(X+1)(X-27) \\ &=(x^3+1)(x^3-27) \\ &=(x+1)(x^2-x+1)(x-3)(x^2+3x+9) \\ &=(x+1)(x-3)(x^2-x+1)(x^2+3x+9) \end{aligned}$$

예제 1.5.4 $x^2-3y^2+2xy+3x+5y+2$를 인수분해하여라.

풀이 x에 대하여 내림차순으로 정리한 후 인수분해한다.

$$\begin{aligned} \text{준 식} &= x^2+x(2y+3)-3y^2+5y+2 \\ &=x^2+x(2y+3)-(3y+1)(y-2) \\ &=\{x+(3y+1)\}\{x-(y-2)\} \\ &=(x+3y+1)(x-y+2) \end{aligned}$$

◎ 곱이 $-(3y+1)(y-2)$이고 합이 $2y+3$인 두 인수는 $(3y+1)$, $-(y-2)$이다.

예제 1.5.5 $xy^2-y^2-x-y+2$를 인수분해하여라.

풀이 낮은 차수를 갖는 x에 대하여 내림차순으로 정리한 후 인수분해한다.

$$
\begin{aligned}
\text{준 식} &= x(y^2-1)-(y^2+y-2) \\
&= x(y-1)(y+1)-(y-1)(y+2) \\
&= (y-1)[x(y+1)-y-2) \qquad [\leftarrow \text{ 공통인수 } (y-1)\text{을 가진다}] \\
&= (y-1)(xy+x-y-2)
\end{aligned}
$$

예제 1.5.6 $(x+1)^4+(x+1)^2y^2+y^4$을 인수분해하여라.

풀이 $(x+1)=X$로 놓으면,

$$
\begin{aligned}
\text{준 식} &= X^4+X^2y^2+y^4=(X^4+2X^2y^2+y^4)-X^2y^2 \\
&= (X^2+y^2)^2-(Xy)^2 \qquad [\leftarrow A^2-B^2=(A-B)(A+B)] \\
&= (X^2+y^2-Xy)(X^2+y^2+Xy) \\
&= (x^2+y^2-xy+2x-y+1)(x^2+y^2+xy+2x+y+1)
\end{aligned}
$$

예제 1.5.7 $a^2-b^2=(a-b)(a+b)$를 이용하여 x^4+4를 인수분해하여라.

풀이
$$
\begin{aligned}
\text{준 식} &= x^4+4=(x^4+4x^2+4)-4x^2 \\
&= (x^2+2)^2-(2x)^2 \\
&= (x^2+2-2x)(x^2+2+2x) \\
&= (x^2-2x+2)(x^2+2x+2)
\end{aligned}
$$

예제 1.5.8 인수분해를 이용하여 $\dfrac{2015^3+1}{2014\times 2015+1}$의 값을 구하여라.

풀이 $2015=a$로 하면 $2014=a-1$이고 다음과 같이 준 식의 값이 구해진다.

$$
\begin{aligned}
\frac{2015^3+1}{2014\times 2015+1} &= \frac{a^3+1}{(a-1)a+1} \\
&= \frac{(a+1)(a^2-a+1)}{a^2-a+1} \\
&= a+1 \\
&= 2015+1 \\
&= 2016
\end{aligned}
$$

◎ $a^3+b^3=(a+b)(a^2-ab+b^2)$, $a^3-b^3=(a-b)(a^2+ab+b^2)$

연습문제 1.5

1. 다음 식을 인수분해 하여라.

(1) $ab-2b-a+2$ (2) $ax+by-bx-ay$

(3) $x^2-ax-x+a$ (4) $9x^2-24xy+16y^2$

(5) $12x^2-4x-21$ (6) $2x^2+xy-6y^2$

2. 다음 식을 인수분해 하여라.

(1) x^8-1 (2) a^3+64

(3) $x^2-y^2+z^2-2zx$ (4) $a^2+ca-ab-bc$

(5) $x^2-y^2-x+5y-6$ (6) $(x+1)(x-2)(x+3)(x-4)+16$

3. $a-b=9$ 일 때 $a^2+b^2-2ab-4a+4b+4$ 의 값을 구하여라.

4. $2x+3y=2,\ xy=1$ 일 때 $8x^3+27y^3$ 의 값을 구하여라.

5. 인수분해를 이용하여 $A=\dfrac{2027^3-1}{2027\times2028+1}$ 의 값을 구하여라.

6. x^4-2x^2+3x+4 를 $(x+2)$ 로 나눌 때의 몫과 나머지를 구하여라.

7. $2x^3+ax^2+bx+4$ 는 $x-1$ 로 나누어떨어지고 $x-2$ 로 나누면 나머지가 16이다. 상수 $a,\ b$ 의 값을 구하여라.

8. 인수정리를 이용하여 다음 고차식을 인수분해하여라.

(1) x^3+2x+3 (2) x^3-4x^2+x+6

9. $x^2-6xy+5y^2-x-3y-2$를 인수분해하여라.

◉ x에 대하여 내림차순으로 정리한 후 인수분해한다.

10. $a^2-b^2=(a-b)(a+b)$를 이용하여 x^4+x^2+1을 인수분해하여라.

제 2 장 이차방정식

2.1 실수와 복소수

2.1.1 실수의 분류

- 실수
  - 유리수
    - 정수
      - 양의 정수(자연수): $1, 2, 3, \cdots$
      - 영(0)
      - 음의 정수: $-1, -2, -3, \cdots$
    - 정수가 아닌 유리수
      - 유한소수: $\pm 0.2, \pm 0.25, \cdots$
      - 순환소수: $\pm 0.\dot{2}, \pm 0.\dot{2}\dot{5}, \cdots$
  - 무리수: 비순환 무한소수$(\pm\sqrt{2}, \pm\pi, \pm e, \cdots)$

(1) 유리수 : 정수 $m, n(m \neq 0)$을 써서 $\dfrac{n}{m}$인 분수 꼴로 나타낼 수 있는 수.

(2) 무리수 : 순환하지 않는 무한소수 $(\sqrt{2} = 1.414213\cdots,\quad \pi = 3.14159\cdots)$.

2.1.2 양의 실수의 제곱근

어떤 수를 제곱하여 $A(A \geq 0)$가 될 때, 즉 $x^2 = A$가 되는 수 x를 A의 제곱근이라 한다. 양수 A의 제곱근은 양수$(\sqrt{A})$와 음수$(-\sqrt{A})$의 두 개가 있고, 0의 제곱근은 0이다$(\sqrt{0} = 0)$.

(1) $(\sqrt{A})^2 = A,\ (-\sqrt{A})^2 = A$

(2) $\sqrt{B^2} = |B| = \begin{cases} B & (B \geq 0) \\ -B & (B \leq 0) \end{cases}$

예 (1) $x^2 = 4$이면 $x = \pm 2$

(2) $(\sqrt{3})^2 = 3,\ (-\sqrt{3})^2 = 3$

(3) $\sqrt{5^2} = 5,\ \sqrt{(-5)^2} = -(-5) = 5\ (\because -5 < 0)$

2.1.3 제곱근의 곱셈과 나눗셈

$a > 0,\ b > 0$일 때

(1) $\sqrt{a}\sqrt{b} = \sqrt{ab}$

(2) $\sqrt{a^2 b} = a\sqrt{b}$

(3) $\dfrac{\sqrt{a}}{\sqrt{b}} = \sqrt{\dfrac{a}{b}}$

(4) $\sqrt{\dfrac{a}{b^2}} = \dfrac{\sqrt{a}}{b}$

예 (1) $\sqrt{2}\times\sqrt{3}=\sqrt{6}$ (2) $\sqrt{12}=\sqrt{2^2\times3}=2\sqrt{3}$

(3) $\dfrac{\sqrt{10}}{\sqrt{2}}=\sqrt{\dfrac{10}{2}}=\sqrt{5}$ (4) $\sqrt{\dfrac{3}{4}}=\sqrt{\dfrac{3}{2^2}}=\dfrac{\sqrt{3}}{2}$

2.1.4 분모의 유리화

식의 값이 변하지 않게 하고 분모를 유리수로 고치는 것을 분모의 유리화라 한다.

(1) $\dfrac{a}{\sqrt{b}}=\dfrac{a\sqrt{b}}{(\sqrt{b})^2}=\dfrac{a\sqrt{b}}{b}$

(2) $\dfrac{1}{\sqrt{a}+\sqrt{b}}=\dfrac{(\sqrt{a}-\sqrt{b})}{(\sqrt{a}+\sqrt{b})(\sqrt{a}-\sqrt{b})}=\dfrac{\sqrt{a}-\sqrt{b}}{a-b}$ $(a\neq b)$

(3) $\dfrac{1}{\sqrt{a}-\sqrt{b}}=\dfrac{(\sqrt{a}+\sqrt{b})}{(\sqrt{a}-\sqrt{b})(\sqrt{a}+\sqrt{b})}=\dfrac{\sqrt{a}+\sqrt{b}}{a-b}$ $(a\neq b)$

◉ 문제를 풀어서 구한 최종 값은 일반적으로 분모를 유리화하여 나타낸다.

◉ 무리수의 덧셈이나 뺄셈도 분모를 유리화하여 수행하는 것이 일반적이다.

예 (1) $\dfrac{2}{\sqrt{6}}=\dfrac{2\sqrt{6}}{6}=\dfrac{\sqrt{6}}{3}$

(2) $\dfrac{2}{\sqrt{5}+\sqrt{3}}=\dfrac{2(\sqrt{5}-\sqrt{3})}{5-3}=\sqrt{5}-\sqrt{3}$

(3) $\dfrac{4}{\sqrt{7}-1}=\dfrac{4(\sqrt{7}+1)}{7-1}=\dfrac{2(\sqrt{7}+1)}{3}$

2.1.5 세제곱근

세제곱하여 A가 되는 수, 즉 $x^3=A$가 되는 수 x 를 A의 세제곱근이라 하며, A의 부호에 관계없이 $\sqrt[3]{A^3}=A$이다.

예 (1) $x^3=27$을 만족하는 실수 $x=3$ → 3은 27의 세제곱근.

(2) $\sqrt[3]{3^3}=3,\ \sqrt[3]{(-3)^3}=-3$

2.1.6 허수단위

제곱하여 -1이 되는 수를 생각하여 이것을 기호 i로 나타내기로 한다. 즉, $i^2=-1$로 정의하며, 이때 i 를 허수단위(imaginary unit)라 한다.

◉ 자연수 n에 대해 $i^{4n}=1$, $i^{4n+1}=i$, $i^{4n+2}=-1$, $i^{4n+3}=-i$이다.

2.1.7 음의 실수의 제곱근

(1) $A>0$일 때 $-A$의 제곱근은 $\pm\sqrt{A}\,i$ 이다.

(2) 음의 실수 $-A$ $(A>0)$에 대해 $\sqrt{-A}=\sqrt{A}\,i$ 로 정의한다.

(3) $A<0,\ B<0$ 이면 $\sqrt{A}\sqrt{B}=-\sqrt{AB}$

(4) $A>0,\ B<0$ 이면 $\dfrac{\sqrt{A}}{\sqrt{B}}=-\sqrt{\dfrac{A}{B}}$

예 (1) $x^2=-4$ 를 만족하는 $x=\pm\sqrt{4}\,i=\pm 2i$

(2) $\sqrt{-9}=\sqrt{9}\,i=3i$, $-\sqrt{-9}=-\sqrt{9}\,i=-3i$

(3) $\sqrt{-2}\sqrt{-3}=(\sqrt{2}\,i)(\sqrt{3}\,i)=\sqrt{2\times3}\,i^2=-\sqrt{6}$

(4) $\dfrac{\sqrt{3}}{\sqrt{-2}}=\dfrac{\sqrt{3}}{\sqrt{2}\,i}=\sqrt{\dfrac{3}{2}}\times\dfrac{1}{i}=\sqrt{\dfrac{3}{2}}\times\dfrac{i}{i^2}=-\sqrt{\dfrac{3}{2}}\,i=-\sqrt{\dfrac{3}{-2}}$

2.1.8 복소수

a,b가 실수(real number)일 때 $a+bi$로 나타나는 수를 복소수라 한다. 복소수 중에서 $b\neq 0$인 수를 허수(imaginary number)라 하고, $a=0$, $b\neq 0$인 수를 순허수라고 한다.

$$\text{복소수 } (a+bi)\begin{cases}\text{실수 } a\ (b=0)\\ \text{허수 } (b\neq 0)\begin{cases}\text{순허수 } bi\ (a=0,\ b\neq 0)\\ \text{순허수가 아닌 허수 } (a\neq 0,\ b\neq 0)\end{cases}\end{cases}$$

(1) X가 실수이면 $X^2\geq 0$

(2) X가 순허수이면 $X^2<0$

예 (1) $2^2=4\ (>0)$, $(-2)^2=4\ (>0)$

(2) $(2i)^2=2^2\times i^2=4\times(-1)=-4\ (<0)$

$(-2i)^2=(-2)^2\times i^2=4\times(-1)=-4\ (<0)$

2.1.9 켤레복소수

a,b가 실수일 때 복소수 $z=a+bi$ 에 대하여 허수 부분의 부호를 바꾼 복소수 $a-bi$ 를 z의 켤레복소수라 하고, $\bar{z}$ 로 나타낸다.

$$z = a + bi \iff \bar{z} = \overline{a + bi} = a - bi$$

예 (1) $z = -1 + i \iff \bar{z} = -1 - i$

(2) $z = 5i \iff \bar{z} = -5i$

(3) $z = 8 \iff \bar{z} = 8$

2.1.10 복소수의 상등

a, b, c, d가 실수일 때,

$$a + bi = c + di \iff a = c,\ b = d$$

◉ 실수가 아닌 복소수의 대소 관계는 정의하지 않는다.

예 (1) $2 + ai = -b + 3i$ 이면 $a = 3,\ b = -2$

(2) $1 + 2i$와 $3 + 4i$는 서로 다른 복소수이다. 그러나 어느 한쪽이 크다거나 작다고 말하지 않는다. 즉, $1 + 2i < 3 + 4i$, $1 + 2i > 3 + 4i$와 같은 것은 생각하지 않는다.

2.1.11 복소수의 사칙연산

a, b, c, d가 실수일 때

(1) 덧셈 : $(a + bi) + (c + di) = (a + c) + (b + d)i$

(2) 뺄셈 : $(a + bi) - (c + di) = (a - c) + (b - d)i$

(3) 곱셈 : $(a + bi) \times (c + di) = (ac - bd) + (ad + bc)i$

(4) 나눗셈 : $\dfrac{(a + bi)}{(c + di)} = \dfrac{ac + bd}{c^2 + d^2} + \dfrac{-ad + bc}{c^2 + d^2}i$ (단, $c + di \neq 0$)

◉ 복소수의 덧셈이나 뺄셈은 식 (4)를 이용하여 분모를 실수로 나타내어 수행하는 것이 일반적이다.

예 (1) $(4 + 3i) + (-2 + 5i) = 2 + 8i$

(2) $(3 + 5i) - (1 - 2i) = 2 + 7i$

(3) $(1 + 2i)(3 - 4i) = 3 - 4i + 6i - 8i^2 = 11 + 2i$

(4) $\dfrac{2 + 3i}{1 - 2i} = \dfrac{(2 + 3i) \times (1 + 2i)}{(1 - 2i) \times (1 + 2i)} = \dfrac{2 + 4i + 3i + 6i^2}{1 + 2^2} = -\dfrac{4}{5} + \dfrac{7i}{5}$

◎ 복소수의 덧셈이나 뺄셈에서 실수부는 실수부끼리, 허수부는 허수부끼리 계산하여 최종 결과는 $z = a + bi$의 형태로 나타내는 것이 일반적이다.

예제 2.1.1 다음을 계산하여라.

(1) $\sqrt{(-2)^4} - \sqrt{16} + \sqrt{\sqrt{16}}$

(2) $\sqrt{0.1} \times \sqrt{0.4} \times \sqrt{25}$

풀이 (1) $\sqrt{(-2)^4} - \sqrt{16} + \sqrt{\sqrt{16}} = \sqrt{4^2} - \sqrt{4^2} + \sqrt{\sqrt{2^4}}$

$$= 4 - 4 + 2 = 2$$

(2) $\sqrt{0.1} \times \sqrt{0.4} \times \sqrt{25} = \sqrt{\frac{1}{10}} \times \sqrt{\frac{4}{10}} \times \sqrt{5^2}$

$$= \frac{1}{\sqrt{10}} \times \frac{2}{\sqrt{10}} \times 5$$

$$= \frac{10}{10} = 1$$

◎ 근호 안의 수를 근호 밖으로 뺄 때는 근호 안의 수를 소인수분해하여 지수가 짝수인 인수를 근호 밖으로 빼낸다. (예) $\sqrt{12} = \sqrt{2^2 \cdot 3} = 2\sqrt{3}$

예제 2.1.2 $\sqrt{8} \times \sqrt{12} \times \sqrt{18} = a\sqrt{3}$을 만족하는 자연수 a의 값을 구하여라.

풀이 근호 안의 수를 소인수분해하여 지수가 짝수인 수를 근호 밖으로 빼내어 a 값을 구한다.

$$\begin{aligned}
\sqrt{8} \times \sqrt{12} \times \sqrt{18} &= \sqrt{2^3} \times \sqrt{2^2 \cdot 3} \times \sqrt{3^2 \cdot 2} \\
&= \sqrt{2^3 \cdot (2^2 \cdot 3) \cdot (3^2 \cdot 2)} \\
&= \sqrt{2^6 \cdot 3^2 \cdot 3} \\
&= 2^3 \cdot 3\sqrt{3} \\
&= 24\sqrt{3} \\
&= a\sqrt{3}
\end{aligned}$$

$\therefore \ a = 24$

예제 2.1.3 $\sqrt{a}=\frac{2\sqrt{2}}{\sqrt{3}}$, $\sqrt{b}=\frac{5}{2\sqrt{3}}$일 때 유리수 a, b의 곱 ab의 값을 구하여라.

풀이 a, b가 근호 안에 있으므로 주어진 수에서 근호 밖에 있는 수를 제곱하여 근호 안으로 넣은 후 a, b의 값을 구한다.

$$\sqrt{a}=\frac{2\sqrt{2}}{\sqrt{3}}=\frac{\sqrt{2^2\cdot 2}}{\sqrt{3}}=\frac{\sqrt{8}}{\sqrt{3}}=\sqrt{\frac{8}{3}}$$

$$\therefore\ a=\frac{8}{3}$$

$$\sqrt{b}=\frac{5}{2\sqrt{3}}=\frac{\sqrt{5^2}}{\sqrt{2^2\cdot 3}}=\frac{\sqrt{25}}{\sqrt{12}}=\sqrt{\frac{25}{12}}$$

$$\therefore\ b=\frac{25}{12}$$

$$\therefore\ ab=\frac{8}{3}\cdot\frac{25}{12}=\frac{50}{9}$$

◎ 근호 밖의 양수를 근호 안으로 넣을 때는 근호 밖의 양수를 제곱하여 근호 안으로 넣는다.
(예) $2\sqrt{3}=\sqrt{2^2\cdot 3}=\sqrt{12}$

예제 2.1.4 $\frac{\sqrt{3}-1}{4+2\sqrt{3}}=a+b\sqrt{3}$을 만족하는 유리수 a, b의 값을 구하여라.

풀이 좌변 분모를 유리화하여 a, b의 값을 구한다.

$$\begin{aligned}\frac{\sqrt{3}-1}{4+2\sqrt{3}}&=\frac{(\sqrt{3}-1)\times(4-2\sqrt{3})}{(4+2\sqrt{3})\times(4-2\sqrt{3})}\\&=\frac{4\sqrt{3}-2\cdot 3-4+2\sqrt{3}}{4^2-(2\sqrt{3})^2}\\&=\frac{-10+6\sqrt{3}}{16-12}\\&=-\frac{5}{2}+\frac{3}{2}\sqrt{3}\\&=a+b\sqrt{3}\end{aligned}$$

$$\therefore\ a=-\frac{5}{2},\ b=\frac{3}{2}$$

예제 2.1.5 $x = \sqrt{2} - 1$일 때 $A = 2x^4 + 4x^3 + 4x + 5$의 값을 구하여라.

풀이 주어진 조건을 유리수로 표현된 조건으로 변형하여 식의 값을 구한다.
$x = \sqrt{2} - 1$에서 $x + 1 = \sqrt{2}$이다. 이 식의 양변을 제곱하면

$$(x+1)^2 = (\sqrt{2})^2$$
$$x^2 + 2x + 1 = 2$$
$$\therefore \quad x^2 + 2x = 1$$

의 관계식을 얻는다. 이 식을 이용하면 다음과 같이 주어진 식의 값이 구해진다.

$$\begin{aligned} A = 2x^4 + 4x^3 + 4x + 5 &= 2x^2(x^2 + 2x) + 4x + 5 \\ &= 2x^2 + 4x + 5 \\ &= 2(x^2 + 2x) + 5 \\ &= 2 + 5 \\ &= 7 \end{aligned}$$

예제 2.1.6 다음을 계산하여라.

(1) $\dfrac{1 - \sqrt{-4}}{1 + \sqrt{-4}}$

(2) $\sqrt{-8} + \sqrt{-50} - \sqrt{-72}$

풀이 (1)
$$\begin{aligned} \frac{1 - \sqrt{-4}}{1 + \sqrt{-4}} = \frac{1 - \sqrt{4}\,i}{1 + \sqrt{4}\,i} &= \frac{1 - 2i}{1 + 2i} \\ &= \frac{(1-2i)(1-2i)}{(1+2i)(1-2i)} \\ &= \frac{1 - 2i - 2i - 2^2}{1^2 + 2^2} \\ &= \frac{-3 - 4i}{5} \\ &= -\frac{3}{5} - \frac{4}{5}i \end{aligned}$$

(2)
$$\begin{aligned} \sqrt{-8} + \sqrt{-50} - \sqrt{-72} &= \sqrt{8}\,i + \sqrt{50}\,i - \sqrt{72}\,i \\ &= \sqrt{2^2 \cdot 2}\,i + \sqrt{5^2 \cdot 2}\,i - \sqrt{6^2 \cdot 2}\,i \\ &= 2\sqrt{2}\,i + 5\sqrt{2}\,i - 6\sqrt{2}\,i \end{aligned}$$

$$= (2+5-6)\sqrt{2}\,i$$
$$= \sqrt{2}\,i$$

◎ 근호 안에 음수가 있을 때는 허수단위 i를 이용하여 주어진 수를 양의 값으로 표현한 후 연산한다.

예제 2.1.7 다음을 계산하여 $a+bi$ (a, b는 실수)의 형태로 나타내어라.

$$z = 2+4i+\frac{1-2i}{1+i}-\frac{1+2i}{1-i}$$

풀이 분모에 허수가 있으면 켤레복소수를 분모, 분자에 곱하여 분모를 실수로 바꾸어 계산한다.

$$\begin{aligned} z &= 2+4i+\frac{1-2i}{1+i}-\frac{1+2i}{1-i} \\ &= 2+4i+\frac{(1-2i)(1-i)-(1+2i)(1+i)}{(1+i)(1-i)} \\ &= 2+4i+\frac{(1-3i-2)-(1+3i-2)}{1+1} \\ &= 2+4i+\frac{-6i}{2} \\ &= 2+4i-3i \\ &= 2+i \end{aligned}$$

예제 2.1.8 $z=1-2i$ 일 때 $Z=\dfrac{z}{\bar{z}}+\dfrac{\bar{z}}{z}$의 값을 구하여라.

풀이 $z=1-2i$ 이므로 켤레복소수 $\bar{z}=1+2i$ 이다.

$$\begin{aligned} \therefore\ Z &= \frac{z}{\bar{z}}+\frac{\bar{z}}{z} = \frac{1-2i}{1+2i}+\frac{1+2i}{1-2i} \\ &= \frac{(1-2i)(1-2i)+(1+2i)(1+2i)}{(1+2i)(1-2i)} \\ &= \frac{(1-4i-4)+(1+4i-4)}{1+2^2} \\ &= -\frac{6}{5} \end{aligned}$$

예제 2.1.9 $Z=\left(\frac{1-i}{1+i}\right)^{10}$ 의 값을 구하여라.

풀이 먼저 $z=\frac{1-i}{1+i}$의 분모를 실수로 나타내어 준 식의 값을 구한다.

$$\begin{aligned} z=\frac{1-i}{1+i}&=\frac{(1-i)(1-i)}{(1+i)(1-i)} \\ &=\frac{-2i}{2} \\ &=-i \end{aligned}$$

따라서 $z^4=1$, $z^2=-1$이 되므로 주어진 식의 값은 다음과 같다.

$$\begin{aligned} Z=\left(\frac{1-i}{1+i}\right)^{10}&=z^{10} \\ &=\left(z^4\right)^2 \cdot z^2 \\ &=-1 \end{aligned}$$

연습문제 2.1

1. 다음을 간단히 하여라. (단, a는 실수이다.)

(1) $\sqrt{(3-\sqrt{10})^2}$　　(2) $\sqrt{(-5)^2}$

(3) $\sqrt{(a^2+3a+3)^2}$　　(4) $\sqrt{(-2+\sqrt{2})^2}$

2. 다음을 계산하여라.

(1) $\dfrac{1}{\sqrt{3}}-\sqrt{3}(-1+\sqrt{3})-\dfrac{1}{9}\sqrt{27}+\sqrt{12}$

(2) $\sqrt{18}-6\sqrt{\dfrac{2}{9}}-5\sqrt{0.02}$

3. 다음 각 수의 분모를 유리화하여 나타내어라.

(1) $\dfrac{5}{-\sqrt{7}+\sqrt{2}}$　　(2) $\dfrac{2}{\sqrt{3}+1}$

4. $\dfrac{2\sqrt{2}}{\sqrt{5}}=a\sqrt{10}$, $\dfrac{5}{2\sqrt{12}}=b\sqrt{3}$ 일 때 ab의 값을 구하여라.

5. $a=\sqrt{5}$, $b=\sqrt{50}$ 일 때 다음 식을 만족하는 유리수 x, y의 값을 구하여라.

$$\sqrt{0.5}+\sqrt{500}=xa+yb$$

6. 다음 관계식을 만족하는 유리수 a, b의 값을 구하여라.

$$a\sqrt{3}+\sqrt{8}+b(\sqrt{27}+\sqrt{2})=\sqrt{3}+\sqrt{2}$$

7. 다음 관계식을 만족하는 유리수 a, b의 값을 구하여라.

$$\frac{\sqrt{3}}{3}(3-5\sqrt{2})+\frac{12-\sqrt{8}}{\sqrt{12}}=a\sqrt{3}+b\sqrt{6}$$

8. $\dfrac{\sqrt{72}-9}{\sqrt{12}}$의 분모를 유리화하였더니 $a\sqrt{3}+b\sqrt{6}$이 되었다. 유리수 a, b를 구하여라.

9. 다음을 계산하여라.

(1) $\sqrt{-2}\,\sqrt{-8}-\dfrac{\sqrt{8}}{\sqrt{-2}}$

(2) $\dfrac{1-\sqrt{-1}}{1+\sqrt{-1}}+\dfrac{2+\sqrt{-4}}{2-\sqrt{-4}}$

(3) $2(-3+4i)-(1-i)+3(-2-3i)$

(4) $2-i-(1-2i)-(-3+i)$

(5) $2(1+i)(1-2i)+(1+i)(-2-i)$

(6) $\dfrac{2+3i}{-1+2i}+\dfrac{2-3i}{-1-2i}$

10. $\alpha=2+3i$, $\beta=1-3i$ 일 때 $\alpha^2\beta+\alpha\beta^2$ 을 계산하여라.

11. $(\sqrt{2}+i)(\sqrt{2}-i)(a+bi)=6-9i$ 를 만족하는 실수 a, b의 값을 구하여라.

◉ $(a-b)(a+b)=a^2-b^2$

12. $\dfrac{a}{2+i}+\dfrac{b}{2-i}=2-3i$ 일 때 실수 a, b의 값을 구하여라.

13. $z=\dfrac{1+i}{\sqrt{2}}$ 일 때, $z^8+z^6=a+bi$ 가 되는 실수 a, b의 값을 구하여라.

14. $z=\dfrac{1-i}{\sqrt{2}}$ 일 때, $z^6+z^4=a+bi$가 되는 실수 a, b의 값을 구하여라.

15. 두 실수 a, b에 대하여 $\dfrac{3}{i^3}+\dfrac{2}{i^6}+\dfrac{7}{i^9}=a+bi$ 를 만족하는 a, b의 값을 구하여라.

16. $f(x)=x^6+2x^5+x^4+3x^3+x^2+4x+1$ 일 때 $f\left(\dfrac{1+i}{1-i}\right)=a+bi$ 를 만족하는 실수 a, b의 값을 구하여라.

2.2 이차방정식

2.2.1 이차방정식

미지수 x의 최고차항이 2차인 방정식 $ax^2+bx+c=0$ $(a \neq 0,\ a, b, c$는 상수)를 x에 대한 이차방정식이라 한다.

2.2.2 인수분해에 의한 풀이 방법

x에 대한 이차방정식이 $(ax-b)(cx-d)=0$ (단, $a \neq 0,\ c \neq 0$)로 인수분해되면 방정식의 근은 $x=\dfrac{b}{a}$ 또는 $x=\dfrac{d}{c}$이다.

예 $2x^2-7x+6=(2x-3)(x-2)$

$\therefore$ 방정식 $2x^2-7x+6=0$의 근은 $x=\dfrac{3}{2}$ 또는 $x=2$이다.

2.2.3 제곱근을 이용한 풀이 방법

(1) $x^2=q$이면 $x=\pm\sqrt{q}$

(2) $(x+p)^2=q$이면 $x=-p\pm\sqrt{q}$

예 (1) $x^2-4=0,\ x^2=4 \quad \therefore\ x=\pm\sqrt{4}=\pm 2$

(2) $x^2+9=0,\ x^2=-9 \quad \therefore\ x=\pm\sqrt{-9}=\pm\sqrt{9}\,i=\pm 3i$

(3) $x^2-4x-2=0$

$x^2-4x+4=2+4$

$\therefore\ (x-2)^2=6 \quad \therefore\ x=2\pm\sqrt{6}$

(4) $x^2-2x+3=0$

$x^2-2x+1=-2$

$\therefore\ (x-1)^2=-2 \quad \therefore\ x=1\pm\sqrt{-2}=1\pm\sqrt{2}\,i$

2.2.4 근의 공식에 의한 풀이 방법

$ax^2+bx+c=0$ $(a \neq 0)$의 근은 $x=\dfrac{-b\pm\sqrt{b^2-4ac}}{2a}$

$Ax^2+2Bx+C=0\ (A\neq 0)$의 근은 $x=\dfrac{-B\pm\sqrt{B^2-AC}}{A}$

증명 (1) $ax^2+bx+c=0\ (a\neq 0)$

$$ax^2+bx+c=a\left\{x^2+\frac{b}{a}x+\left(\frac{b}{2a}\right)^2-\left(\frac{b}{2a}\right)^2\right\}+c$$

$$=a\left(x+\frac{b}{2a}\right)^2-\frac{b^2-4ac}{4a}=0$$

$$\therefore\ a\left(x+\frac{b}{2a}\right)^2=\frac{b^2-4ac}{4a}$$

$$\therefore\ \left(x+\frac{b}{2a}\right)=\pm\frac{\sqrt{b^2-4ac}}{2a}$$

$$\therefore\ x=-\frac{b}{2a}\pm\frac{\sqrt{b^2-4ac}}{2a}=\frac{-b\pm\sqrt{b^2-4ac}}{2a}$$

(2) $Ax^2+2Bx+C=0\ (A\neq 0)$의 근은 위 식의 a, b, c에 A, $2B$, C를 각각 대입하면 유도된다.

예 (1) $x^2-5x+2=0$ 의 근은

$$x=\frac{-(-5)\pm\sqrt{(-5)^2-4\times 1\times 2}}{2\times 1}=\frac{5\pm\sqrt{17}}{2}$$

(2) $x^2+4x-3=0$ 의 근은

$$x=\frac{-(2)\pm\sqrt{2^2-1\times(-3)}}{1}=-2\pm\sqrt{7}$$

(3) $x^2-x+1=0$의 근

$$x=\frac{-(-1)\pm\sqrt{(-1)^2-4\times 1\times 1}}{2}=\frac{1\pm\sqrt{-3}}{2}=\frac{1\pm\sqrt{3}\,i}{2}$$

2.2.5 판별식 I

계수 a, b, c가 실수인 이차방정식 $ax^2+bx+c=0$에서 $D=b^2-4ac$라고 하면 D의 값에 따라 다음과 같은 근을 갖는다.

(1) $D>0 \Leftrightarrow$ 서로 다른 두 실근
(2) $D=0 \Leftrightarrow$ 중근(서로 같은 두 실근)
(3) $D<0 \Leftrightarrow$ 서로 다른 두 허근

2.2.6 판별식 II

$Ax^2+2Bx+C=0$이면 $\frac{D}{4}=B^2-AC$를 사용하면 편리하다.

(1) $D/4>0 \Leftrightarrow$ 서로 다른 두 실근

(2) $D/4=0 \Leftrightarrow$ 중근(서로 같은 두 실근)

(3) $D/4<0 \Leftrightarrow$ 서로 다른 두 허근

설명 근의 공식에서 $x=\frac{-b\pm\sqrt{b^2-4ac}}{2a}$이므로 $D=b^2-4ac$의 부호에 따라 서로 다른 실근, 중근, 또는 허근을 갖는다.

예 (1) $2x^2-3x-1=0$

$D=(-3)^2-4\times2\times(-1)=17>0$ $\therefore$ 서로 다른 두 실근

(2) $x^2+6x+9=0$

$D=6^2-4\times1\times9=0$ (또는 $D/4=3^2-1\times9=0$) $\therefore$ 중근

(3) $x^2-2x+3=0$

$D=2^2-4\times1\times3=-8<0$ (또는 $D/4=1^2-1\times3=-2<0$)

$\therefore$ 서로 다른 두 허근

2.2.7 근과 계수와의 관계

이차방정식 $ax^2+bx+c=0$ $(a\neq0)$의 두 근을 α, β라 하면 두 근과 계수 사이에는 다음 관계식이 성립한다.

$$\alpha+\beta=-\frac{b}{a}\ ,\ \alpha\beta=\frac{c}{a}$$

증명 $ax^2+bx+c=0$ $(a\neq0)$의 두 근이 α, β이므로

$$\begin{aligned}ax^2+bx+c&=a(x-\alpha)(x-\beta)\\&=a\{x^2-(\alpha+\beta)x+\alpha\beta\}\\&=ax^2-a(\alpha+\beta)x+a(\alpha\beta)\end{aligned}$$

양변의 계수를 비교하면

$$b=-a(\alpha+\beta),\ c=a(\alpha\beta)$$

$$\therefore\ \alpha+\beta=-\frac{b}{a},\ \alpha\beta=\frac{c}{a}$$

예 $2x^2-7x+6=0$의 두 근을 α, β라 하면 두 근의 합과 곱은 다음과 같다. 여기에서 $a=2$, $b=-7$, $c=6$이다.

$$\alpha+\beta=-\frac{b}{a}=-\frac{(-7)}{2}=\frac{7}{2}$$

$$\alpha\beta=\frac{c}{a}=\frac{6}{2}=3$$

2.2.8 이차방정식의 근이 무리수일 때와 허수일 때의 근의 성질

x에 대한 이차방정식 $ax^2+bx+c=0\ (a\neq 0)$에서

(1) 근이 무리수일 때 : 계수 a, b, c가 유리수인 경우,
한 근이 $p+q\sqrt{k}$이면 다른 한 근은 $p-q\sqrt{k}$이다. (단, p, q는 유리수, $q\neq 0$, $\sqrt{k}$는 무리수이다).

(2) 근이 허수일 때 : 계수 a, b, c가 실수인 경우,
한 근이 $p+qi$이면 다른 한 근은 $p-qi$이다. (단, p, q는 실수, $q\neq 0$)

예 근의 공식에서 $x=\dfrac{-b\pm\sqrt{b^2-4ac}}{2a}=-\dfrac{b}{2a}\pm\dfrac{\sqrt{b^2-4ac}}{2a}$

$\sqrt{b^2-4ac}$가 무리수인 경우에는 두 근이 $p\pm q\sqrt{k}$의 형태가 되고,
$\sqrt{b^2-4ac}$가 허수인 경우에는 두 근이 $p\pm qi$로 표현된다.

예 (1) $x^2-4x+1=0$의 두 근은 $2+\sqrt{3}$, $2-\sqrt{3}$
(2) $x^2-2x+5=0$의 두 근은 $1+2i$, $1-2i$

예제 2.2.1 다음 이차방정식의 근을 구하여라.

(1) $6x^2-7x-24=0$

(2) $x^2-(\sqrt{2}-\sqrt{3})x-\sqrt{6}=0$

(3) $2x^2-\sqrt{3}x+1=0$

풀이 (1) $6x^2-7x-24=(2x+3)(3x-8)=0$

$\therefore\ x=-\dfrac{3}{2},\ \dfrac{8}{3}$

(2) $x^2-(\sqrt{2}-\sqrt{3})x-\sqrt{6}=(x-\sqrt{2})(x+\sqrt{3})=0$

$\therefore\ x=\sqrt{2},\ -\sqrt{3}$

(3) 쉽게 인수분해되지 않으므로 이차방정식의 근의 공식을 사용한다. 여기에서 이차방정식의 계수 $a=2,\ b=-\sqrt{3},\ c=1$이다.

$$\begin{aligned} x=\frac{-b\pm\sqrt{b^2-4ac}}{2a}&=\frac{-(-\sqrt{3})\pm\sqrt{(-\sqrt{3})^2-4\times2\times1}}{2\times2}\\ &=\frac{\sqrt{3}\pm\sqrt{-5}}{4}\\ &=\frac{\sqrt{3}\pm\sqrt{5}i}{4}\end{aligned}$$

예제 2.2.2 이차방정식 $9x^2+(k-2)x+1=0$이 중근을 가질 때 상수 k의 값을 구하여라.

풀이 이차방정식이 중근을 가지므로 판별식 $D=0$이다.

$$D=b^2-4ac=(k-2)^2-4\cdot9\cdot1=0$$
$$\therefore\ (k-2)^2=4\cdot9$$
$$k-2=\pm\sqrt{4\cdot9}=\pm6$$
$$\therefore\ k=2\pm6$$

따라서 구하는 상수 $k=2+6=8$ 또는 $k=2-6=-4$이다.

예제 2.2.3 이차방정식 $x^2+ax+b=0$의 한 근이 $3-\sqrt{3}$일 때 유리수 a,b의 값을 구하여라.

풀이 계수가 유리수인 이차방정식에서 한 근

$$\alpha=3-\sqrt{3}$$

이므로 다른 한 근

$$\beta=3+\sqrt{3}$$

여기에서 근과 계수와의 관계식을 이용하면 다음과 같이 $a,\ b$가 구해진다.

$$\alpha+\beta=(3-\sqrt{3})+(3-\sqrt{3})=6=-a$$
$$\alpha\beta=(3-\sqrt{3})(3+\sqrt{3})=9-3=6=b$$
$$\therefore\ a=-6,\ b=6$$

예제 2.2.4 계수가 실수인 이차방정식 $x^2+ax+b=0$의 한 근이 $2-3i$일 때 a, b의 값을 구하여라.

풀이 계수가 실수이고 한 근

$$\alpha=2-3i$$

이므로 다른 한 근

$$\beta=2+3i$$

이다. 따라서 근과 계수의 관계로부터 다음과 같이 상수 a, b가 구해진다.

$$\alpha+\beta=(2-3i)+(2+3i)=4=-a$$
$$\alpha\beta=(2-3i)(2+3i)=(2^2+3^2)=13=b$$
$$\therefore\ a=-4,\ b=13$$

예제 2.2.5 $x^2-\sqrt{5}x+1=0$ 의 한 근이 α일 때 $\alpha^2+\dfrac{1}{\alpha^2}$의 값을 구하여라.

풀이 α는 방정식 $x^2-\sqrt{5}x+1=0$ 의 근이므로

$$\alpha^2-\sqrt{5}\alpha+1=0$$

이다. 이 식의 양변을 α로 나누면

$$\alpha-\sqrt{5}+\frac{1}{\alpha}=0$$
$$\therefore\ \alpha+\frac{1}{\alpha}=\sqrt{5}$$

이 관계식을 이용하면 다음과 같이 $\alpha^2+\dfrac{1}{\alpha^2}$의 값이 구해진다.

$$\alpha^2+\frac{1}{\alpha^2}=\left(\alpha+\frac{1}{\alpha}\right)^2-2=(\sqrt{5})^2-2=3$$

예제 2.2.6 길이가 8m 인 선분을 두 부분으로 나누어 그림과 같이 각각의 길이를 한 변으로 하는 두 개의 정사각형을 만들었더니 두 정사각형의 넓이의 합이 34m^2이었다. 이때 큰 정사각형의 한 변의 길이를 구하여라.

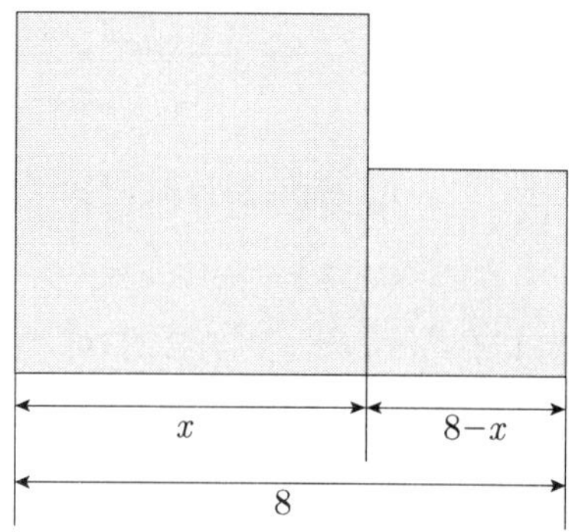

풀이 큰 정사각형의 한 변의 길이를 x(m)라 하면 작은 정사각형의 한 변의 길이는 $8-x$(m)이다. 두 정사각형의 넓이의 합(S)이 34m^2이므로

$$S = x^2 + (8-x)^2 = 34$$
$$2x^2 - 16x + 30 = 0$$
$$x^2 - 8x + 15 = 0$$
$$(x-3)(x-5) = 0$$
$$\therefore \quad x = 3, 5$$

이다. 따라서 큰 정사각형의 한 변의 길이는 5m 이다. 이때 작은 정사각형의 한 변의 길이는 3m 가 된다.

예제 2.2.7 둘레의 길이가 24m 이고 넓이가 35m^2인 직사각형의 긴 변의 길이를 구하여라.

풀이 가로와 세로를 각각 x, y(m)로 하면 둘레의 길이가 24m 라는 조건으로부터

$$2x + 2y = 24$$
$$\therefore \quad x + y = 12 \cdots\cdots ①$$

이고, 넓이가 35m^2이므로

$$xy = 35 \cdots\cdots ②$$

이다. 여기에서 식 ①의 $y=12-x$를 ②에 대입하여 x를 구한다.

$$x(12-x)=35$$
$$x^2-12x+35=0$$
$$(x-5)(x-7)=0$$
$$\therefore\ x=5,\ 7$$

이다. 이때 $y=7,\ 5$가 되므로 구하는 긴 변의 길이는 7(m)이다.

예제 2.2.8 그림과 같은 사다리꼴 ABCD에서 $\overline{\mathrm{AD}}=2\,\mathrm{cm}$, $\angle\mathrm{B}=45°$이고, 사다리꼴의 넓이가 $16\,\mathrm{cm}^2$일 때, $\overline{\mathrm{BC}}$의 길이를 구하여라.

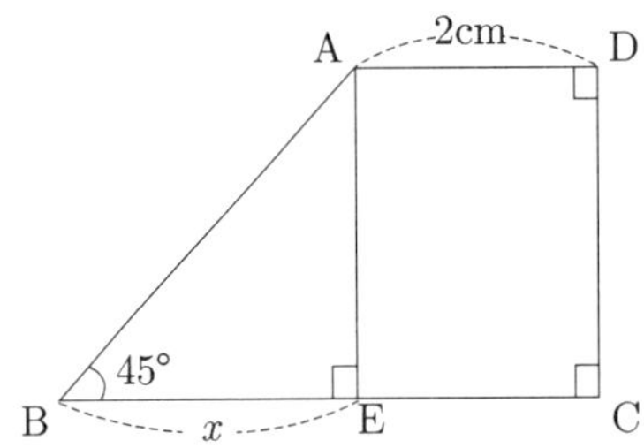

풀이 꼭짓점 A에서 변 $\overline{\mathrm{BC}}$에 내린 수선의 교점을 E라 한다. 이때 삼각형 ABE는 이등변삼각형이므로 $\overline{\mathrm{BE}}=x(\mathrm{cm})$로 하면 $\overline{\mathrm{AE}}=x(\mathrm{cm})$이다. 따라서 삼각형 ABE의 넓이는

$$\frac{1}{2}\times\overline{\mathrm{BE}}\times\overline{\mathrm{AE}}=\frac{1}{2}\times x\times x=\frac{1}{2}x^2\ \ (\mathrm{cm}^2)$$

이고, 직사각형 AECD의 넓이는

$$\overline{\mathrm{AD}}\times\overline{\mathrm{AE}}=2\times x=2x\ \ (\mathrm{cm}^2)$$

이므로 사다리꼴 ABCD의 넓이는 $\frac{1}{2}x^2+2x\ \ (\mathrm{cm}^2)$이다.

$$\therefore\ \frac{1}{2}x^2+2x=16$$
$$x^2+4x-32=0$$
$$(x-4)(x+8)=0$$
$$\therefore\ x=4$$

따라서 $\overline{\mathrm{BC}}$의 길이는 $\overline{\mathrm{BE}}+\overline{\mathrm{EC}}=x+2=6$ (cm)이다.

또는 사다리꼴의 넓이는 $\frac{1}{2}\times$(밑변+윗변)$\times$(높이)에서

$$\frac{1}{2}\times[(x+2)+2]\times x=16$$

이다.

연습문제 2.2

1. x에 대한 다음 이차방정식의 근을 구하여라.

(1) $x^2+8x+15=0$　(2) $x^2-4x-21=0$

(3) $4x^2-7x-15=0$　(4) $12x^2+28x-5=0$

(5) $x^2+1=0$　(6) $x^2+4x-3=0$

2. 이차방정식 $3x^2-12x-5=0$의 두 근의 합이 k일 때 $k^2-2k-a=0$을 만족하는 상수 a를 구하여라.

3. $x^2-3x+1=0$의 두 근을 $\alpha, \beta\ (\alpha>\beta)$라고 할 때, 다음 식의 값을 구하여라.

(1) $\alpha-\beta$　(2) $\alpha^2+\beta^2$

4. 이차방정식 $x^2+ax+b=0$ 의 한 근이 $2+\sqrt{3}$ 일 때 유리수 a, b의 값을 구하여라.

5. 이차방정식 $x^2+ax+b=0$ 의 한 근이 $\dfrac{2+\sqrt{2}i}{2}$ 일 때 실수 a, b의 값을 구하여라.

6. x에 대한 이차방정식 $x(x+5)+a=0$이 중근을 가질 때 a 값과 근을 구하여라.

7. x에 대한 이차방정식 $(k+1)x^2+(k+1)x+1=0$이 중근을 갖도록 하는 상수 k값을 구하여라.

◉ 이차방정식이므로 $k\neq-1$이다.

8. 한 근이 $-2+\sqrt{3}$ 이고 x^2의 계수가 1인 이차방정식을 구하여라. 단, x의 계수와 상수항은 모두 유리수이다.

9. 이차방정식 $x^2-2x+k^2-4k=0$의 한 근이 다른 한 근보다 4만큼 클 때 상수 k값을 구하여라.

10. $3x^2-5x+k=0$의 두 근의 비가 $2:3$일 때 상수 k값을 구하여라.

11. $x^2-4x-2=0$의 두 근을 α, β라 할 때 $\frac{1}{\alpha}$, $\frac{1}{\beta}$을 두 근으로 하는 이차방정식을 구하여라.

12. 이차방정식 $x^2-x+2=0$의 두 근을 α, β라 할 때 다음 식의 값을 구하여라.

(1) $\alpha^2\beta+\alpha\beta^2$

(2) $\frac{1}{\alpha}+\frac{1}{\beta}$

(3) $\alpha^2+\beta^2$

(4) $(\alpha+1)(\beta+1)$

13. 이차방정식 $2x^2+kx+2k+1=0$의 한 근이 -1일 때 상수 k값과 다른 한 근을 구하여라.

14. 정사각형의 한 변의 길이를 4m 늘이고, 다른 한 변의 길이를 4m 줄였더니 넓이가 처음 넓이의 $\frac{3}{4}$이 되었다. 처음 정사각형의 한 변의 길이를 구하여라.

15. 어떤 직각삼각형의 세 변의 길이가 연속하는 세 짝수일 때 이 직각삼각형의 세 변을 구하여라.

◉ 세 변의 길이를 $2m-2$, $2m$, $2m+2$로 놓고 세 변이 a, b, c인 직각삼각형에서 피타고라스 정리 $a^2+b^2=c^2$를 이용한다.

16. 어떤 자연수 m을 제곱해야 할 것을 잘못하여 3배 하였더니 제곱한 값보다 40만큼 작았다고 한다. 자연수 m을 구하여라.

17. 둘레의 길이가 30m이고 넓이가 36m^2인 직사각형의 가로의 길이를 구하여라. 단, 가로 길이는 세로 길이보다 길다.

18. 어떤 원의 반지름의 길이를 3m 늘였더니 그 넓이가 처음 원의 2배가 되었다. 처음 원의 반지름 길이를 구하여라.

제 3 장 부등식

3.1 일차부등식

3.1.1 부등식

(1) 부등식 : 부등호($<$, $>$, $\leq$, $\geq$)를 사용하여 수 또는 식의 대소 관계를 나타낸 것을 부등식이라 한다.

(2) 좌변, 우변, 양변 : 부등식에서 부등호의 왼쪽 부분을 좌변, 오른쪽 부분을 우변, 좌변과 우변을 통틀어 양변이라고 한다.

예 부등식 : $x \geq 2$, $x+2 > 2x+1$, $x^2-3x+1 \leq 0$

3.1.2 부등식의 성질

(1) 부등식의 양변에 같은 수를 더하거나 양변에서 같은 수를 빼어도 부등호의 방향은 바뀌지 않는다.

$$a > b\text{이면 } a+c > b+c,\ a-c > b-c$$

(2) 부등식의 양변에 같은 양수를 곱하거나 양변을 같은 양수로 나누어도 부등호의 방향이 바뀌지 않는다.

$$a > b\text{일 때 } c > 0\text{이면 } ac > bc,\ \frac{a}{c} > \frac{b}{c}$$

(3) 부등식의 양변에 같은 음수를 곱하거나 양변을 같은 음수로 나누는 경우에는 부등호의 방향이 바뀐다.

$$a > b\text{일 때 } c < 0\text{이면 } ac < bc,\ \frac{a}{c} < \frac{b}{c}$$

예 (1) $a > b$이면 $a+2 > b+2$, $a-2 > b-2$

(2) $a > b$이면 $2a > 2b$, $\frac{a}{2} > \frac{b}{2}$

(3) $a > b$이면 $-2a < -2b$, $-\frac{a}{2} < -\frac{b}{2}$

3.1.3 일차부등식의 풀이

미지수가 x 일 때,

(1) x 를 포함하는 항은 모두 좌변으로, 상수항은 우변으로 이항한 후 양변을 정리하여 $Ax > B$ (또는 $Ax \geq B$, $Ax < B$, $Ax \leq B$)의 꼴로 만든다.

(2) 부등식 $Ax > B$의 해[9)]

① $A > 0$일 때 $x > \dfrac{B}{A}$

② $A < 0$일 때 $x < \dfrac{B}{A}$

③ $A = 0$일 때 : $B \geq 0$이면 해가 없다.
$B < 0$이면 x는 모든 실수.

◉ 일반적으로 x를 포함하는 항을 좌변으로 이항하여 정리하지만 상황에 따라 이들 항을 우변으로 이항하여 풀어도 된다.

예제 3.1.1 다음 부등식을 풀어라.

$$2(x-3)-3(x+2) < x+4$$

풀이 괄호를 먼저 푼 후 x 항은 좌변으로, 상수항은 우변으로 이항하여 푼다.

$$\begin{aligned} 2(x-3)-3(x+2) &< x+4 \\ 2x-6-3x-6 &< x+4 \\ 2x-3x-x &< 4+6+6 \\ -2x &< 16 \\ \therefore\ x &> \frac{16}{-2} = -8 \end{aligned}$$

즉, 주어진 부등식을 만족하는 x의 범위는 $x > -8$이다.

◉ 등식과 달리 부등식에서는 음수를 나누거나 곱할 때는 부등호의 방향이 바뀌는 것에 주의한다.

9) 부등식에서 식을 정리하는 방법은 등식과 같지만 최종 해를 구할 때는 계수의 부호를 잘 살펴보아야 한다.

예제 3.1.2 다음 부등식을 풀어라.

$$\frac{2}{3}(x-1)+\frac{1}{6}(x-2)>\frac{1}{2}x-3$$

풀이 양변에 분모 2, 3, 6의 최소공배수 6을 곱하면

$$4(x-1)+(x-2)>3x-18$$

괄호를 풀고 x항은 좌변으로, 상수항은 우변으로 이항하여 푼다.

$$4x-4+x-2>3x-18$$
$$4x+x-3x>-18+4+2$$
$$2x>-12$$
$$\therefore\ x>\frac{-12}{2}=-6$$

즉, 주어진 부등식을 만족하는 x의 범위는 $x>-6$이다.

예제 3.1.3 상수 $k<2$일 때 $(k-2)x>3k-6$의 해를 구하여라.

풀이 주어진 부등식은

$$(k-2)x>3(k-2)$$

로 쓸 수 있다. 여기에서 $k<2$이므로

$$k-2<0$$

이고, 부등식의 양변을 $k-2$로 나누면 부등호의 방향이 바뀐다. 따라서 부등식을 만족하는 x의 범위는 다음과 같다.

$$x<\frac{3(k-2)}{k-2}=3$$
$$\therefore\ x<3$$

예제 3.1.4 x에 대한 다음 부등식의 해를 구하여라. 단, a는 상수이다.[10)]

(1) $ax-1>x+2$ (2) $ax+1\geq x+a$

10) 특히 계수가 문자일 때는 문자 변수의 값에 따른 부호 변화를 따져야 한다.

풀이 (1) 이항하여 정리하면 $(a-1)x > 3$

① $a > 1$이면 $x > \dfrac{3}{a-1}$

② $a = 1$이면 해가 없다. ($\because$ $0 \times x > 3$인 x는 없다.)

③ $a < 1$이면 $x < \dfrac{3}{a-1}$

(2) 이항하여 정리하면 $(a-1)x \geq a-1$

① $a > 1$이면 $x \geq 1$

② $a = 1$이면 x는 모든 실수 ($\because$ 모든 x에 대하여 $0 \times x = 0$)

③ $a < 1$이면 $x \leq 1$

예제 3.1.5 다음 연립 부등식을 풀어라.

(1) $\begin{cases} 2x+5 \geq 1 & \cdots\cdots ① \\ -3x-4 \leq -6x+5 & \cdots\cdots ② \end{cases}$ (2) $\begin{cases} 3x+1 \geq x+5 & \cdots\cdots ① \\ 2x-3 > x+1 & \cdots\cdots ② \end{cases}$

풀이 연립부등식은 각각의 부등식의 해를 구한 후 공통부분을 구하면 된다.

(1) ①에서

$$2x \geq 1-5$$
$$2x \geq -4$$
$$\therefore\ x \geq -2$$

이고, ②에서

$$-3x+6x \leq 5+4$$
$$3x \leq 9$$
$$\therefore\ x \leq 3$$

이다. 각각의 부등식의 해를 수직선 위에 나타내면 그림과 같다. 그림에서 두 부등식을 모두 만족하는 x의 범위는

$$-2 \leq x \leq 3$$

이다.

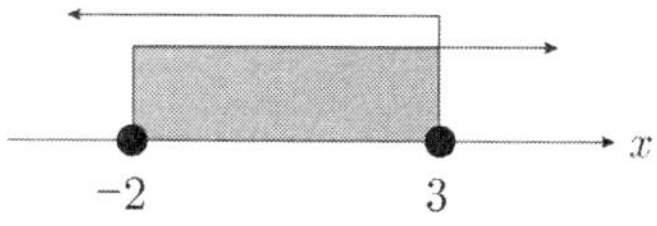

(2) ①에서

$$3x - x \geq 5 - 1$$
$$2x \geq 4$$
$$\therefore \quad x \geq 2$$

이고, ②에서

$$2x - x > 1 + 3$$
$$\therefore \quad x > 4$$

이다. 각각의 부등식의 해를 수직선 위에 나타내면 그림과 같다. 그림에서 두 부등식을 모두 만족하는 x의 범위는

$$x > 4$$

이다.

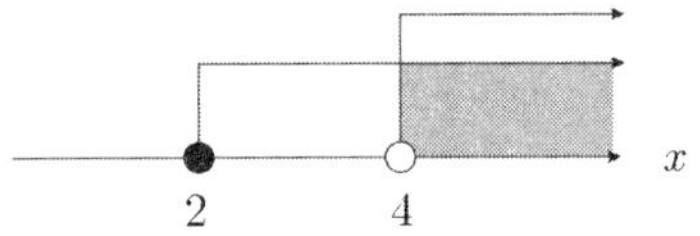

◎ 연립부등식에서 공통부분은 수직선을 이용하여 쉽게 구할 수 있다.

예제 3.1.6 **부등식 활용** 연속하는 세 홀수의 합이 26보다 크고 32보다 작을 때 세 홀수를 구하여라.

풀이 세 홀수를 각각 $m-2$, m, $m+2$ (m은 홀수)라 하면 주어진 조건에서

$$26 < (m-2) + m + (m+2) < 32$$
$$26 < 3m < 32$$
$$\therefore \quad 8.66 \cdots < m < 10.66 \cdots$$
$$\therefore \quad m = 9, 10$$

여기에서 m은 홀수이므로 구하는 값은 $m = 9$이다. 따라서 세 홀수는 7, 9, 11이다.

예제 3.1.7 **부등식 활용** 그림에서 점 A는 변 $\overline{BC}$와 평행하면서 화살표 방향으로 이동하는 점이다. 이 사다리꼴(ABCD)의 넓이가 $60m^2$ 이상이고 $90m^2$ 이하가 되게 하는 변 $\overline{AD}$의 길이의 범위를 구하여라.

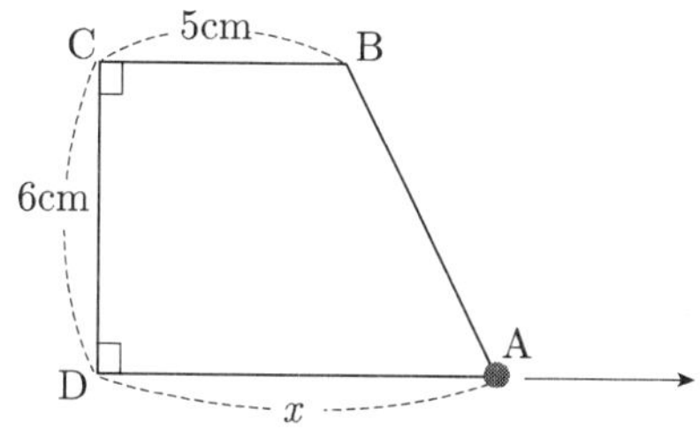

풀이 $\overline{AD}$의 길이를 x(m)한다. 사다리꼴의 넓이(S)는

$$S=\frac{1}{2}\times 높이\times(밑변+윗변)$$

이므로 주어진 조건에서

$$60 \le \frac{1}{2}\times 6\times(x+5) \le 90$$
$$20 \le x+5 \le 30$$
$$\therefore\ 15 \le x \le 25$$

이다. 즉 변 $\overline{AD}$의 길이는 15m 이상이고 25m 이하이다.

연습문제 3.1

1. 다음 부등식을 풀어라.

(1) $x-1 \geq -x+3$

(2) $2(2x-1) \leq 1-(x+3)$

(3) $\dfrac{2x+1}{3}-\dfrac{x-1}{4}>1$

(4) $0.2(x-0.8) \geq x+0.4$

2. 부등식 $x+a>2(x-1)$의 해가 $x<3$일 때 상수 a의 값을 구하여라.

3. 두 부등식 $2x-(x-5)<4x+2$, $4x+k>3-2(x-1)$의 해가 같을 때 상수 k의 값을 구하여라.

4. $k<1$일 때 부등식 $2k(x+3)-3<2x+3$을 풀어라.

5. $b^2=1$일 때 $(a-3)x>b$의 해가 $x<\dfrac{1}{4}$인 경우 상수 a의 값을 구하여라.

6. 다음 연립 부등식을 풀어라.

(1) $\begin{cases} -3x+9 \geq 5x+1 \\ 2x-1 \leq 4x+7 \end{cases}$

(2) $\begin{cases} 2x+3 \geq 4x-5 \\ 4x-2 > 6x+8 \end{cases}$

7. $3 \leq x \leq 5$, $1 \leq y \leq 2$일 때 다음 식의 값의 범위를 구하여라.

(1) $x+y$

(2) $x-3y$

8. $b>a>0$일 때 부등식 $ax-2>bx+3$을 풀어라.

9. 연속하는 세 짝수의 합이 38보다 크고 46보다 작을 때 세 짝수를 구하여라.

10. 삼각형의 세 변의 길이가 x, $x+3$, $x+7$일 때 x 값의 범위를 구하여라.

11. 연속하는 세 정수가 있다. 세 수의 합은 23보다 크고, 작은 두 수의 합에서 큰 수를 뺀 것은 7보다 작을 때 세 수를 구하여라.

3.2 이차부등식

3.2.1 이차부등식의 풀이

이차부등식 $ax^2+bx+c>0\ (a>0)$, $ax^2+bx+c<0\ (a>0)$의 해

(1) $D=b^2-4ac>0$인 경우 두 실근을 $\alpha, \beta\ (\alpha<\beta)$라 하면

① $(x-\alpha)(x-\beta)>0$ 이면 $x<\alpha,\ x>\beta$

② $(x-\alpha)(x-\beta)<0$ 이면 $\alpha<x<\beta$

(2) $D=b^2-4ac=0$인 경우 중근을 α라 하면

① $ax^2+bx+c>0$이면 $x\neq\alpha$인 모든 실수

② $ax^2+bx+c<0$이면 해가 없다.

(3) $D=b^2-4ac<0$인 경우

① $ax^2+bx+c>0$이면 해는 모든 실수

② $ax^2+bx+c<0$이면 해가 없다.

◎ 이차항의 계수가 음인 경우($a<0$) 양변에 -1을 곱하여 이차항의 계수를 양으로 만들어 주면 이후의 풀이 과정은 위와 같다.

예제 3.2.1 다음 이차부등식을 풀어라.

(1) $x^2-3x+2>0$　　(2) $x^2-2x-3<0$

(3) $x^2-2x+1>0$　　(4) $x^2+2x+2<0$

풀이 (1) $x^2-3x+2=(x-1)(x-2)>0$　$\therefore\ x<1$ 또는 $x>2$

(2) $x^2-2x-3=(x+1)(x-3)<0$　$\therefore\ -1<x<3$

(3) $x^2-2x+1=(x-1)^2>0$　$\therefore\ x\neq1$인 모든 실수

(4) $x^2+2x+2=(x+1)^2+1$, 모든 실수 x에 대하여 $(x+1)^2+1>0$ 이므로 $x^2+2x+2<0$을 만족하는 실수가 없다.

◎ $(x-\alpha)(x-\beta)<0$이면 x는 작은 값과 큰 값 사이에 있다.

(작은 값 $<x<$ 큰 값)

$(x-\alpha)(x-\beta)>0$이면 x는 큰 값보다 커거나 작은 값보다 작다.

($x>$ 큰 값, $x<$ 작은 값)

예제 3.2.2 x에 대한 이차부등식 $x^2+ax+b<0$의 해가 $2<x<3$일 때 상수 a, b를 구하여라.

풀이 $x^2+ax+b<0$의 해가 $2<x<3$이므로

$$x^2+ax+b=(x-2)(x-3)=x^2-5x+6$$
$$\therefore\ a=-5,\ b=6$$

예제 3.2.3 모든 실수 x에 대하여 $x^2+kx+3>0$가 성립하도록 상수 k의 범위를 구하여라.

풀이 $x^2+kx+3=0$가 허근을 가져야 하므로 (즉, $y=x^2+kx+3$의 그래프가 x축과 만나지 않아야 한다.)

$$D=k^2-12<0$$
$$(k-2\sqrt{3})(k+2\sqrt{3})<0$$
$$\therefore\ -2\sqrt{3}<k<2\sqrt{3}$$

예제 3.2.4 x에 대한 이차부등식 $x^2-(k+2)x+2k<0$의 해를 구하여라. 단, k는 상수이다.

풀이 준 식은 $x^2-(k+2)x+2k=(x-2)(x-k)<0$이다.

① $k>2$이면 $2<x<k$
② $k=2$이면 $(x-2)^2\geq 0$이므로 해가 없다.
③ $k<2$이면 $k<x<2$

예제 3.2.5 이차부등식 $x^2-2x-5<0$을 만족하는 정수 x의 개수를 구하여라.

풀이 근의 공식에서 $x^2-2x-5=0$의 해를 구하면

$$\alpha=1-\sqrt{6},\ \beta=1+\sqrt{6}$$

이므로 부등식 $x^2-2x-5<0$을 만족하는 x의 범위는

$$1-\sqrt{6}<x<1+\sqrt{6}$$

이다. 여기에서 $2<\sqrt{6}<3$이므로

$$-1.\times\times < x < 3.\times\times$$

따라서 부등식을 만족하는 정수는 -1, 0, 1, 2, 3의 5개다.

예제 3.2.6 x에 대한 이차방정식 $x^2-2kx-k(k-1)=0$이 허근을 갖도록 하는 실수 k의 범위를 구하여라.

풀이 주어진 이차방정식이 허근을 가지려면 판별식

$$D/4 = k^2 + k(k-1) < 0$$
$$2k^2 - k < 0$$
$$k(2k-1) < 0$$
$$\therefore\ 0 < k < \frac{1}{2}$$

예제 3.2.7 x에 대한 이차부등식 $f(x)<0$의 해가 $2<x<5$일 때, 부등식 $f(2x-1)<0$을 만족하는 x의 범위를 구하여라.

풀이 이차부등식 $f(x)<0$의 해가 $2<x<5$이므로

$$f(x) = a(x-2)(x-5),\ a>0$$

이고,

$$\begin{aligned} f(2x-1) &= a(2x-1-2)(2x-1-5) \\ &= 2a(2x-3)(x-3) \end{aligned}$$

이다. 따라서 $f(2x-1)<0$을 만족하는 x의 범위는 다음과 같다.

$$2a(2x-3)(x-3) < 0$$
$$\therefore\ \frac{3}{2} < x < 3$$

예제 3.2.8 이차부등식 $ax^2+bx+3<0$의 해가 $\frac{1}{2}<x<3$일 때, 상수 a, b의 값을 구하여라.

풀이 부등식 $ax^2+bx+3<0$의 해가 $\frac{1}{2}<x<3$이므로 $a>0$이고,

$$ax^2 + bx + 3 = a\left(x - \frac{1}{2}\right)(x-3)$$
$$= ax^2 - \frac{7}{2}ax + \frac{3}{2}a$$

이다. 여기에서 양변의 계수를 비교하면

$$b = -\frac{7}{2}a \ , \ 3 = \frac{3}{2}a$$

이므로 $a = 2, \ b = -7$이다.

예제 3.2.9 연립부등식 $\begin{cases} x^2 - 4x + 3 > 0 & \cdots\cdots ① \\ x^2 - 3x - 10 \le 0 & \cdots\cdots ② \end{cases}$을 풀어라.

풀이 부등식 ①에서 $(x-1)(x-3) > 0 \quad \therefore \ x < 1$ 또는 $x > 3$ ……③

부등식 ②에서 $(x+2)(x-5) \le 0 \quad \therefore \ -2 \le x \le 5$ ……④

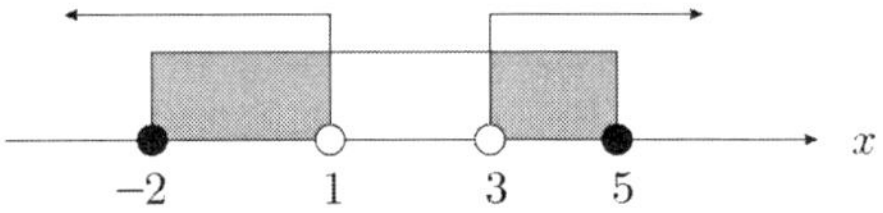

따라서 ③, ④를 동시에 만족하는 x의 범위는 다음과 같다.

$$-2 \le x < 1 \text{ 또는 } 3 < x \le 5$$

예제 3.2.10 **부등식의 활용** 길이가 40m인 끈으로 넓이가 96m^2 이상인 직사각형 모양을 만들려고 한다. 짧지 않은 변의 길이의 범위를 구하여라.

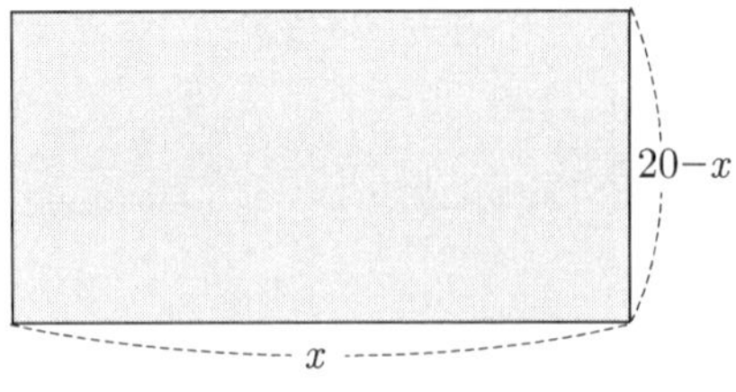

풀이 짧지 않은 변의 길이를 x(m)라 하면 전체 길이는 40m이므로 다른 한 변의 길이는 $(20-x)$(m)가 된다. 따라서 두 변의 길이 비교에서

$$x \geq 20 - x$$
$$\therefore \ x \geq 10 \quad \cdots\cdots ①$$

이때 사각형의 넓이는 $x(20-x)(\mathrm{m}^2)$이므로 넓이가 $96\mathrm{m}^2$ 이상이 되기 위해서는

$$x(20-x) \geq 96$$
$$x^2 - 20x + 96 \leq 0$$
$$(x-8)(x-12) \leq 0$$
$$\therefore \ 8 \leq x \leq 12 \quad \cdots\cdots ②$$

이다. ①, ②의 공통 범위를 구하면 $10 \leq x \leq 12$이다. 따라서 짧지 않은 변의 길이는 10m 이상 12m 이하이다.

예제 3.2.11 **부등식의 활용** 한 변의 길이가 a(m)인 정육면체의 가로 길이는 2m 줄이고, 높이는 3m 늘려서 새로운 직육면체를 만들었다. 이때 직육면체의 부피가 정육면체의 부피보다 작을 때 a값의 범위를 구하여라.

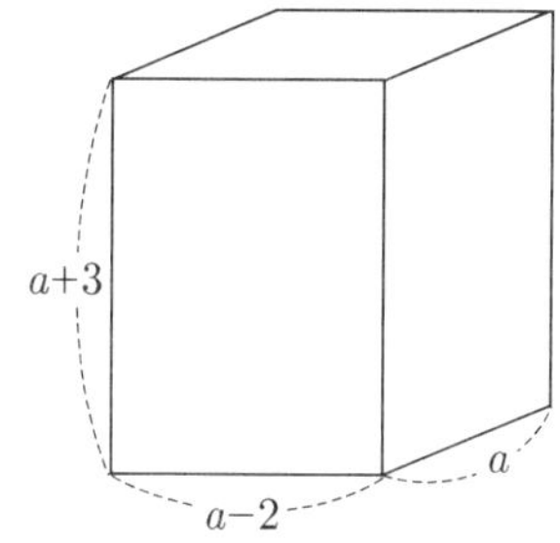

풀이 정육면체의 부피는 $a^3(\mathrm{m}^3)$이고, 직육면체의 부피는 $a(a-2)(a+3)(\mathrm{m}^3)$이므로 주어진 조건에서

$$a(a-2)(a+3) < a^3$$
$$a^3 + a^2 - 6a < a^3$$
$$a^2 - 6a < 0$$
$$a(a-6) < 0$$
$$\therefore \ 0 < a < 6 \quad \cdots\cdots ①$$

이다. 그런데 변의 길이는 양(+)이므로

$$a-2>0$$
$$\therefore\ a>2 \quad \cdots\cdots ②$$

이다. ①, ②의 공통 범위를 구하면 a의 범위는 $2<a<6$이다.

연습문제 3.2

1. 다음 이차부등식을 풀어라.

(1) $x^2-4>0$

(2) $x^2-6x+8\le 0$

(3) $x^2+4x+4\le 0$

(4) $\begin{cases} x^2-3x+2\ge 0 \cdots\cdots ① \\ x^2-x-12<0 \cdots\cdots ② \end{cases}$

2. 이차부등식 $-x^2+x+6>0$ 의 해가 $\alpha<x<\beta$ 일 때 α, β의 값을 구하여라.

3. 이차부등식 $x^2+ax+b<0$ 의 해가 $1-\sqrt{2}<x<1+\sqrt{2}$ 일 때 a, b의 값을 구하여라.

4. x에 대한 이차부등식 $-x^2+(k+3)x-3k<0$의 해를 구하여라.

5. 모든 실수 x에 대해 $-2x^2+kx-2\le 0$가 성립하도록 상수 k의 범위를 구하여라.

6. 이차부등식 $x^2+2x-4<0$을 만족하는 정수 x를 구하여라.

7. x에 대한 이차방정식 $x^2+2kx-k(k-3)=0$이 실근을 갖도록 하는 실수 k의 범위를 구하여라.

8. 둘레의 길이가 22cm 인 직사각형의 넓이가 24cm^2 이상이 되도록 가로와 세로의 길이를 정한다. 가로 길이는 세로 길이보다 길거나 같을 때 가로 길이의 최댓값과 최솟값을 구하여라.

9. 지면에서 45m/s 의 속도로 연직 위로 쏘아올린 물체의 t초 후의 높이(h)가 $h=45t-5t^2$ (m)이다. 이 물체가 지면으로부터 70m 이상의 높이에 존재하는 시간을 구하여라.

10. 가로와 세로의 길이가 각각 7m, 2m 인 직사각형이 있다. 가로의 길이를 x(m) 줄이고, 세로의 길이를 x(m) 늘려서 직사각형의 대각선 길이가 $3\sqrt{5}$(m) 이하로 만들려고 한다. x값의 범위를 구하여라.

3.3 절대부등식

$x^2+4>0$, $(x-3)^2+2>0$와 같은 부등식은 x에 어떤 실수를 대입해도 항상 성립한다. 이와 같이 부등식 중의 문자에 어떤 실수를 대입해도 항상 성립하는 부등식을 절대부등식이라 한다.

3.3.1 산술평균, 기하평균, 조화평균의 대소 관계[11)]

임의의 양수 a, b에 대하여 다음 관계식이 성립한다.

$$\frac{a+b}{2} \geq \sqrt{ab} \geq \frac{2ab}{a+b} \quad (\text{단, 등호는 } a=b\text{일 때 성립})$$

증명

$$\frac{a+b}{2} - \sqrt{ab} = \frac{a+b-2\sqrt{ab}}{2}$$

$$= \frac{(\sqrt{a})^2+(\sqrt{b})^2-2\sqrt{a}\sqrt{b}}{2}$$

$$= \frac{(\sqrt{a}-\sqrt{b})^2}{2} \geq 0$$

$$\therefore \frac{a+b}{2} \geq \sqrt{ab} \quad \cdots\cdots①$$

$$\sqrt{ab} - \frac{2ab}{a+b} = \frac{\sqrt{ab}(a+b)-2ab}{a+b}$$

$$= \frac{\sqrt{ab}(a+b-2\sqrt{ab})}{a+b}$$

$$= \frac{\sqrt{ab}(\sqrt{a}-\sqrt{b})^2}{a+b} \geq 0$$

$$\therefore \sqrt{ab} \geq \frac{2ab}{a+b} \quad \cdots\cdots②$$

①, ②로부터 $\frac{a+b}{2} \geq \sqrt{ab} \geq \frac{2ab}{a+b}$ (단, 등호는 $a=b$일 때 성립).

◉ 임의의 양수 a, b에 대하여 $\frac{a+b}{2}$를 두 수의 산술평균, $\sqrt{ab}$를 기하평균, $\frac{2ab}{a+b}$를 조화평균이라 한다.

---

11) 이공학 분야에서는 절대 부등식이 많이 사용되지 않는다. 여기에서는 기본적인 산술평균과 기하평균의 관계를 잘 알아두도록 한다.

3.3.2 코시-슈바르츠(Cauchy-Schwartz) 부등식

모든 실수 a, b, x, y에 대하여 다음 관계식이 성립한다.

(1) $(a^2+b^2)(x^2+y^2) \geq (ax+by)^2$ (단, 등호는 $\frac{x}{a}=\frac{y}{b}$일 때 성립)

(2) $(a^2+b^2+c^2)(x^2+y^2+z^2) \geq (ax+by+cz)^2$

(단, 등호는 $\frac{x}{a}=\frac{y}{b}=\frac{z}{c}$일 때 성립)

증명 (1) $(a^2+b^2)(x^2+y^2)-(ax+by)^2$

$$= a^2x^2+a^2y^2+b^2x^2+b^2y^2-(a^2x^2+2abxy+b^2y^2)$$

$$= a^2y^2+b^2x^2-2(ay)(bx) = (ay-bx)^2 \geq 0$$

$\therefore$ $(a^2+b^2)(x^2+y^2) \geq (ax+by)^2$ (단, 등호는 $ay=bx$일 때 성립)

(2) $(a^2+b^2+c^2)(x^2+y^2+z^2)-(ax+by+cz)^2$

$$= (bx-ay)^2+(az-cx)^2+(cy-bz)^2 \geq 0$$

(단, 등호는 $bx=ay$, $az=cx$, $cy=bz$일 때 성립)

3.3.3 삼각부등식

모든 실수 a, b에 대하여 다음 부등식이 성립한다.

$$|a|+|b| \geq |a+b|$$

증명 $(|a|+|b|)^2-|a+b|^2 = a^2+2|a||b|+b^2-(a^2+2ab+b^2)$

$$= 2(|a||b|-ab) \geq 0$$

$$\therefore (|a|+|b|)^2 \geq |a+b|^2$$

따라서 $|a|+|b| \geq 0$, $|a+b| \geq 0$이므로 $|a|+|b| \geq |a+b|$

3.3.4 여러 가지 절대부등식

(1) $a^2+2ab+b^2 \geq 0$ (단, 등호는 $a=b=0$일 때 성립)

$a^2-2ab+b^2 \geq 0$ (단, 등호는 $a=b$일 때 성립)

(2) $a^2+b^2+c^2-ab-bc-ca \geq 0$ (단, 등호는 $a=b=c$일 때 성립)

(3) $a^3+b^3+c^3 \geq 3abc$ (단, $a>0$, $b>0$, $c>0$, 등호는 $a=b=c$일 때 성립)

증명 (1) $a^2 \pm 2ab + b^2 = (a \pm b)^2 \geq 0$

(2) $a^2 + b^2 + c^2 - ab - bc - ca$

$$= \frac{1}{2}(2a^2 + 2b^2 + 2c^2 - 2ab - 2bc - 2ca)$$

$$= \frac{1}{2}\{(a-b)^2 + (b-c)^2 + (c-a)^2\} \geq 0$$

(3) $a^3 + b^3 + c^3 - 3abc$

$$= (a+b+c)(a^2 + b^2 + c^2 - ab - bc - ca) \geq 0$$

(단, $a > 0,\ b > 0,\ c > 0$)

예제 3.3.1 부등식 $(a+b)^2 \geq 4ab$을 증명하여라.

풀이 $(a+b)^2 - 4ab = (a^2 + 2ab + b^2) - 4ab$

$$= a^2 - 2ab + b^2$$

$$= (a-b)^2 \geq 0$$

$\therefore\ (a+b)^2 \geq 4ab$ (단, 등호는 $a = b$일 때 성립한다.)

예제 3.3.2 부등식 $\sqrt{a-b} > \sqrt{a} - \sqrt{b}$을 증명하여라. 단, $a > b > 0$이다.

풀이 $a > b > 0$이므로 양변을 제곱하여 계산하면

$$(\sqrt{a-b})^2 - (\sqrt{a} - \sqrt{b})^2 = (a-b) - (a - 2\sqrt{ab} + b)$$

$$= 2\sqrt{ab} - 2b$$

$$= 2\sqrt{b}(\sqrt{a} - \sqrt{b}) > 0$$

$$\therefore\ (\sqrt{a-b})^2 - (\sqrt{a} - \sqrt{b})^2 > 0$$

$$\therefore\ (\sqrt{a-b})^2 > (\sqrt{a} - \sqrt{b})^2$$

여기에서 $\sqrt{a-b} > 0,\ \sqrt{a} - \sqrt{b} > 0$이므로

$$\sqrt{a-b} > \sqrt{a} - \sqrt{b}$$

예제 3.3.3 $a > 0,\ b > 0$일 때 $\frac{9b}{a} + \frac{a}{b}$의 최솟값을 구하여라.

풀이 산술평균과 기하평균의 관계에서

$$\frac{9b}{a}+\frac{a}{b}\geq 2\sqrt{\left(\frac{9b}{a}\right)\times\left(\frac{a}{b}\right)}=2\sqrt{9}=6$$

$\therefore\ \frac{9b}{a}=\frac{a}{b}$일 때 $\frac{9b}{a}+\frac{a}{b}$는 최솟값 6을 갖는다.

예제 3.3.4 함수 $y=4^x+4^{-x}$의 최솟값을 구하여라.

풀이 $4^x>0$이므로 산술평균과 기하평균의 관계에서

$$4^x+4^{-x}\geq 2\sqrt{4^x\times 4^{-x}}=2\sqrt{4^{x-x}}=2\sqrt{4^0}=2$$

$\therefore\ y=4^x+4^{-x}$의 최솟값은 2이다.

이때 $4^x=4^{-x}$이다. 즉, $x=0$일 때 y는 최솟값 2를 갖는다.

예제 3.3.5 $a>0$, $b>0$이고 $a+b=16$일 때 ab의 최댓값을 구하여라.

풀이 산술평균과 기하평균의 관계에서

$$\frac{a+b}{2}\geq\sqrt{ab}$$

$$\frac{16}{2}\geq\sqrt{ab}$$

$$8\geq\sqrt{ab}$$

$$\therefore\ 64\geq ab$$

따라서 ab의 최댓값은 64이다.

예제 3.3.6 $a>-2$일 때 $a+\frac{9}{a+2}$의 최솟값을 구하여라.

풀이 주어진 식$=a+\frac{9}{a+2}=(a+2)+\frac{9}{a+2}-2$

이다. 여기에서 $a+2>0$이므로 산술평균과 기하평균의 관계에서

$$(a+2)+\frac{9}{a+2}\geq 2\sqrt{(a+2)\times\frac{9}{a+2}}=2\sqrt{9}=2\times 3=6$$

$\therefore\ a+\dfrac{9}{a+2}$의 최솟값은 $6-2=4$이다.

최솟값을 가질 때 $a+2=\dfrac{9}{a+2}$이므로

$$(a+2)^2=9$$
$$a+2=\pm 3$$
$$\therefore\ a=1\ (\because\ a>-2)$$

예제 3.3.7 실수 x, y에 대하여 $x^2+y^2=2$일 때 $3x+y$의 최댓값과 최솟값을 구하여라.

풀이 코시-슈바르츠 부등식에서

$$(3^2+1^2)(x^2+y^2)\geq(3x+y)^2$$

이다. 여기에서 $x^2+y^2=2$이므로

$$(3^2+1^2)\times 2\geq(3x+y)^2$$
$$\therefore\ (3x+y)^2\leq 20$$
$$\therefore\ -2\sqrt{5}\leq 3x+y\leq 2\sqrt{5}$$

따라서 $3x+y$의 최댓값은 $2\sqrt{5}$, 최솟값은 $-2\sqrt{5}$이다.

예제 3.3.8 $a\geq b>0$인 실수 a, b에 대하여 $\dfrac{a}{1+a}$와 $\dfrac{b}{1+b}$의 크기를 비교하여라.

풀이 $\dfrac{a}{1+a}-\dfrac{b}{1+b}=\dfrac{a(1+b)-b(1+a)}{(1+a)(1+b)}$

$$=\frac{a-b}{(1+a)(1+b)}\geq 0\quad(\because\ a\geq b>0)$$

$\therefore\ \dfrac{a}{1+a}\geq\dfrac{b}{1+b}$

예제 3.3.9 **부등식의 활용** 빗변의 길이가 10인 직각삼각형의 넓이의 최댓값을 구하여라.

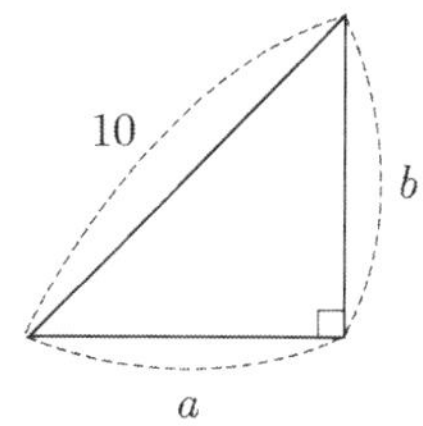

풀이 그림과 같이 직각삼각형의 밑변과 높이를 각각 a, b라고 하면 피타고라스 정리에 의해

$$a^2 + b^2 = 10^2 = 100$$

이다. 여기에서 변의 길이 $a > 0$, $b > 0$이므로 산술평균과 기하평균의 관계에서

$$\begin{aligned} a^2 + b^2 &\geq 2\sqrt{a^2 \times b^2} = 2ab \\ 100 &\geq 2ab \\ \therefore\ 50 &\geq ab \end{aligned}$$

즉, ab의 최댓값은 50이다. 따라서 직각삼각형의 넓이

$$S = \frac{1}{2}ab$$

이므로 넓이의 최댓값 $S_{\max} = \frac{1}{2} \times 50 = 25$이다.

예제 3.3.10 **부등식의 활용** 길이가 40 m인 끈으로 그림과 같이 세 개의 직사각형을 만들려고 한다. 이때 직사각형 전체 넓이의 최댓값을 구하여라.

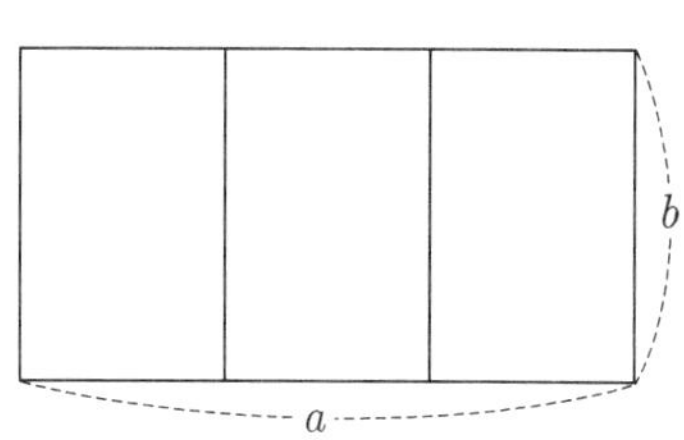

풀이 전체 직사각형의 가로와 세로를 각각 a(m), b(m)($a>0$, $b>0$)로 하면 끈의 전체 길이는 40m 이므로

$$2a+4b=40$$
$$\therefore \ a+2b=20$$

이다. 여기에서 $a>0$, $b>0$이므로 산술평균과 기하평균의 관계에서

$$a+2b \geq 2\sqrt{a\times 2b}$$
$$20 \geq 2\sqrt{2ab}$$
$$\frac{10}{\sqrt{2}} \geq \sqrt{ab}$$
$$\therefore \ ab \leq \left(\frac{10}{\sqrt{2}}\right)^2 = 50$$

즉, ab의 최댓값은 50이다. 따라서 직사각형의 넓이

$$S=ab$$

이므로 넓이의 최댓값 $S_{max}=50\,(\mathrm{m}^2)$이다.

연습문제 3.3

1. $a>0,\ b>0$일 때 부등식 $\sqrt{2(a+b)} \geq \sqrt{a}+\sqrt{b}$를 증명하여라.

2. 함수 $y=3^x+3^{-x}$의 최솟값을 구하여라.

3. $a>0,\ b>0$이고 $a+b=10$일 때 ab의 최댓값을 구하여라.

4. $a>0,\ b>0$이고 $ab=36$일 때 $a+b$의 최솟값을 구하여라.

5. $a>0,\ b>0$이고 $ab=3$일 때 $3a+5b$의 최솟값을 구하여라.

6. $a>0,\ b>0$일 때 다음 식의 최솟값을 구하여라.

(1) $a+\dfrac{1}{a}$

(2) $4a+\dfrac{9}{a}$

(3) $(a+b)\left(\dfrac{1}{a}+\dfrac{1}{b}\right)$

(4) $\left(a+\dfrac{1}{b}\right)\left(b+\dfrac{4}{a}\right)$

7. $a,\ b,\ c,\ d$가 양수일 때 $\left(\dfrac{b}{a}+\dfrac{d}{c}\right)\left(\dfrac{a}{b}+\dfrac{c}{d}\right)$의 최솟값을 구하여라.

8. $a>2$일 때 $a+\dfrac{1}{a-2}$의 최솟값을 구하여라.

9. $x>0$일 때 $x+\dfrac{1}{x}+\dfrac{3x}{x^2+1}$의 최솟값을 구하여라.

10. 실수 $x,\ y$에 대하여 $x^2+y^2=9$일 때 $3x+4y$의 값의 범위를 구하여라.

11. $a>0,\ b>0$이고 $3a+5b=10$일 때 $\sqrt{3a}+\sqrt{5b}$의 최댓값을 구하여라.

12. 빗변의 길이가 6인 직각삼각형의 넓이의 최댓값을 구하여라.

제 4 장 함수와 그래프

4.1 함수의 개념

4.1.1 함수의 정의

(1) 함수 : 두 집합 X, Y에 대하여 X의 각 원소에 Y의 원소가 오직 하나만 대응할 때 이 규칙을 X에서 Y로의 함수라 하고, 기호로

$$f : X \to Y$$

로 나타낸다.

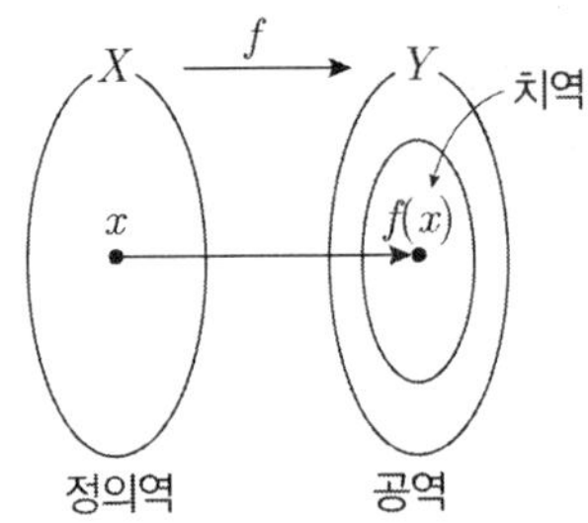

(2) 정의역과 공역 : 함수 $f: X \to Y$ 에서 집합 X 를 함수 f의 정의역, 집합 Y를 함수 f의 공역이라 한다.

(3) 함숫값 : 함수 $f: X \to Y$ 에서 X의 원소 x에 대응하는 Y의 원소 y를 $f(x)$로 나타낼 때 $f(x)$를 f에 의한 x의 함숫값이라 하고, x를 독립변수, y를 종속변수라 한다.

(4) 치역 : 함수 f의 함숫값 전체의 집합

$$\{ y \mid y = f(x),\ x \in X \}$$

를 함수 f의 치역이라 한다.

예 그림과 같은 함수 f에서 정의역 $X = \{1, 2, 3\}$, 공역 $Y = \{1, \mathrm{a}, \mathrm{b}, \mathrm{c}, \mathrm{d}\}$, 치역은 $\{\mathrm{a}, \mathrm{b}, \mathrm{c}\}$이다.

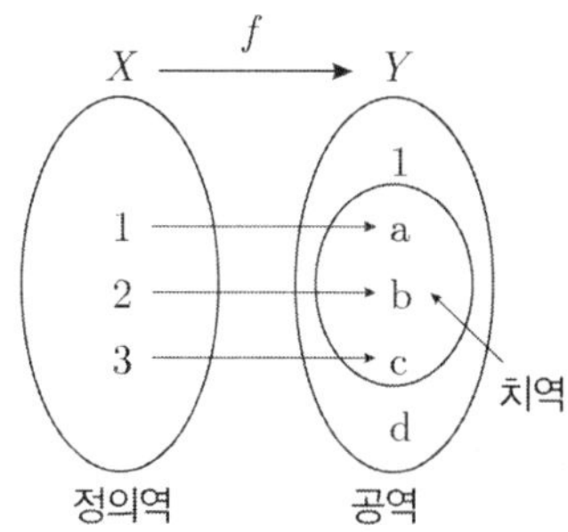

4.1.2 함수의 그래프

(1) 함수 $f: X \to Y$, $y = f(x)$에 대하여 순서쌍 (x, y)를 좌표평면 위에 나타내는 점의 집합 $\{(x, y) | y = f(x), x \in X\}$을 함수 $y = f(x)$의 그래프라 한다.

(2) 함수 f의 정의역과 치역이 실수 전체의 집합이면 함수 $y = f(x)$의 그래프는 좌표평면 위에 직선이나 곡선으로 나타낼 수 있다.

4.1.3 여러 가지 함수

(1) 일대일함수(단사함수) : 함수 $f: X \to Y$에서 정의역 X의 두 원소 x_1, x_2에 대하여 $x_1 \neq x_2$이면 $f(x_1) \neq f(x_2)$를 만족할 때, 함수 f를 일대일함수 또는 단사함수라 한다.

(2) 전사함수 : 함수 $f: X \to Y$에서 치역과 공역이 일치할 때 함수 f를 전사함수라 한다.

(3) 일대일대응(전단사함수) : 함수 $f: X \to Y$에서
  ① 치역과 공역이 같고,
  ② 정의역 X의 두 원소 x_1, x_2에 대하여 $x_1 \neq x_2$ 이면 $f(x_1) \neq f(x_2)$일 때, 함수 f를 일대일대응 또는 전단사함수라 한다.

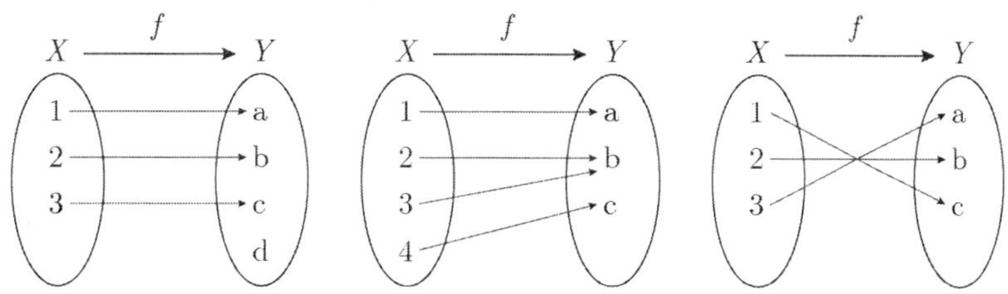

[단사함수] [전사함수] [전단사함수]

(4) 항등함수 : 정의역과 공역이 같고 정의역의 모든 원소에 그 자신이 대응되는 함수, 즉 $f: X \to X$, $f(x) = x$ 를 항등함수라 한다.

(5) 상수함수 : 함수 $f: X \to Y$ 에서 집합 X의 모든 원소 x에 대하여 $f(x)=c$ (상수 $c \in Y$)일 때 함수 f를 상수함수라 한다.

4.1.4 합성함수

두 함수 $f: X \to Y$, $g: Y \to Z$ 가 있을 때, f에 의해 X의 원소가 Y의 원소에 대응되고, 다시 이 원소가 g에 의하여 Z에 대응될 때 X를 정의역, Z를 공역으로 하는 새 함수를 정의하고 이 함수를 f와 g의 합성함수라 한다. 기호로는 다음과 같이 나타낸다.

$$g \circ f : X \to Z \ , \quad (g \circ f)(x) = g(f(x))$$

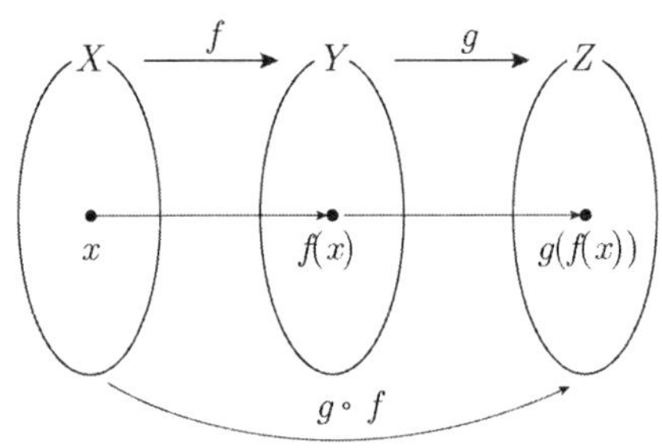

예 (1) 두 함수 $f(x)=2x+1$, $g(x)=x+2$에 대한 합성함수 $g \circ f$:

$$\begin{aligned} g \circ f &= g(f(x)) = g(2x+1) \\ &= (2x+1)+2 \\ &= 2x+3 \end{aligned}$$

(2) 다음과 같은 두 함수 f, g에서 $(g \circ f)(1)$, $(g \circ f)(3)$:

$$\begin{aligned} (g \circ f)(1) &= g(f(1)) = g(a) = k \\ (g \circ f)(3) &= g(f(3)) = g(c) = d \end{aligned}$$

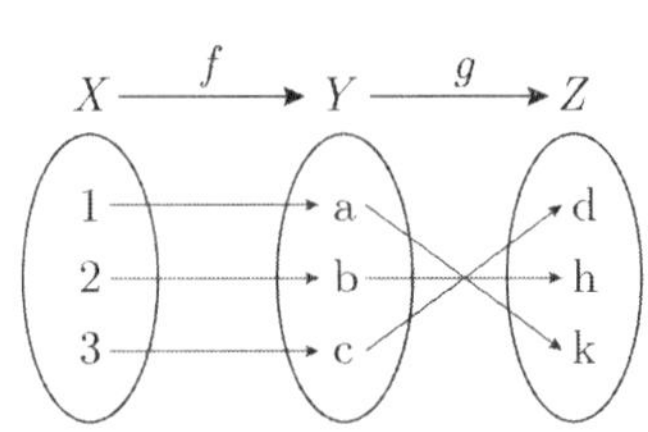

4.1.5 역함수

함수 $f: X \to Y$가 일대일 대응이면 Y의 각 원소 y에 대하여 $y = f(x)$인 X의 원소 x가 하나씩 존재한다. 따라서 Y의 원소 y에 대하여 $f(x) = y$인 X의 원소 x를 대응시키는 새 함수를 정의하여 $f: X \to Y$의 역함수라 한다. 역함수의 정의역은 Y이고 공역은 X이며 다음과 같은 기호로 나타낸다.

$$f^{-1}: Y \to X,\ x = f^{-1}(y)$$

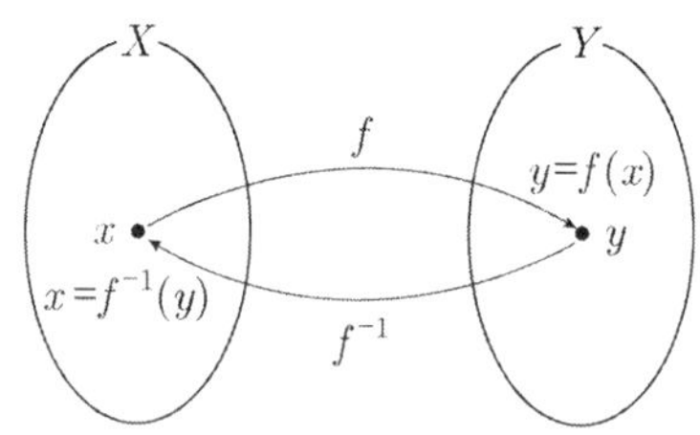

4.1.6 역함수의 성질

(1) 역함수의 그래프 : 함수 $y = f(x)$의 그래프와 역함수 $y = f^{-1}(x)$의 그래프는 직선 $y = x$에 대하여 대칭이다.

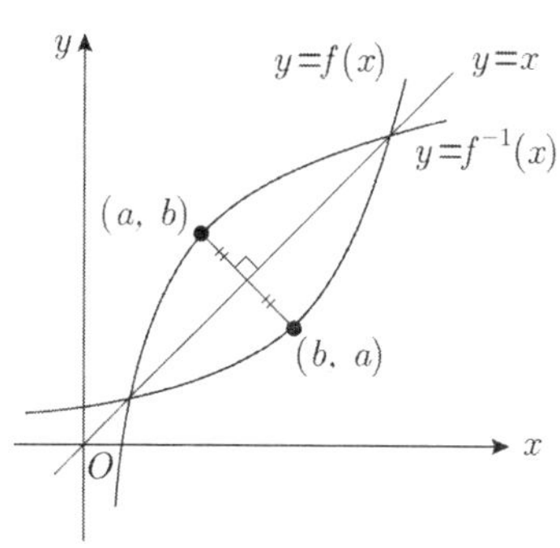

(2) $(f \circ f^{-1})(x) = x,\ (f^{-1} \circ f)(x) = x$

증명 (1) 점 (a, b)가 $y = f(x)$의 그래프 위의 점이면 $b = f(a)$이므로 $a = f^{-1}(b)$이다. 따라서 점 (b, a)는 $y = f^{-1}(x)$의 그래프 위의 점이다. 점 (a, b)와 점 (b, a)는 $y = x$에 대하여 대칭이므로 $y = f(x)$의 그래프와 역함수 $y = f^{-1}(x)$의 그래프는 직선 $y = x$에 대하여 대칭이다.

(2) $y=f(x) \Leftrightarrow x=f^{-1}(y)$

$$(f \circ f^{-1})(y)=f(f^{-1}(y))=f(x)=y$$
$$\therefore\ (f \circ f^{-1})(y)=y$$
$$(f^{-1} \circ f)(x)=f^{-1}(f(x))=f^{-1}(y)=x$$
$$\therefore\ (f^{-1} \circ f)(x)=x$$

예 (1) $y=f(x)=2x+1$의 역함수 :

$$y=2x+1$$

에서 x를 구하면

$$x=\frac{1}{2}y-\frac{1}{2}$$

이다. 여기에서 x와 y를 바꾸면

$$y=\frac{1}{2}x-\frac{1}{2}$$

이므로 역함수 $f^{-1}(x)=\frac{1}{2}x-\frac{1}{2}$이다.

(2) 다음과 같은 함수 f에서 $f^{-1}(1)$, $(f \circ f^{-1})(2)$, $(f^{-1} \circ f)(3)$, $(f^{-1} \circ f^{-1})(4)$의 값 :

$$f^{-1}(1)=3$$
$$(f \circ f^{-1})(2)=f(f^{-1}(2))=f(4)=2$$
$$\therefore\ (f \circ f^{-1})(2)=2$$
$$(f^{-1} \circ f)(3)=f^{-1}(f(3))=f^{-1}(1)=3$$
$$\therefore\ (f^{-1} \circ f)(3)=3$$
$$(f^{-1} \circ f^{-1})(4)=f^{-1}(f^{-1}(4))=f^{-1}(1)=3$$

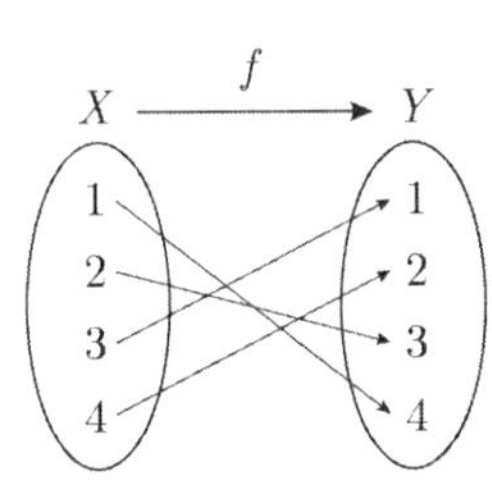

◎ 함수의 정의에 의해 화살표를 따라가면서 함수 값을 구하면 된다. 역함수 값은 화살표의 역방향 값이다.

예제 4.1.1 다음과 같은 두 집합 X, Y와 함수 $f(x)$에서 $f: X \to Y$가 일대일 대응이 될 때 상수 a, b의 값을 구하여라.

$$X = \{x | 1 \le x \le 3\},\ Y = \{y | a \le y \le b\},\ y = f(x) = 2x + 1$$

풀이 $f(x) = 2x + 1$은 증가함수이므로

$$f(1) = a,\ f(3) = b$$

일 때 일대일 대응이 된다. 따라서 다음과 같이 상수 a, b의 값이 구해진다.

$$f(1) = 2 \cdot 1 + 1 = 3 = a$$
$$f(3) = 2 \cdot 3 + 1 = 7 = b$$
$$\therefore\ a = 3,\ b = 7$$

예제 4.1.2 함수 $f(x) = 2x^2 - 3$일 때 다음 함숫값을 각각 구하여라.

(1) $f(1)$
(2) $f(3)$
(3) $f\left(\frac{1}{2}\right)$
(4) $f(f(2))$

풀이 (1) $f(1) = 2 \times 1^2 - 3 = -1$

(2) $f(3) = 2 \times 3^2 - 3 = 15$

(3) $f\left(\frac{1}{2}\right) = 2 \times \left(\frac{1}{2}\right)^2 - 3 = -\frac{5}{2}$

(4) $f(f(2)) = f(2 \times 2^2 - 3) = f(5) = 2 \times 5^2 - 3 = 47$

예제 4.1.3 두 함수 $f(x) = x - 1$과 $g(x) = 2x + 3$에 대하여 합성함수 $f \circ g$와 $g \circ f$를 구하여라.

풀이 함수와 합성함수의 정의로부터 $f \circ g$와 $g \circ f$를 구한다.

$$\begin{aligned} f \circ g = f(g(x)) &= f(2x + 3) \\ &= (2x + 3) - 1 \\ &= 2x + 2 \end{aligned}$$

$$g \circ f = g(f(x)) = g(x - 1)$$

$$= 2(x-1)+3$$
$$= 2x+1$$

예제 4.1.4 $f(x+2)=x^2+3x+4$ 일 때 함수 $f(x)$를 구하여라.

풀이 $x+2=X$ 로 놓으면 $x=X-2$이다. 이 x를 주어진 함수에 대입하여 X에 대한 식 $f(X)$를 구한다.

$$\begin{aligned} f(x+2) &= x^2+3x+4 \\ f(X) &= (X-2)^2+3(X-2)+4 \\ &= (X^2-4X+4)+(3X-6)+4 \\ &= X^2-X+2 \end{aligned}$$

따라서 함수 $f(x)=x^2-x+2$이다.

예제 4.1.5 $f\left(\dfrac{x-1}{2}\right)=\dfrac{(x-1)^4}{8}-(x-1)^2+5$ 일 때 $f(x)$를 구하여라.

풀이 $\dfrac{x-1}{2}=X$ 로 놓으면 $x-1=2X$이다. 이 $x-1$을 주어진 함수에 대입하여 X에 대한 식 $f(X)$를 구한다.

$$\begin{aligned} f\left(\frac{x-1}{2}\right) &= \frac{(x-1)^4}{8}-(x-1)^2+5 \\ f(X) &= \frac{(2X)^4}{8}-(2X)^2+5 \\ &= 2X^4-4X^2+5 \end{aligned}$$

따라서 함수 $f(x)=2x^4-4x^2+5$이다.

예제 4.1.6 $x>0$, $y>0$ 에 대해 $f(xy)=f(x)+f(y)$, $f(2)=1$을 만족하는 함수 f에서 다음 값을 구하여라.

(1) $f(1)$ (2) $f\left(\dfrac{1}{2}\right)$

풀이 (1) $x=1$, $y=1$을 주어진 관계식에 대입하여 $f(1)$의 값을 구한다.

$$f(xy)=f(x)+f(y)$$

$$f(1\times 1)=f(1)+f(1)$$
$$f(1)=f(1)+f(1)$$
$$\therefore\ f(1)=0$$

(2) $x=2,\ y=\dfrac{1}{2}$을 주어진 관계식에 대입하여 $f\left(\dfrac{1}{2}\right)$의 값을 구한다.

$$f(xy)=f(x)+f(y)$$
$$f\left(2\times\frac{1}{2}\right)=f(2)+f\left(\frac{1}{2}\right)$$
$$\therefore\ f(1)=f(2)+f\left(\frac{1}{2}\right)$$

여기에서 $f(1)=0,\ f(2)=1$이므로 $f\left(\dfrac{1}{2}\right)$의 값은 다음과 같다.

$$0=1+f\left(\frac{1}{2}\right)$$
$$\therefore\ f\left(\frac{1}{2}\right)=-1$$

◉ 로그함수 $f(x)=\log_2(x)$는 $f(xy)=f(x)+f(y),\ f(2)=1$의 관계식을 만족한다.

예제 4.1.7 다음 함수의 역함수를 구하여라.

(1) $f(x)=2x+3$ (2) $f(x)=x^2+2\ \ (x\geq 0)$

풀이 (1) $y=2x+3$ 에서 $x=\dfrac{1}{2}y-\dfrac{3}{2}$이고 x와 y를 바꾸면

$$y=\frac{1}{2}x-\frac{3}{2}$$
$$\therefore\ f^{-1}(x)=\frac{1}{2}x-\frac{3}{2}$$

(2) $y=x^2+2$에서 x를 구한다.

$$x^2=y-2$$
$$\therefore\ x=\pm\sqrt{y-2}\ \ (y\geq 2)$$

여기에서 $x\geq 0$이므로

$$x = \sqrt{y-2}$$

이고, 이 식에서 x와 y를 바꾸면

$$y = \sqrt{x-2}$$

이다. 따라서 역함수 $f^{-1}(x) = \sqrt{x-2}\ \ (x \geq 2)$이다.

연습문제 4.1

1. 다음 함수의 치역을 구하여라.

(1) $y=f(x)=-2x+3 \ (-1 \le x \le 2)$

(2) $y=f(x)=x^2+1 \ (0 \le x \le 2)$

2. 함수 $f(x)=x+1$, $g(x)=x^2+2$에 대하여 다음 합성함수를 구하여라.

(1) $f \circ g$　　　(2) $g \circ f$

(3) $f \circ (f \circ g)$

3. 함수 $f(x)=x+2$, $g(x)=3x^2+4$에 대하여 $(g \circ f)(x)=4$를 만족하는 x를 구하여라.

4. 함수 $f\left(\frac{x-1}{2}\right)=2x+3$일 때 $f(2)$의 값을 구하여라.

5. 함수 $f(x+3)=x^2+2x+3$일 때 $f(1)$의 값을 구하여라.

6. 다음 함수의 역함수를 구하여라.

(1) $y=-\frac{1}{2}x+3$　　　(2) $y=\sqrt{x+2} \ (x \ge -2)$

7. 함수 $f(x)=ax+b$ 의 역함수가 $f^{-1}(x)=x+2$일 때 상수 a, b의 값을 구하여라.

8. $f(x)=x-1$, $g(x)=x^3-2x^2+3$일 때 $g(f^{-1}(1))$의 값을 구하여라.

9. $f(1-x)=2x$를 만족할 때 $f(x)$를 구하여라.

10. $f(x-1)=x^2$을 만족할 때 $f(x)$를 구하여라.

11. $f(x)=x+k$일 때 $(f \circ f)(3)=k$가 되는 상수 k의 값을 구하여라.

(4) 두 점 $(1, 2)$, $(3, 4)$를 지나는 직선의 방정식 :

$$\begin{aligned} y &= \frac{y_2 - y_1}{x_2 - x_1}(x - x_1) + y_1 \\ &= \frac{4-2}{3-1}(x-1)+2 \\ &= x+1 \end{aligned}$$

4.2.4 이차함수의 그래프

(1) $y = ax^2$의 그래프

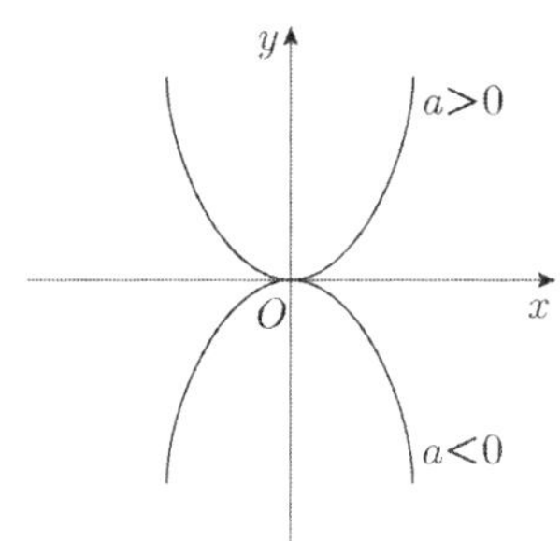

① 꼭짓점 : 원점 $(0, 0)$

② 대칭축 : $x = 0$

③ $a > 0$이면 아래로 볼록(∪), $a < 0$이면 위로 볼록(∩)

④ $|a|$가 클수록 폭이 좁다.

(2) $y = a(x-m)^2 + n$ 의 그래프

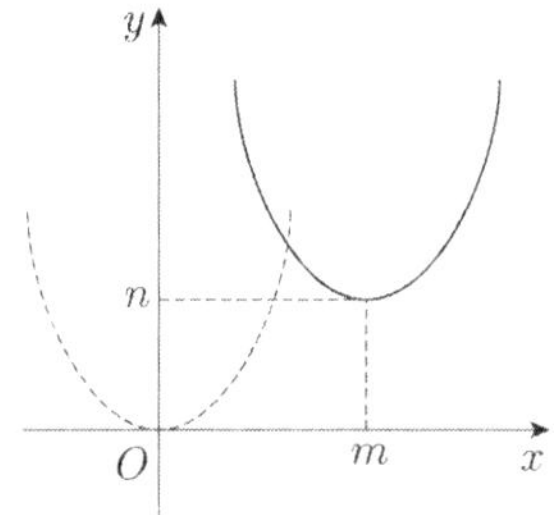

$y = ax^2$의 그래프를 x축 방향으로 m만큼, y축 방향으로 n만큼 평행 이동한 그래프이다.

① 꼭짓점 : (m, n)

② 대칭축 : $x = m$

(3) $y = ax^2 + bx + c(a \neq 0)$ 의 그래프

$$\begin{aligned} y &= ax^2 + bx + c \\ &= a\left(x + \frac{b}{2a}\right)^2 + \frac{-b^2 + 4ac}{4a} \end{aligned}$$

이므로 꼭짓점과 대칭축은 다음과 같다.

① 꼭짓점 : $\left(-\frac{b}{2a}, \frac{-b^2 + 4ac}{4a}\right)$

② 대칭축 : $x = -\frac{b}{2a}$

예 $y = 2x^2 + 4x + 5$의 꼭짓점, 대칭축 :

$$\begin{aligned} y = 2x^2 + 4x + 5 &= 2(x^2 + 2x + 1 - 1) + 5 \\ &= 2(x+1)^2 - 2 + 5 \\ &= 2(x+1)^2 + 3 \end{aligned}$$

$\therefore$ 꼭짓점은 $(-1, 3)$이고 대칭축은 $x = -1$이다.

예제 4.2.1 다음 직선의 방정식을 구하여라.

(1) x절편이 -1, y절편이 2인 직선

(2) 기울기가 -1이고 점 $(1, 1)$을 지나는 직선

풀이 (1) $\frac{x}{-1} + \frac{y}{2} = 1$ 에서 $y = 2x + 2$

(2) $y = -1 \times (x-1) + 1 = -x + 2$

예제 4.2.2 이차함수 $y = x^2 - 4x + 3$의 꼭짓점, 대칭축, x절편, y절편을 구하고 그래프를 그려라.

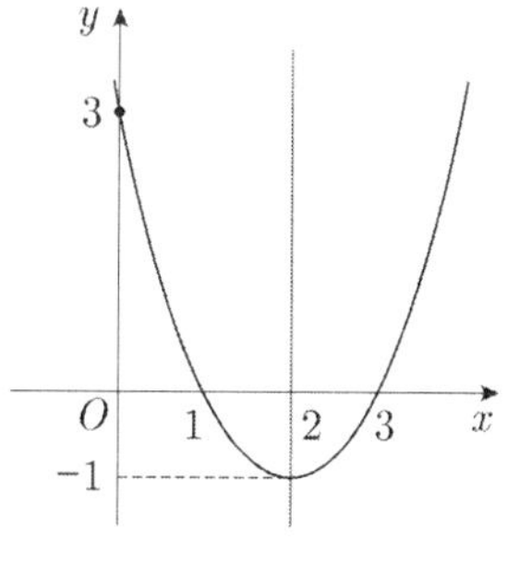

풀이 주어진 함수는

$$y = x^2 - 4x + 3 = (x-2)^2 - 1$$

이다. 따라서

- 꼭짓점은 $(2, -1)$
- 대칭축은 $x = 2$

이다. 그리고 x절편, y절편은 각각 $y = 0$일 때 x값, $x = 0$일 때 y값이므로 다음과 같이 구해진다.

- x절편

$$y = x^2 - 4x + 3 = 0$$
$$(x-1)(x-3) = 0$$
$$\therefore \quad x = 1, 3$$

- y절편 : $y = x^2 - 4x + 3$에 $x = 0$을 대입하면 $y = 3$

이상을 종합하면 그래프의 개형은 그림과 같다.

4.2.5 그래프의 평행 이동

$y = f(x)$의 그래프를 x축 방향으로 m만큼, y축 방향으로 n만큼 평행 이동한 그래프의 방정식은 $y - n = f(x - m)$이다.

예제 4.2.3 $0 \le x \le 3$에서 $y = x^2 - 2x + 2$의 최댓값과 최솟값을 구하여라.

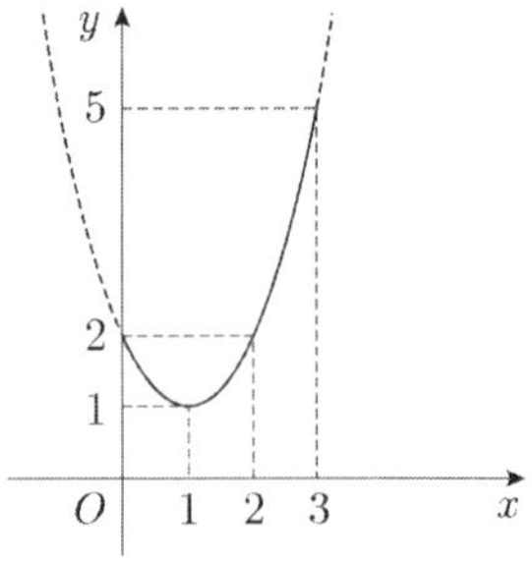

풀이 주어진 함수는

$$y = x^2 - 2x + 2 = (x-1)^2 + 1$$

이다. 따라서 꼭짓점은 $(1, 1)$이고 대칭축은 $x=1$이며 그래프의 개형은 그림과 같다. 여기에서 꼭짓점의 x좌표 $x=1$이 주어진 범위 $0 \le x \le 3$에 포함되므로 함수의 최솟값은 이때의 y값 1이 된다.
그리고 구간$(0 \le x \le 3)$의 끝 점에서의 값은

$$x=0\text{일 때 } y=2$$
$$x=3\text{일 때 } y=5$$

이다. 따라서 주어진 함수는 구간 $0 \le x \le 3$에서

- $x=1$일 때 최솟값 $y=1$
- $x=3$일 때 최댓값 $y=5$를 가진다.

예제 4.2.4 $y=x^2+kx+1$의 그래프가 다음 조건을 만족하도록 상수 k의 값의 범위를 구하여라.
(1) x축과 서로 다른 두 점에서 만난다.
(2) x축에 접한다.
(3) x축과 만나지 않는다.

풀이 x축은 $y=0$이므로 그래프가 x축과 만나는 점의 x좌표는 방정식

$$x^2+kx+1=0 \quad \cdots\cdots (\bigstar)$$

의 근이 된다.
(1) 방정식 $(\bigstar)$가 서로 다른 실근을 가질 때이다.

$$D=k^2-4=(k-2)(k+2)>0$$
$$\therefore\ k<-2 \text{ 또는 } k>2$$

(2) 방정식 $(\bigstar)$가 중근을 가질 때이다.

$$D=(k-2)(k+2)=0$$
$$\therefore\ k=-2,\ 2$$

(3) 방정식 $(\bigstar)$가 허근을 가질 때이다.

$$D=(k-2)(k+2)<0$$
$$\therefore\ -2<k<2$$

예제 4.2.5 이차함수 $y=x^2+2x+3$의 그래프를 x축 방향으로 2, y축 방향으로 3만큼 평행 이동한 이차함수 방정식을 구하여라.

풀이 주어진 함수에서 x에 $x-2$, y에 $y-3$을 대입하면 평행 이동한 방정식이 구해진다.

$$y=x^2+2x+3$$
$$y-3=(x-2)^2+2(x-2)+3$$
$$\therefore\ y=x^2-2x+6$$

연습문제 4.2

1. 다음 직선의 방정식을 구하고 그래프를 그려라.

(1) 기울기가 -2이고 y절편이 1인 직선

(2) x절편이 2이고 y절편이 3인 직선

(3) 기울기가 2이고 점 $(2, 3)$을 지나는 직선

(4) 두 점 $(-2, 1)$, $(3, 6)$을 지나는 직선

2. 다음 이차함수의 꼭짓점과 대칭축을 구하고 그래프를 그려라. (x축, y축과 만나는 그래프는 교점의 좌표를 표시할 것.)

(1) $y = x^2 - 4$ (2) $y = -x^2 + 9$

(3) $y = x^2 - 3x + 3$ (4) $y = -x^2 + 4x - 5$

3. 다음 이차함수의 최댓값과 최솟값을 구하여라.

(1) $y = -x^2 + 2x + 3 \ (0 \le x \le 3)$

(2) $y = x^2 + 2x + 2 \ (-3 \le x \le 0)$

(3) $y = 2x^2 - 8x + 1 \ (-1 \le x \le 1)$

4. $f(2x-1) = 4x^2 - 4x + 3$ 일 때 $f(x)$를 구하여라.

5. 이차함수 $y = x^2 + bx + c$의 그래프를 x축 방향으로 1, y축 방향으로 2만큼 평행 이동한 식이 $y = x^2 + 4x + 2$일 때 상수 b, c의 값을 구하여라.

6. 포물선 $y = -x^2 + 2x + 2$ 와 직선 $y = kx + 3$이 서로 다른 두 점에서 만날 때 k의 값의 범위를 구하여라.

7. 포물선 $y = x^2 + 2x$ 와 직선 $y = kx - 2$과 만나지 않도록 k의 값의 범위를 구하여라.

8. 포물선 $y = 2x^2 - x - 2$와 $y = ax^2 + b$의 두 교점을 직선 $y = x - 2$가 지나갈 때 상수 a, b 의 값을 구하여라.

4.3 유리함수와 무리함수

4.3.1 분수함수와 유리함수

(1) 분수함수 : 함수 $y=f(x)$에서 $f(x)$가 x에 대한 분수식으로 나타나는 함수를 분수함수라 한다.

(2) 유리함수 : 다항함수와 분수함수를 통틀어 유리함수라 한다.

예 분수함수 : $y=\dfrac{1}{x}$, $y=\dfrac{x+2}{3x-4}$

4.3.2 분수함수 $y=\dfrac{k}{x}$ $(k \neq 0)$의 그래프

(1) 정의역과 치역은 0을 제외한 실수 전체의 집합이다.

(2) 점근선은 x축$(y=0)$과 y축$(x=0)$이다.

(3) 원점$(0, 0)$에 대하여 대칭인 직각쌍곡선이다.

(4) $k>0$이면 그래프는 제 1사분면과 3사분면에 있고,
$k<0$이면 그래프는 제 2사분면과 4사분면에 있다.

(5) $|k|$의 값이 클수록 그래프는 원점에서 멀어진다.

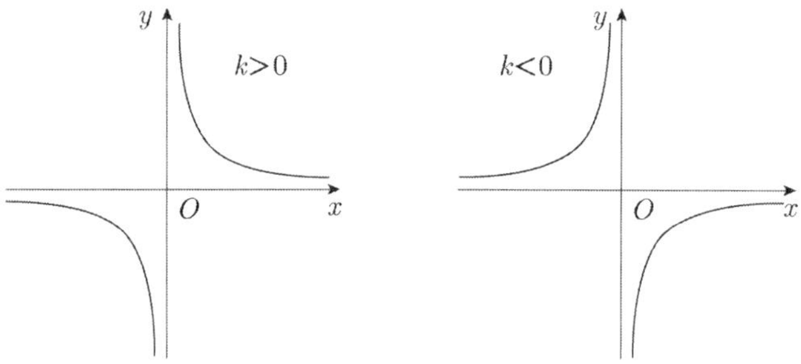

4.3.3 점근선

곡선 $y=f(x)$ 위의 점이 원점에서 멀어질수록 일정한 직선에 한없이 가까워질 때 이 직선을 점근선이라 한다.

설명 곡선 $y=\dfrac{1}{x}$ 위의 점은 원점에서 멀어질수록 x축과 y축에 한없이 가까워진다. 이때 이 곡선의 점근선은 x축과 y축이다.

4.3.4 분수함수 $y=\dfrac{k}{x-m}+n\ (k\neq 0)$의 그래프

(1) 정의역은 $\{x|x\neq m$인 모든 실수$\}$
치역은 $\{y|y\neq n$ 인 모든 실수$\}$

(2) $y=\dfrac{k}{x}$의 그래프를 x축 방향으로 m만큼, y축 방향으로 n만큼 평행 이동한 그래프이다.

(3) 점근선은 $x=m$, $y=n$

(4) 점 (m, n)에 대하여 대칭인 직각쌍곡선이다.

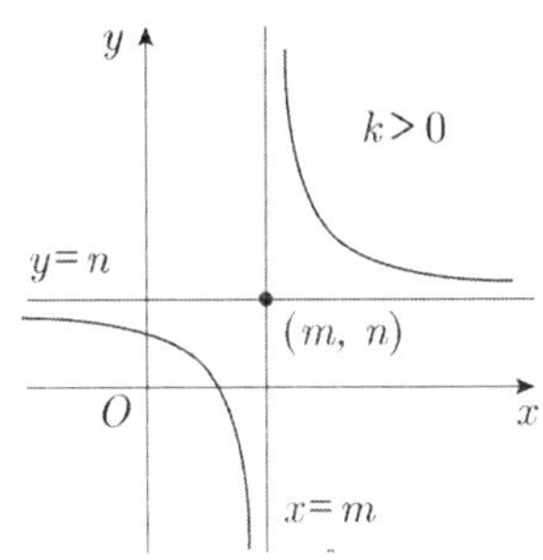

4.3.5 분수함수 $y=\dfrac{cx+d}{ax+b}\ (a\neq 0,\ ad-bc\neq 0)$의 그래프

분자를 분모로 나누어서 $y=\dfrac{k}{x-m}+n$의 꼴로 변형한다.

점근선의 방정식은 $x=-\dfrac{b}{a}$, $y=\dfrac{c}{a}$이다.

증명 $y=\dfrac{cx+d}{ax+b}=\dfrac{\dfrac{c}{a}(ax+b)-\dfrac{bc}{a}+d}{ax+b}=\dfrac{c}{a}+\dfrac{\dfrac{ad-bc}{a}}{ax+b}$

$$=\frac{c}{a}+\frac{\dfrac{ad-bc}{a^2}}{x+\dfrac{b}{a}}$$

$\therefore$ 점근선의 방정식은 $x=-\dfrac{b}{a}$, $y=\dfrac{c}{a}$이다.

예 함수 $\dfrac{x+2}{3x+4}$의 점근선의 방정식 $x=-\dfrac{b}{a}=-\dfrac{4}{3}$, $y=\dfrac{c}{a}=\dfrac{1}{3}$이다.

4.3.6 분수함수의 역함수

분수함수 $f(x)=\dfrac{cx+d}{ax+b}$의 역함수 $f^{-1}(x)=\dfrac{-bx+d}{ax-c}$이다.

증명 $f(x)=y=\dfrac{cx+d}{ax+b}$ 에서 x를 구한다.

$$(ax+b)y=cx+d$$

x에 대해 풀면

$$(ay-c)x=-by+d$$

$$\therefore \quad x=\frac{-by+d}{ay-c}$$

이다. 여기에서 x와 y를 바꾸면

$$y=\frac{-bx+d}{ax-c}$$

$$\therefore \quad f^{-1}(x)=\frac{-bx+d}{ax-c}$$

예 함수 $f(x)=\dfrac{x+2}{3x+4}$의 역함수 $f^{-1}(x)=\dfrac{-4x+2}{3x-1}$

4.3.7 무리함수

(1) 무리함수 : 함수 $y=f(x)$에서 $f(x)$가 x에 대한 무리식일 때 이 함수를 무리함수라 한다.

(2) 무리함수의 정의역 : 무리함수의 정의역이 제시되지 않은 경우에는 근호 안의 함숫값이 0 또는 양이 되게 하는 실수 전체의 집합을 정의역으로 한다.

예 무리함수 $y=\sqrt{x-1}$ 의 정의역은 $x-1\geq 0$에서 $x\geq 1$

4.3.8 무리함수 $y=\pm\sqrt{kx}$ $(k \neq 0)$의 그래프

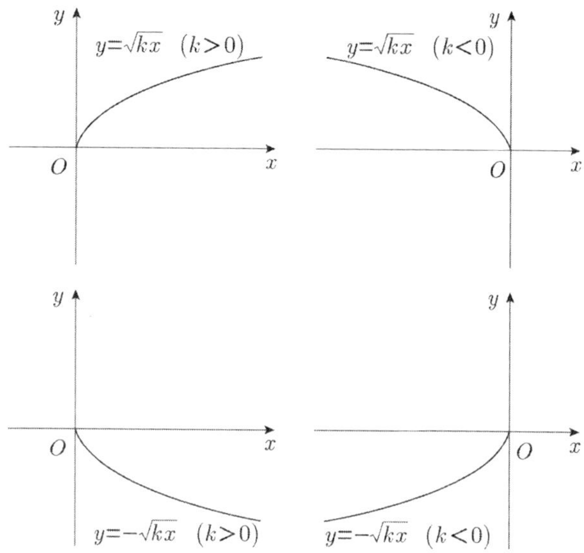

4.3.9 무리함수 $y=\pm\sqrt{k(x-m)}+n$의 그래프

(1) $y=\sqrt{k(x-m)}+n$의 그래프는 $y=\sqrt{kx}$의 그래프를 x축 방향으로 m만큼, y축 방향으로 n만큼 평행 이동한 그래프이다.

(i) $k>0$일 때 정의역은 $\{x|x \geq m\}$, 치역은 $\{y|y \geq n\}$

(ii) $k<0$일 때 정의역은 $\{x|x \leq m\}$, 치역은 $\{y|y \geq n\}$

(2) $y=-\sqrt{k(x-m)}+n$의 그래프는 $y=-\sqrt{kx}$의 그래프를 x축 방향으로 m만큼, y축 방향으로 n만큼 평행 이동한 그래프이다.

(i) $k>0$일 때 정의역은 $\{x|x \geq m\}$, 치역은 $\{y|y \leq n\}$

(ii) $k<0$일 때 정의역은 $\{x|x \leq m\}$, 치역은 $\{y|y \leq n\}$

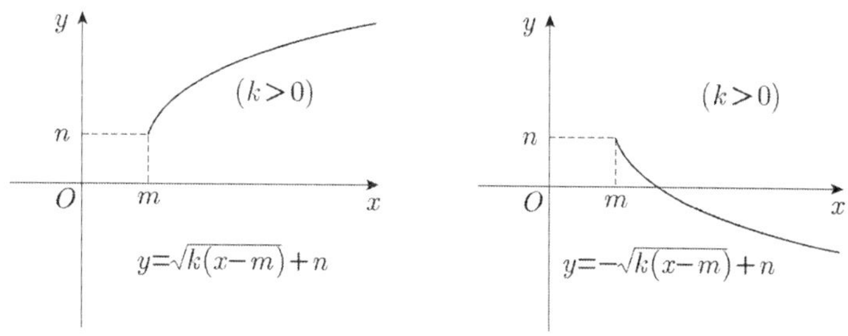

4.3.10 무리함수 $y=\pm\sqrt{ax+b}+c$ 의 그래프

$$y=\pm\sqrt{ax+b}+c=\pm\sqrt{a\left(x+\frac{b}{a}\right)}+c$$

이므로 $y=\sqrt{ax+b}+c$와 $y=-\sqrt{ax+b}+c$의 그래프는 $y=\sqrt{ax}$와 $y=-\sqrt{ax}$ 그래프를 각각 x축 방향으로 $-\dfrac{b}{a}$만큼, y축 방향으로 c만큼 평행 이동한 그래프이다.

예 무리함수 $y=\sqrt{2x-4}+3$의 그래프는 $y=\sqrt{2x}$의 그래프를 x축 방향으로 $-\dfrac{(-4)}{2}=2$만큼, y축 방향으로 3만큼 평행 이동한 그래프이다.

예제 4.3.1 분수함수 $y=\dfrac{2x-1}{x-1}$의 정의역, 치역, 점근선의 방정식을 구하고 그래프를 그려라.

풀이 주어진 함수는 $y=\dfrac{2x-1}{x-1}=\dfrac{2(x-1)+1}{x-1}=2+\dfrac{1}{x-1}$이다. 따라서 정의역은 $\{x|x\neq 1 \text{ 인 실수}\}$, 치역은 $\{y|y\neq 2 \text{ 인 실수}\}$이고, 점근선의 방정식은 $x=1$, $y=2$이다. 이상의 결과를 바탕으로 그래프를 그리면 다음 그림과 같다.

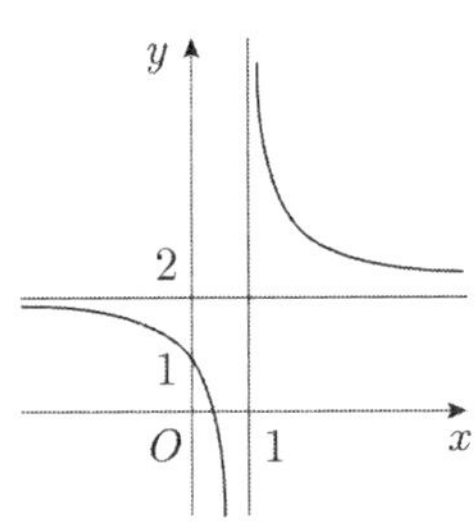

예제 4.3.2 $y=\dfrac{3x+2}{x+1}$의 그래프를 x축 방향으로 2만큼, y축 방향으로 3만큼 평행 이동한 그래프의 방정식을 구하여라.

풀이 주어진 함수에서 x 대신 $x-2$, y 대신 $y-3$을 대입하면 다음과 같이 평행 이동한 그래프의 방정식을 얻는다.

$$y-3=\frac{3(x-2)+2}{(x-2)+1}=\frac{3x-4}{x-1}$$

$$\therefore \quad y=\frac{3x-4}{x-1}+3=\frac{3(x-1)-1}{x-1}+3$$
$$=-\frac{1}{x-1}+6$$

예제 4.3.3 $y=\sqrt{2x-4}+1$의 정의역과 치역을 구하고 그래프를 그려라.

풀이 근호 안의 값이 0보다 크거나 같아야 하므로

$$2x-4\geq 0$$
$$\therefore \quad x\geq 2$$

따라서 정의역은 $\{x \mid x\geq 2\}$이고 치역은 $\{y \mid y\geq 1\}$이다. 그래프는

$$y=\sqrt{2x-4}+1=\sqrt{2(x-2)}+1$$

이므로 다음 그림과 같이 $y=\sqrt{2x}$의 그래프를 x축 방향으로 2만큼, y축 방향으로 1만큼 평행 이동한 그래프이다.

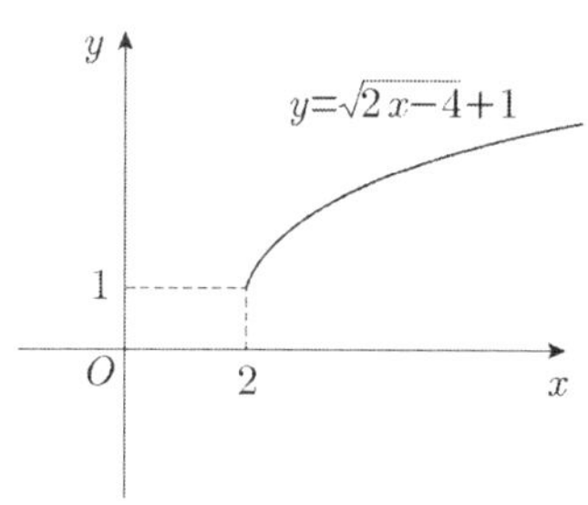

예제 4.3.4 $y=\dfrac{4x+5}{2x+3}$의 역함수를 구하여라.

풀이 (i) $y=\dfrac{4x+5}{2x+3}$에서 x를 구한다.

$$(2x+3)y=4x+5$$
$$(2y-4)x=-3y+5$$
$$\therefore \quad x=\frac{-3y+5}{2y-4}$$

여기에서 x와 y를 바꾸면 역함수는 $y=\dfrac{-3x+5}{2x-4}$이다.

(ii) [**4.3.6**]의 공식을 이용하면 $a=2$, $b=3$, $c=4$, $d=5$이므로 역함수 $f^{-1}(x)=\dfrac{-bx+d}{ax-c}=\dfrac{-3x+5}{2x-4}$이다.

예제 4.3.5 $y=\sqrt{x-1}+2$의 역함수와 역함수의 정의역과 치역을 구하여라.

풀이 먼저 주어진 함수에서 x를 구한다.

$y=\sqrt{x-1}+2$ 에서 $y-2=\sqrt{x-1}$이고 이 식의 양변을 제곱하면

$$(y-2)^2=x-1$$
$$\therefore\ x=(y-2)^2+1$$

이다. 여기에서 x와 y를 바꾸면 역함수는

$$y=(x-2)^2+1$$

이다. 주어진 함수 $y=\sqrt{x-1}+2$의 정의역은 $x-1\geq 0$에서 $\{x\mid x\geq 1\}$, 치역은 $\{y\mid y\geq 2\}$이고, 역함수의 정의역과 치역은 각각 원래 함수의 치역과 정의역이므로 역함수의 정의역은 $\{x\mid x\geq 2\}$, 치역은 $\{y\mid y\geq 1\}$이다.

예제 4.3.6 무리함수 $y=\sqrt{x+1}$의 그래프가 직선 $y=x+k$에 접할 때 상수 k값을 구하여라.

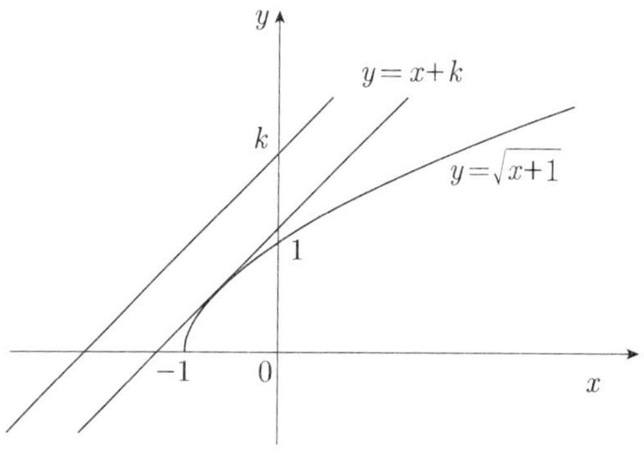

풀이 $y=\sqrt{x+1}$과 $y=x+k$에서 y를 소거하면

$$\sqrt{x+1}=x+k$$

이다. 이 식의 양변을 제곱하면

$$x+1=x^2+2kx+k^2$$
$$\therefore\ \ x^2+(2k-1)x+k^2-1=0\ \ \cdots\cdots(\star)$$

곡선 $y=\sqrt{x+1}$ 이 직선 $y=x+k$에 접하기 위해서는 이차방정식 $(\star)$가 중근을 가져야 한다.

$$\therefore\ \ D=(2k-1)^2-4(k^2-1)=0$$
$$-4k+5=0$$
$$\therefore\ \ k=\frac{5}{4}$$

◎ [예제 4.3.6]에서 직선 $y=x+k$의 y절편은 k이다. 따라서 그림의 그래프를 보면 두 그래프의 교점에 대해 다음과 같은 것을 알 수 있다. 직선이 점 $(-1, 0)$을 지날 때 $k=1$이다.

(i) $k>\frac{5}{4}$이면 교점이 없다.

(ii) $k=\frac{5}{4}$이면 한 개의 교점이 있다.

(iii) $1\le k<\frac{5}{4}$이면 두 개의 교점이 있다.

(iv) $k<1$이면 한 개의 교점이 있다.

연습문제 4.3

1. 다음 분수함수의 점근선의 방정식을 구하고 그래프를 그려라.

(1) $y=\dfrac{6x-3}{3x-2}$ (2) $y=\dfrac{6x-4}{2x-1}$

2. 다음 함수의 역함수를 구하여라.

(1) $y=\dfrac{3x+4}{5x+1}$ (2) $y=\dfrac{2}{2x+1}+1$

3. 다음 함수의 정의역과 치역을 구하고 그래프를 그려라.

(1) $y=\sqrt{x-3}+2$ (2) $y=-\sqrt{2x-4}+1$

4. 다음 함수의 역함수와 역함수의 정의역과 치역을 구하여라.

(1) $y=\sqrt{x-2}$ (2) $y=\sqrt{x+2}+1$

5. 함수 $f(x)=\dfrac{k}{x+1}$에 대하여 $f(f(x))=\dfrac{x+1}{x+2}$이 성립할 때 상수 k의 값을 구하여라.

6. 무리함수 $y=\sqrt{-x+2}$의 그래프와 직선 $y=x+k$가 만나지 않을 때 상수 k의 값의 범위를 구하여라.

7. 무리함수 $y=\sqrt{x+2}$의 그래프가 직선 $y=x+k$에 접할 때 상수 k의 값을 구하여라.

8. $-3\le x\le 0$에서 함수 $y=\sqrt{-x+1}+k$의 최솟값이 2일 때 상수 k의 값과 최댓값을 구하여라.

9. 무리함수 $y=\sqrt{x-2}$의 그래프와 직선 $y=x+k$가 서로 다른 두 점에 만나게 하는 상수 k의 값의 범위를 구하여라.

4.4 원의 방정식

4.4.1 원의 방정식

(1) 원의 방정식의 표준형 : 중심이 (a, b)이고 반지름의 길이가 r인 원의 방정식은 다음과 같다.

$$(x-a)^2+(y-b)^2=r^2$$

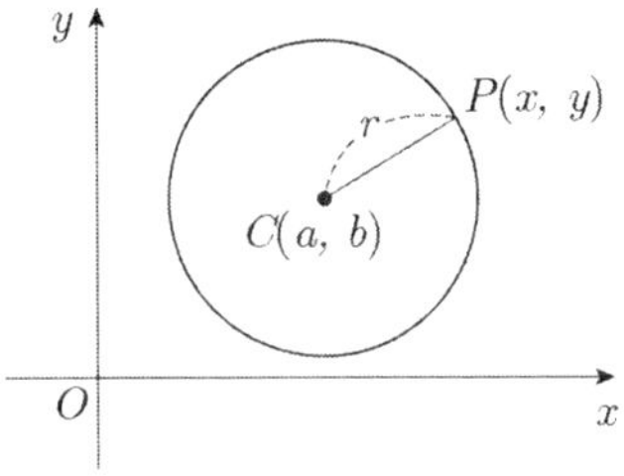

(2) 원의 방정식의 일반형 : 방정식

$$x^2+y^2+Ax+By+C=0 \text{ (단, } A^2+B^2-4C>0\text{)}$$

은 중심이 $\left(-\frac{A}{2}, -\frac{B}{2}\right)$이고, 반지름의 길이가 $\frac{\sqrt{A^2+B^2-4C}}{2}$인 원을 나타낸다.

설명 (1) 평면 위의 한 정점으로부터 일정한 거리에 있는 점의 집합을 원이라 한다. 여기에서 고정된 정점을 원의 중심, 일정한 거리를 원의 반지름의 길이라 한다. 중심이 점 $\mathrm{C}(a, b)$이고, 반지름의 길이가 r인 원 위의 임의의 점을 $\mathrm{P}(x, y)$라 하면 $\overline{\mathrm{CP}}=r$에서

$$\sqrt{(x-a)^2+(y-b)^2}=r$$

이고, 이 식을 제곱하면

$$(x-a)^2+(y-b)^2=r^2$$

이다.

(2) 방정식 $x^2+y^2+Ax+By+C=0$는

$$x^2+Ax+\left(\frac{A}{2}\right)^2+y^2+By+\left(\frac{B}{2}\right)^2=\left(\frac{A}{2}\right)^2+\left(\frac{B}{2}\right)^2-C$$

$$\therefore\ \left(x+\frac{A}{2}\right)^2+\left(y+\frac{B}{2}\right)^2=\frac{A^2+B^2-4C}{4}$$

이므로 $A^2+B^2-4C>0$이면

$$\text{중심 } \left(-\frac{A}{2},-\frac{B}{2}\right),\quad \text{반지름 } r=\frac{\sqrt{A^2+B^2-4C}}{2}$$

인 원이 된다.

예제 4.4.1 중심이 $(1,-2)$이고 반지름이 3인 원의 방정식을 구하여라.

풀이 주어진 원의 방정식은 다음과 같다.

$$(x-1)^2+[y-(-2)]^2=3^2$$
$$\therefore\ (x-1)^2+(y+2)^2=9$$

예제 4.4.2 중심이 $(-2,3)$이고 점 $(-4,5)$를 지나는 원의 방정식을 구하여라.

풀이 중심이 $(-2,3)$이므로 반지름을 r로 하면 원의 방정식은

$$(x+2)^2+(y-3)^2=r^2$$

이고, 점 $(-4,5)$를 지나므로

$$(-4+2)^2+(5-3)^2=r^2$$
$$\therefore\ r^2=8$$

이다. 따라서 구하는 원의 방정식은 다음과 같다.

$$(x+2)^2+(y-3)^2=8$$

예제 4.4.3 두 점 $A(-2,3)$, $B(4,-7)$을 지름의 양 끝점으로 하는 원의 방정식을 구하여라.

풀이 두 점 A, B가 지름의 양 끝점이므로 선분 $\overline{AB}$의 중점은 원의 중심이 된다. 중점의 좌표를 $C(a,\ b)$라 하면

$$a=\frac{-2+4}{2}=1,\quad b=\frac{3-7}{2}=-2$$

이고 원의 중심은 $C(1,-2)$이다. 또 반지름

$$r=\frac{\overline{AB}}{2}=\overline{AC}=\sqrt{(-2-1)^2+(3+2)^2}=\sqrt{34}$$

이므로 구하는 원의 방정식은

$$(x-1)^2+(y+2)^2=34$$

이다.

◎ 좌표 평면 위의 두 점 $A(x_1,y_1)$, $B(x_2,y_2)$를 잇는 선분 $\overline{AB}$의 중점의 좌표는 $C\left(\frac{x_1+x_2}{2},\frac{y_1+y_2}{2}\right)$이고, 두 점 사이의 거리 $\overline{AB}=\sqrt{(x_2-x_1)^2+(y_2-y_1)^2}$이다.

예제 4.4.4 방정식 $x^2+y^2-6x+4y+3=0$이 나타내는 원의 중심과 반지름을 구하여라.

풀이 주어진 방정식을 원의 방정식의 표준형으로 나타내어 중심과 반지름을 구한다.

$$x^2+y^2-6x+4y+3=0$$
$$(x^2-6x+9)+(y^2+4y+4)=-3+9+4$$
$$\therefore\ (x-3)^2+(y+2)^2=(\sqrt{10})^2$$

따라서 원의 중심은 $(3,-2)$이고 반지름은 $\sqrt{10}$이다.

예제 4.4.5 세 점 $(0,0)$, $(-1,1)$, $(-2,1)$을 지나는 원의 방정식을 구하여라.

풀이 구하는 원의 방정식을

$$x^2+y^2+Ax+By+C=0 \quad \cdots\cdots (\star)$$

로 놓는다. 이 원은 세 점 $(0,0)$, $(-1,1)$, $(-2,1)$을 지나므로 $(0,0)$을 $(\star)$에 대입하면 : $C=0$

$$(-1,1)\text{을 } (\star)\text{에 대입하면 : } 2-A+B+C=0$$
$$(-2,1)\text{을 } (\star)\text{에 대입하면 : } 5-2A+B+C=0$$

위 세 식으로부터 상수 A, B, C를 구하면

$$A=3,\ B=1,\ C=0$$

이다. 이 값을 $(\star)$에 대입하면 다음과 같은 원의 방정식이 구해진다.

$$x^2+y^2+3x+y=0$$

예제 4.4.6 중심이 직선 $y=x+1$ 위에 있고 점 $(1,4)$를 지나며 x축에 접하는 원의 방정식을 구하여라.

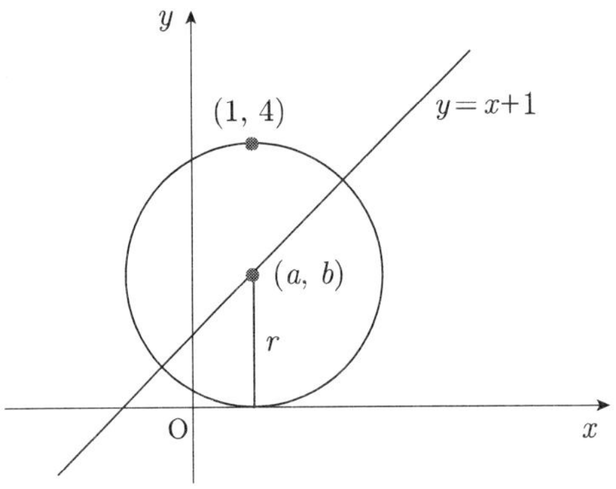

풀이 원의 중심을 (a,b)로 하면 원이 x축에 접하므로 원의 반지름 $r=|b|$이다. 따라서 구하는 원의 방정식을

$$(x-a)^2+(y-b)^2=b^2$$

으로 놓는다. 중심 (a,b)가 직선 $y=x+1$ 위에 있으므로

$$b=a+1 \quad \cdots\cdots ①$$

이고, 원이 점 $(1,4)$를 지나므로

$$(1-a)^2+(4-b)^2=b^2 \quad \cdots\cdots ②$$

이다. ①을 ②에 대입하여 a를 구한다.

$$(1-a)^2+(4-a-1)^2=(a+1)^2$$
$$a^2-10a+9=0$$
$$(a-1)(a-9)=0$$
$$\therefore \ a=1, 9$$

이고, 이 값을 ①에 대입하면 $b=2, 10$이다. 따라서 구하는 원의 방정식은 다음과 같다.

$$(x-1)^2+(y-2)^2=2^2, \ (x-9)^2+(y-10)^2=10^2$$

◙ 원의 중심이 (a, b)일 때 원이 x축에 접하면 $r=|b|$, y축에 접하면 $r=|a|$이다.

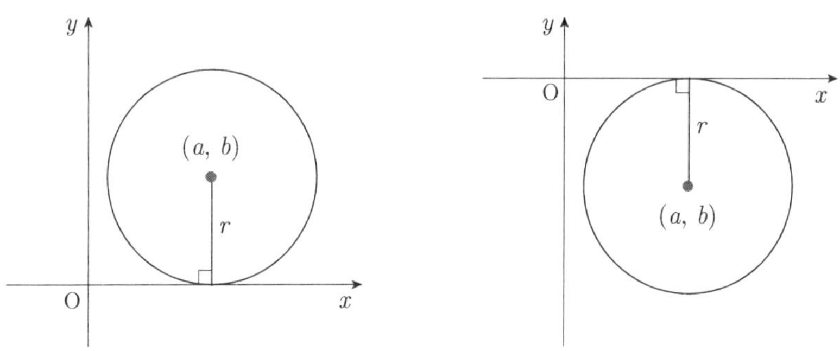

• x축에 접할 때 $r=|b|$

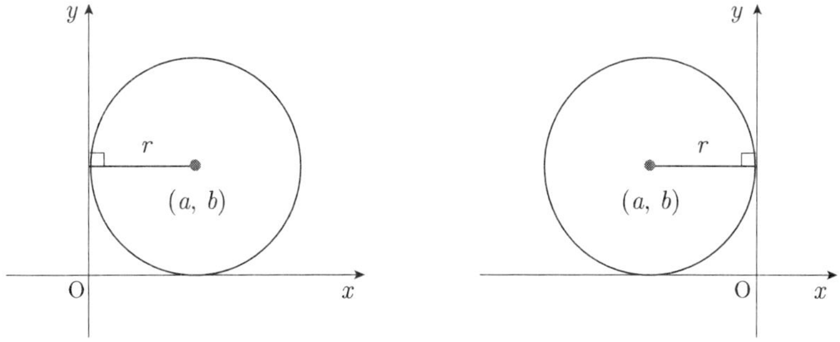

• y축에 접할 때 $r=|a|$

연습문제 4.4

1. 다음 조건을 만족하는 원의 방정식을 구하여라.

(1) 중심이 $(-2, 3)$, 반지름이 4인 원

(2) 원점$(0, 0)$이 중심이고, 반지름이 r인 원

2. 중심이 $(2, 1)$이고 x축에 접하는 원의 방정식을 구하여라.

3. 중심이 $(2, 1)$이고 y축에 접하는 원의 방정식을 구하여라.

4. 중심이 $(2, 3)$이고 원점$(0, 0)$을 지나는 원의 방정식을 구하여라.

5. 다음 방정식이 나타내는 원의 중심과 반지름을 구하여라.

(1) $x^2 + y^2 - 2x + 4y = 0$

(2) $2x^2 + 2y^2 + 8x - 4y + 1 = 0$

6. 방정식 $x^2 + y^2 + Ax + By + C = 0$이 중심이 $(1, -2)$이고 반지름이 4인 원을 나타낼 때 A, B, C의 값을 구하여라.

7. 중심이 $(-2, 3)$이고 점 $(1, 4)$를 지나는 원의 방정식을 구하여라.

8. 두 점 $(2, -1)$, $(4, 3)$을 지름의 양 끝점으로 하는 원의 방정식을 구하여라.

9. 중심이 x축 위에 있고, 두 점 $(0, 1)$, $(2, -3)$을 지나는 원의 방정식을 구하여라.

◉ x축에서 $y = 0$이므로 중심이 x축 위에 있으면 중심의 좌표는 $(a, 0)$이다.

10. 다음 식이 원의 방정식이 되도록 상수 a의 범위를 구하여라.

$$x^2 + y^2 + 2ax - 4ay + 4a^2 + 4a - 3 = 0$$

11. 직선 $y = x + 1$과 중심이 $(0, 0)$이고 반지름이 5인 원이 만나는 점(교점)의 좌표를 구하여라.

제 5 장 삼각함수와 쌍곡선함수

5.1 삼각비

5.2 삼각함수

5.3 쌍곡선 함수

5.1 삼각비

5.1.1 일반각

(1) 시초선과 동경 : 평면 위에서 반직선 OP가 점 O를 중심으로 고정된 반직선 OX에서부터 회전할 때 OX를 시초선, OP를 동경이라 하고, 회전량 θ를 $\angle XOP$의 크기라 정의한다.

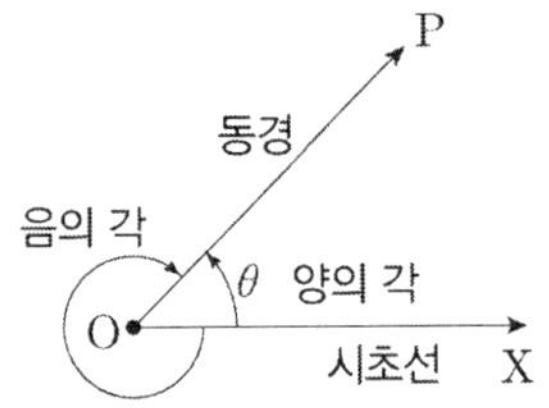

(2) 일반각 : $\angle XOP$의 크기의 하나를 $\alpha°$라 할 때 $\theta = \alpha° + 360° \times n$ (n은 정수)로 나타내는 것을 동경 OP의 일반각이라 정의한다. 정수 n의 값에 관계없이 θ가 나타내는 동경 OP의 위치는 같고, $\alpha°$는 보통 $0 \le \alpha° < 360°$ 또는 $-180° < \alpha° \le 180°$이다.

(3) 양의 각, 음의 각 : 동경 OP가 시계 반대 방향으로 회전한 각을 양(+)의 각, 시계 방향으로 회전한 각을 음(−)의 각이라 정의한다.

예 (1) 30°, 390°, 750°가 나타내는 동경의 위치는 모두 같다.
(2) 양의 각 210°와 음의 각 −150°가 나타내는 동경의 위치는 같다.

5.1.2 호도법

(1) 반지름의 길이와 호($\overset{\frown}{AB}$)의 길이가 같을 때의 중심각의 크기($\angle AOB$)를 1라디안(radian)이라 하고, 이것을 단위로 하여 각을 나타내는 방법을 호도법이라 한다. 반지름의 길이가 1인 부채꼴에서 호의 길이가 a이면 중심각의 크기는 a rad이 된다.

(2) 호도법과 60분법의 관계 : 호의 길이는 중심각의 크기에 비례하므로 $\angle AOB$를 $\beta°$라 하면, $\beta° : r = 360° : 2\pi r$에서 $\beta° = \dfrac{180°}{\pi}$이다.

즉, $1\,\text{rad} = \dfrac{180°}{\pi}$, $1° = \dfrac{\pi}{180}$ rad이다.

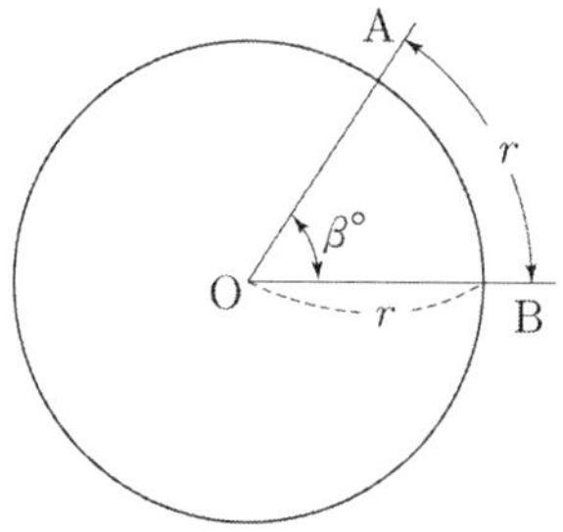

(3) [**5.1.1**]에서 $\angle$XOP의 크기의 하나가 α rad 일 때 동경 OP 가 나타내는 일반각 $\theta = \alpha + 2\pi n$ (n은 정수)이다.

α는 보통 $0 \le \alpha < 2\pi$ 또는 $-\pi < \alpha \le \pi$ 이다.

◙ 라디안은 호의 길이와 반지름의 길이의 비이므로 실수이고, 보통 단위(rad)를 생략하여 $\frac{\pi}{4}$, π, 2π 등과 같이 나타낸다.

예 (1) 반지름의 길이가 1인 $\frac{1}{4}$원의 중심각의 크기는 $\frac{\pi}{2}$ rad이고, 호의 길이는 $\frac{\pi}{2}$이다.

(2) $60° = 60 \times \frac{\pi}{180}$ rad $= \frac{\pi}{3}$ rad

$\frac{\pi}{4}$ rad $= \frac{\pi}{4} \times \frac{180°}{\pi} = 45°$

5.1.3 부채꼴의 호의 길이와 넓이

반지름의 길이 r, 중심각 θ(rad)인 부채꼴의 호의 길이를 l, 넓이를 S라 하면, 호의 길이와 넓이는 중심각의 크기에 비례하므로

$\theta : l = 2\pi : 2\pi r$에서 $l = r\theta$이고,

$\theta : S = 2\pi : \pi r^2$에서 $S = \frac{1}{2}r^2\theta = \frac{1}{2}rl$가 된다.

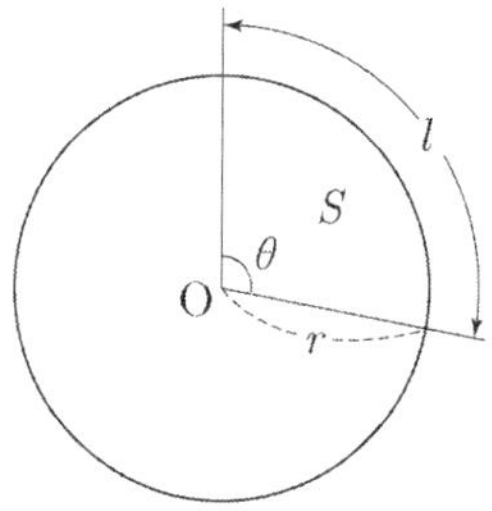

◎ 각 θ는 호도법에 의한 단위라는 사실에 주의한다. radian은 무차원수이다.

예 (1) 반지름 4cm, 중심각 $\frac{\pi}{4}$ 인 부채꼴의 호의 길이(l)와 면적(S)은?

$$l = r\theta = 4\text{cm} \times \frac{\pi}{4} = \pi\,\text{cm}$$

$$S = \frac{1}{2}r^2\theta = \frac{1}{2} \times (4\text{cm})^2 \times \frac{\pi}{4} = 2\pi\,\text{cm}^2$$

(2) 반지름 6cm, 호의 길이 3cm 인 부채꼴의 면적(S)은?

$$S = \frac{1}{2}rl = \frac{1}{2} \times 6\text{cm} \times 3\text{cm} = 9\text{cm}^2$$

5.1.4 삼각비와 피타고라스 정리 12)

(1) 삼각비의 정의 : $\angle \text{C} = 90°$ 인 직각삼각형 ABC에서 세 변의 길이 사이의 비의 값을 다음과 같이 정의한다.

$$\sin A = \frac{a}{c}, \quad \cos A = \frac{b}{c}, \quad \tan A = \frac{a}{b}$$

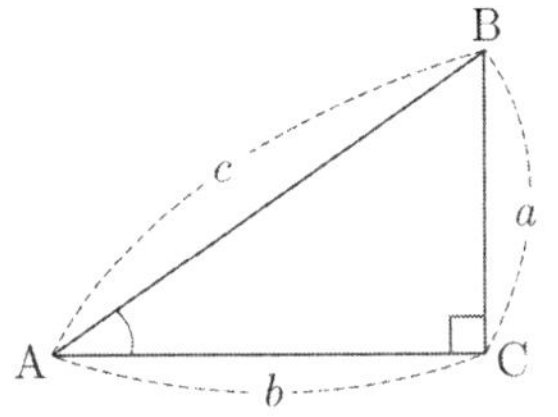

sin, cos, tan는 각각 sine, cosine, tangent의 약자이고, A는 $\angle$A의 크기를 나타낸다.

(2) 피타고라스 정리 : $a^2 + b^2 = c^2$

12) 삼각비와 피타고라스 정리는 공학에서 많이 응용되므로 잘 알아두도록 한다.

5.1.5 특수각의 삼각비 13)

삼각비 \ θ	$30°\left(\frac{\pi}{6}\right)$	$45°\left(\frac{\pi}{4}\right)$	$60°\left(\frac{\pi}{3}\right)$
$\sin\theta$	$\frac{1}{2}$	$\frac{1}{\sqrt{2}}$	$\frac{\sqrt{3}}{2}$
$\cos\theta$	$\frac{\sqrt{3}}{2}$	$\frac{1}{\sqrt{2}}$	$\frac{1}{2}$
$\tan\theta$	$\frac{1}{\sqrt{3}}$	1	$\sqrt{3}$

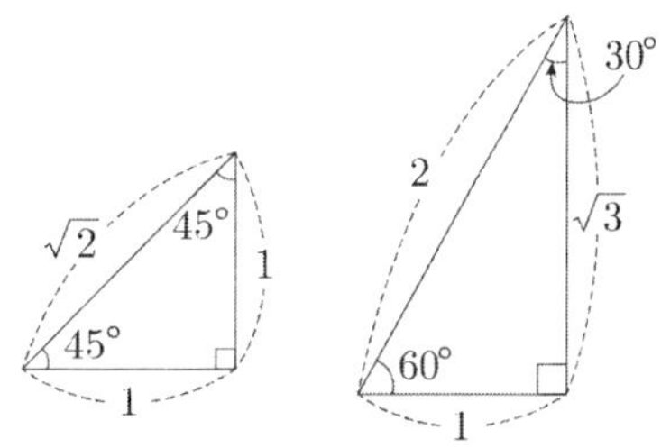

5.1.6 삼각형의 넓이

세 각의 크기가 A, B, C이고, 세 각의 대변의 길이가 a, b, c 인 $\triangle ABC$의 넓이 S는 다음과 같다.

$$S=\frac{1}{2}ab\sin C=\frac{1}{2}bc\sin A=\frac{1}{2}ca\sin B$$

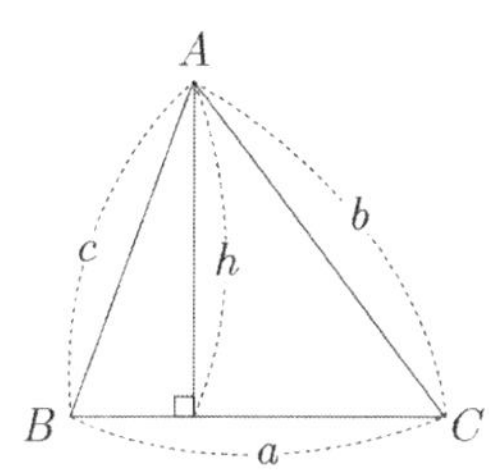

증명 $\angle B$가 예각인 경우, 그림에서 $\triangle ABC$의 넓이 $S=\frac{1}{2}ah$이고 높이 $h=c\sin B$이므로 $S=\frac{1}{2}ca\sin B$가 된다. $\angle B$가 직각$(\pi/2)$인 경우 $h=c=c\sin B$가 되고, 둔각인 경우에는 $h=c\sin(\pi-B)=c\sin B$가 된다.

예제 5.1.1 도(°)로 나타낸 각은 라디안으로, 라디안은 도(°)로 바꾸어라.

(1) $30°$　　　　(2) $120°$

13) 특수각의 삼각비는 기억하려 하지 말고 삼각형을 그려서 곧바로 구할 수 있게 한다.

(3) $\frac{\pi}{3}$ (4) 3π

풀이 (1) $30° = 30 \times \frac{\pi}{180}\,\text{rad} = \frac{\pi}{6}\,\text{rad}$

(2) $120° = 120 \times \frac{\pi}{180}\,\text{rad} = \frac{2\pi}{3}\,\text{rad}$

(3) $\frac{\pi}{3}\,\text{rad} = \frac{\pi}{3} \times \frac{180°}{\pi} = 60°$

(4) $3\pi\,\text{rad} = 3\pi \times \frac{180°}{\pi} = 540°$

많이 쓰이는 특수각의 호도법과 60분법의 관계는 다음과 같다.[14)]

60분법	$0°$	$30°$	$45°$	$60°$	$90°$	$120°$	$150°$	$180°$	$270°$	$360°$
호도법	0	$\frac{\pi}{6}$	$\frac{\pi}{4}$	$\frac{\pi}{3}$	$\frac{\pi}{2}$	$\frac{2\pi}{3}$	$\frac{5\pi}{6}$	π	3π	2π

$\angle$XOP의 일반각이 $\theta = \alpha + 2\pi n$ (n은 정수)일 때

(1) $0 < \alpha < \frac{\pi}{2}$이면 제1사분면의 각

(2) $\frac{\pi}{2} < \alpha < \pi$이면 제2사분면의 각

(3) $\pi < \alpha < \frac{3\pi}{2}$이면 제3사분면의 각

(4) $\frac{3\pi}{2} < \alpha < 2\pi$이면 제4사분면의 각이라 한다.

예제 5.1.2 다음 각은 제 몇 사분면의 각인가?

(1) $750°$ (2) $\frac{19\pi}{4}$

풀이 (1) $750° = 30° + 2 \times 360°$이므로 제1사분면의 각이다.

(2) $\frac{19\pi}{4} = \frac{3\pi}{4} + 2 \times 2\pi$이므로 제2사분면의 각이다.

14) 공학문제의 이론식에서 나타나는 각의 단위는 일반적으로 라디안이므로 이 단위에 익숙해지도록 한다.

예제 5.1.3 중심각이 $45°$ 인 부채꼴의 면적이 $2\pi \text{cm}^2$ 일 때 부채꼴의 반지름과 호의 길이를 구하여라.

풀이 중심각 $\theta = 45° = 45 \times \frac{\pi}{180} \text{rad} = \frac{\pi}{4} \text{rad}$이다.

따라서 $S = \frac{1}{2} r^2 \theta$로부터

부채꼴의 반지름 $r = \sqrt{\frac{2S}{\theta}} = \sqrt{\frac{2 \times 2\pi \text{cm}^2}{\pi/4}} = 4\text{cm}$ 이고,

부채꼴의 호의 길이 $l = r\theta = 4\text{cm} \times \frac{\pi}{4} = \pi \text{cm}$ 이다.

예제 5.1.4 둘레의 길이가 20cm 인 부채꼴의 최대 넓이와 그때의 중심각의 크기를 구하여라.

풀이 반지름과 호의 길이를 각각 $r\text{cm}$, $l\text{cm}$, 면적을 $S\text{cm}^2$라고 하면, 둘레의 길이 $20\text{cm} = (2r + l)\text{cm}$ 이므로

$$l = 20 - 2r$$

$$\therefore \quad S = \frac{1}{2} rl = \frac{1}{2} r(20 - 2r) = 10r - r^2 = -(r-5)^2 + 25$$

따라서 $r = 5$ 일 때 S 는 최댓값 25 를 갖는다. 이때의 중심각을 θ 라 하면

$$S = \frac{1}{2} r^2 \theta$$

$$\therefore \quad \theta = \frac{2S}{r^2} = \frac{2 \times 25}{5^2} = 2 \ \text{(rad)}$$

따라서 부채꼴의 최대 넓이는 $25\ \text{cm}^2$, 중심각의 크기는 2 rad이다.

예제 5.1.5 반지름이 4이고 중심각의 크기가 $\frac{\pi}{2}$ 인 부채꼴 모양과 같은 넓이를 갖는 원의 반지름을 구하여라.

풀이 부채꼴의 면적 $S = \frac{1}{2} r^2 \theta = \frac{1}{2} \times 4^2 \times \frac{\pi}{2} = 4\pi$

이다. 따라서 원의 반지름을 R이라 하면 원의 면적은 πR^2이므로

$$\pi R^2 = 4\pi$$
$$\therefore \quad R = 2$$

이다.

예제 5.1.6 빗변의 길이가 4cm인 다음 그림의 직각삼각형에서 나머지 두 변의 길이 a와 b를 구하여라.

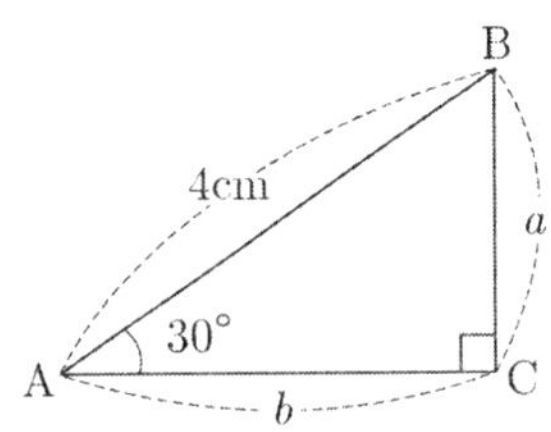

풀이 삼각비의 정의에 의해

$$\sin 30° = \frac{a}{4\text{cm}} \quad \therefore \quad a = 4\sin 30° \text{ cm} = 4 \times \frac{1}{2}\text{cm} = 2\text{ cm}$$

$$\cos 30° = \frac{b}{4\text{cm}} \quad \therefore \quad b = 4\cos 30° \text{ cm} = 4 \times \frac{\sqrt{3}}{2}\text{cm} = 2\sqrt{3}\text{ cm}$$

예제 5.1.7 그림과 같은 $\triangle ABC$에서 $\angle A = 45°$, $\angle C = 30°$, $\overline{AC} = 2$이다. $\overline{BH}$와 $\overline{AC}$가 수직일 때 $\overline{BH}$의 길이 h를 구하여라.

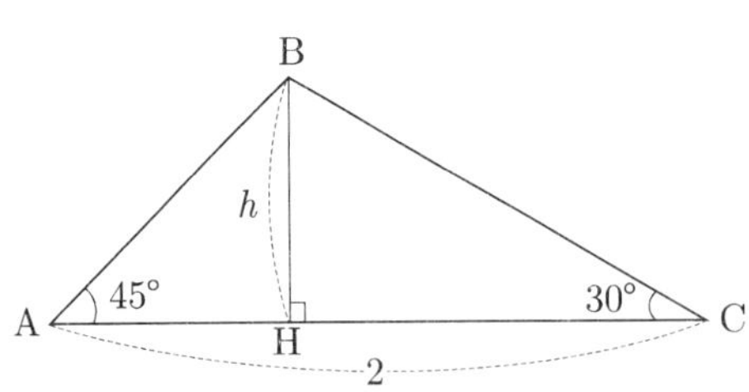

풀이 $\triangle ABH$에서 $\tan 45° = 1 = \dfrac{h}{\overline{AH}} \quad \therefore \quad \overline{AH} = h$

$\triangle BCH$에서 $\tan 30° = \dfrac{1}{\sqrt{3}} = \dfrac{h}{\overline{CH}} \quad \therefore \quad \overline{CH} = \sqrt{3}h$

여기에서 $\overline{AC} = \overline{AH} + \overline{CH} = 2$이므로

$$h + \sqrt{3}h = 2$$

$$h(\sqrt{3}+1)=2$$

$$\therefore\ h=\frac{2}{\sqrt{3}+1}=\frac{2(\sqrt{3}-1)}{(\sqrt{3}+1)(\sqrt{3}-1)}=\sqrt{3}-1$$

예제 5.1.8 그림과 같은 $\triangle ABC$에서 $\angle A=60°$, $\overline{AB}=4$, $\overline{AC}=6$일 때 변 $\overline{BC}$의 길이 x를 구하여라.

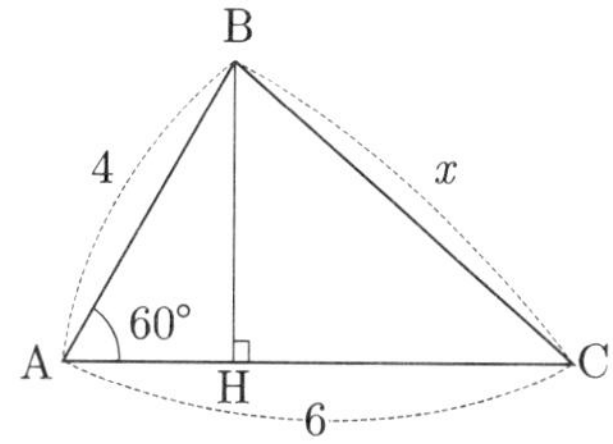

풀이 꼭짓점 B에서 내린 수선과 변 $\overline{AC}$의 교점을 H라 하면 $\triangle ABH$에서

$$\cos 60°=\frac{1}{2}=\frac{\overline{AH}}{4}\ ,\qquad \sin 60°=\frac{\sqrt{3}}{2}=\frac{\overline{BH}}{4}$$

$$\therefore\ \overline{AH}=2,\quad \overline{BH}=2\sqrt{3}$$

이다. 따라서

$$\overline{CH}=6-\overline{AH}=6-2=4$$

이므로 $\triangle BCH$에 피타고라스 정리를 적용하면 다음과 같이 x가 구해진다.

$$x=\sqrt{(\overline{BH})^2+(\overline{CH})^2}=\sqrt{(2\sqrt{3})^2+4^2}=\sqrt{28}=2\sqrt{7}$$

예제 5.1.9 그림과 같은 $\triangle ABC$에서 $\tan A=\sqrt{3}$일 $\triangle ABC$의 넓이를 구하여라.

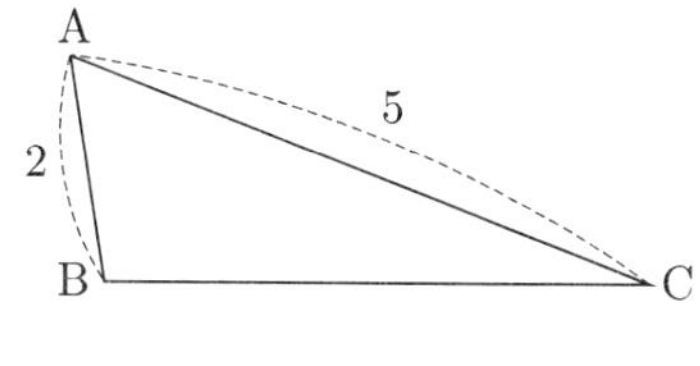

풀이 $\tan A=\sqrt{3}$이므로 삼각비의 정의에 의해 각 $A=60°$이다. 따라서 변

$\overline{AC}=b$, $\overline{AB}=c$로 하면 $\triangle ABC$의 넓이 S는 다음과 같다.

$$S=\frac{1}{2}bc\sin A$$
$$=\frac{1}{2}\times 5\times 2\times \sin 60^\circ=\frac{5}{2}\sqrt{3}$$

예제 5.1.10 이차방정식 $2x^2+ax+b=0$의 한 근이 $\cos 60^\circ+\sin 60^\circ$일 때 유리수 a, b의 값을 구하여라.

풀이 이차방정식의 계수가 유리수일 때 한 근

$$\alpha=\cos 60^\circ+\sin 60^\circ=\frac{1}{2}+\frac{\sqrt{3}}{2}=\frac{1+\sqrt{3}}{2}$$

이므로 다른 한 근 $\beta=\dfrac{1-\sqrt{3}}{2}$이다. 따라서 근과 계수의 관계로부터 다음과 같이 a, b가 구해진다.

$$\alpha+\beta=-\frac{a}{2}=\frac{1+\sqrt{3}}{2}+\frac{1-\sqrt{3}}{2}=1$$
$$\therefore\ a=-2$$
$$\alpha\beta=\frac{b}{2}=\left(\frac{1+\sqrt{3}}{2}\right)\times\left(\frac{1-\sqrt{3}}{2}\right)=-\frac{1}{2}$$
$$\therefore\ b=-1$$

◉ 이차방정식 $ax^2+bx+c=0\ (a\neq 0)$의 두 근이 α, β일 때

$$\alpha+\beta=-\frac{b}{a},\quad \alpha\beta=\frac{c}{a}$$

연습문제 5.1

1. 다음 각은 각각 몇 사분면의 각인가?

(1) $-210°$　　(2) $550°$

(3) $\frac{7\pi}{3}$　　(4) $-\frac{9\pi}{5}$

2. 다음 각을 60분법은 호도법으로, 호도법은 60분법으로 나타내어라.

(1) $135°$　　(2) $540°$

(3) $\frac{7\pi}{6}$　　(4) $\frac{5\pi}{3}$

3. 다음 각 중 동경의 위치가 서로 일치하는 것을 짝지어라.

① $30°$　② $60°$　③ $780°$　④ $-\frac{5\pi}{3}$　⑤ $-\frac{11\pi}{6}$　⑥ $\frac{13\pi}{6}$

4. 다음 부채꼴의 호의 길이와 넓이를 구하여라.

(1) 반지름 12cm, 중심각 $\frac{5\pi}{6}$

(2) 반지름 15cm, 중심각 $36°$

5. 반지름이 2cm이고, 호의 길이가 5πcm인 부채꼴의 넓이를 구하여라.

6. 호의 길이가 4πcm 이고 넓이가 $6\pi \text{cm}^2$인 부채꼴의 반지름과 중심각의 크기를 구하여라.

7. 둘레의 길이가 5cm 인 부채꼴의 넓이가 최대일 때의 넓이와 그때의 반지름 및 중심각의 크기를 구하여라.

8. 반경이 R인 원과 부채꼴에서, 부채꼴의 둘레의 길이가 원둘레의 $\frac{1}{3}$일 때 부채꼴의 중심각을 구하여라.

9. 둘레의 길이가 L $(L > 0)$로 일정할 때 면적이 최대가 되는 부채꼴의 중심각은 $2\,\mathrm{rad}$임을 보여라.

10. 반지름이 6이고 중심각의 크기가 $\frac{\pi}{3}$인 부채꼴 모양과 같은 넓이를 갖는 원의 지름을 구하여라.

11. $\angle A = 15°$, $\angle C = 90°$인 그림과 같은 직각삼각형에서 다음을 구하여라.

(1) 선분 $\overline{AB}$, $\overline{BC}$, $\overline{CD}$의 길이 (2) $\sin 15°$, $\cos 15°$, $\tan 15°$의 값

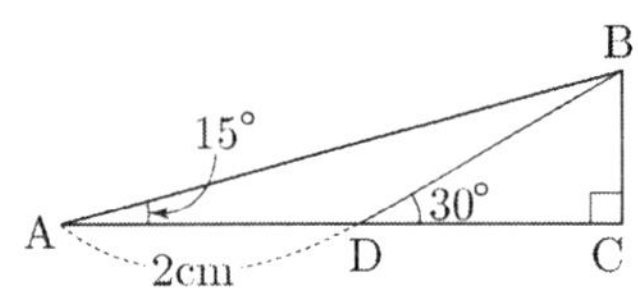

◉ $\triangle ABD$는 이등변삼각형이므로 $\overline{BD} = \overline{AD} = 2\,\mathrm{cm}$이다. 선분 $\overline{AB}$의 길이는 $\triangle ABC$에서 피타고라스 정리를 적용하여 구할 수 있다.

12. 그림과 같은 삼각형에서 $\tan x$의 값을 구하여라.

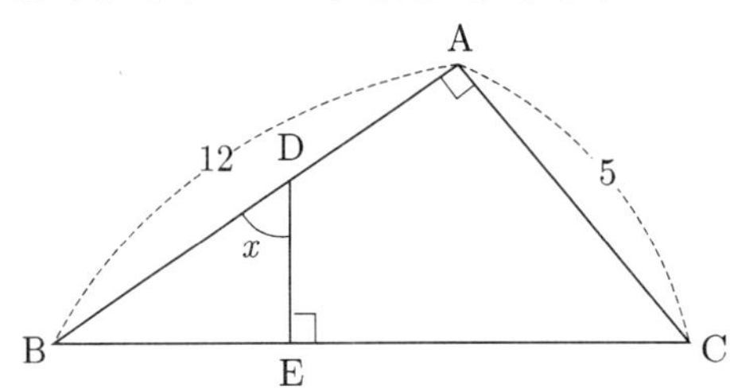

13. 그림과 같은 $\triangle ABC$에서 $\angle A = 45°$, $\angle B = 60°$, $\overline{AB} = 100$일 때 삼각형의 높이 h를 구하여라.

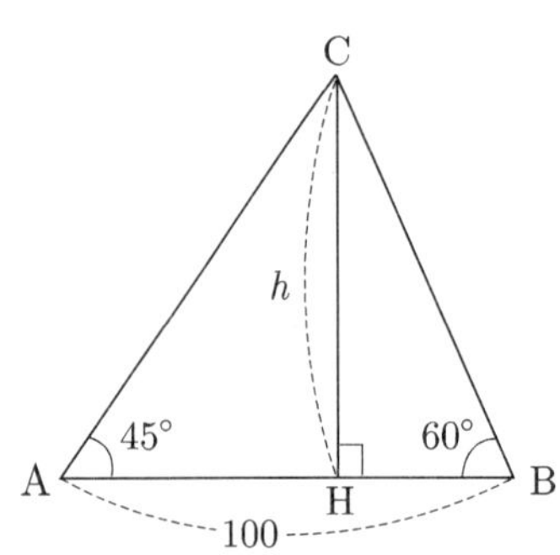

14. 그림과 같은 $\triangle ABC$의 넓이가 40일 때 변 x를 구하여라.

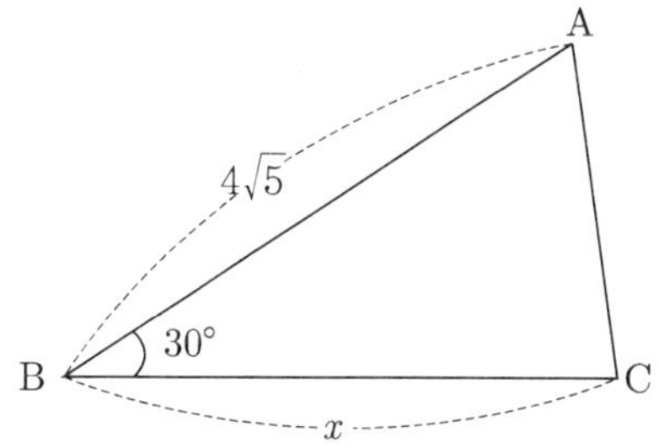

15. 그림과 같은 $\triangle ABC$에서 $\sin B + \cos C$의 값을 구하여라.

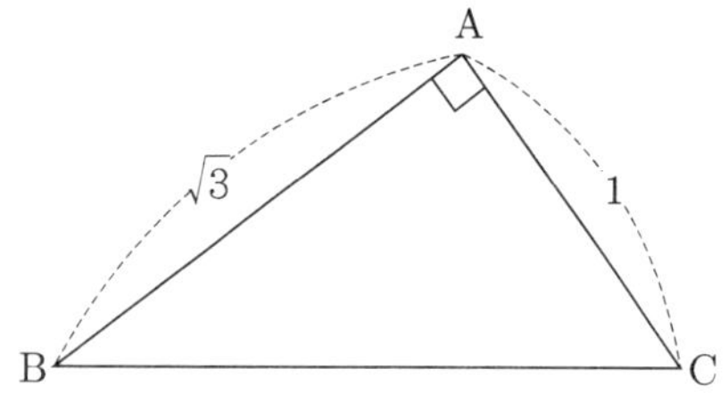

16. 그림과 같은 $\triangle ABC$에서 $\sin x$의 값을 구하여라.

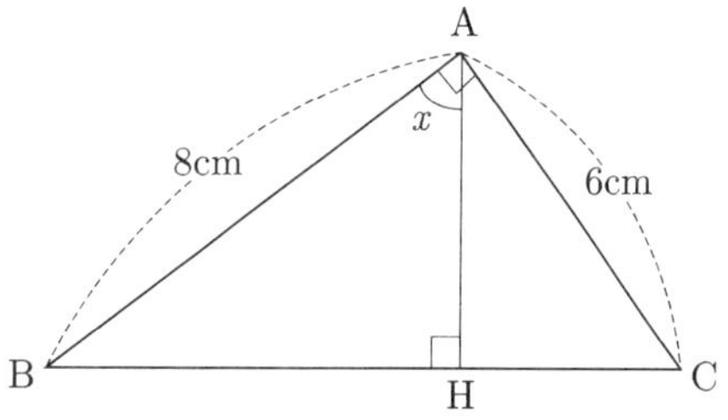

17. 그림과 같은 $\triangle ABC$에서 $\tan A = \dfrac{\sqrt{3}}{2}$일 때 $\triangle ABC$의 넓이를 구하여라.

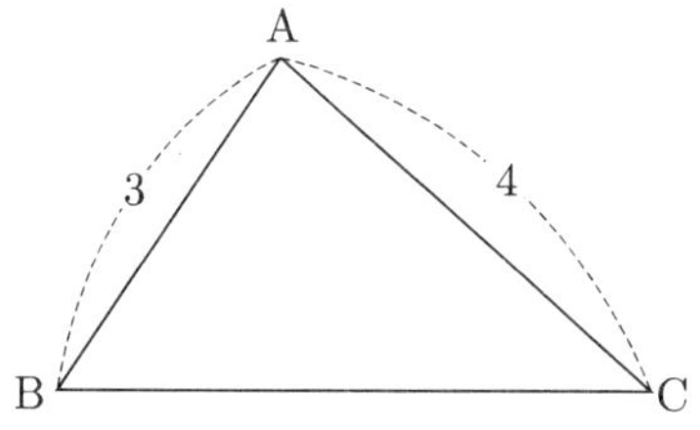

18. 이차방정식 $4x^2 + ax + b = 0$의 한 근이 $\cos 30°$일 때 유리수 a, b의 값을 구하여라.

5.2 삼각함수

5.2.1 삼각함수 정의

동경 OP가 x축의 양의 방향과 이루는 각의 크기를 θ, 동경과 반지름의 길이가 r인 원과의 교점을 $P(x,y)$라고 할 때 θ의 사인함수, 코사인함수, 탄젠트함수와 코시컨트함수, 시컨트함수, 코탄젠트함수는 다음과 같이 정의되고, 이 여섯 가지 함수를 통틀어 삼각함수라 한다.

$$\sin\theta = \frac{y}{r},\quad \cos\theta = \frac{x}{r},\quad \tan\theta = \frac{y}{x}\qquad (r = \sqrt{x^2+y^2})$$

$$\csc\theta = \frac{r}{y},\quad \sec\theta = \frac{r}{x},\quad \cot\theta = \frac{x}{y}$$

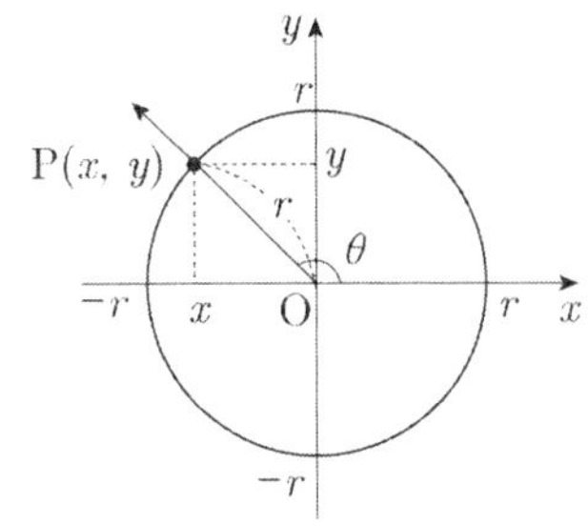

◎ 삼각비는 θ가 예각$\left(0 < \theta < \frac{\pi}{2}\right)$인 경우의 삼각함수라고 할 수 있으며 모두 양(+)의 값을 가진다. 이와 달리 삼각함수는 모든 각$(0 \le \theta \le 2\pi)$에 대해 정의되며 각에 따라 양(+) 혹은 음(−)의 값이 될 수 있다. 삼각함수의 값의 부호는 각 θ의 동경이 위치하는 사분면에 따라 정해진다.

◎ $\csc\theta$는 $\mathrm{cosec}\theta$로 나타내기도 한다.

예 원점 O와 점 $P(-4,3)$를 지나는 동경이 x축의 양의 방향과 이루는 각을 θ라 하면, $r = \sqrt{(-4)^2+3^2} = 5$이므로

$$\sin\theta = \frac{3}{5},\quad \cos\theta = -\frac{4}{5},\quad \tan\theta = -\frac{3}{4}$$

$$\csc\theta = \frac{5}{3},\quad \sec\theta = -\frac{5}{4},\quad \cot\theta = -\frac{4}{3}$$

5.2.2 삼각함수 값의 범위

삼각함수 정의에 의해 $0 \le \theta \le 2\pi$에서 삼각함수 값의 범위는 다음과 같다.

(1) $-1 \le \sin\theta \le 1$

(2) $-1 \le \cos\theta \le 1$

(3) $\tan\theta$는 $\theta \to \frac{\pi}{2}, \frac{3\pi}{2}$에서 $\pm\infty$로 접근해 가므로 $\tan\theta$의 범위는 실수 전체이다.

탄젠트함수 정의 $\tan\theta = \frac{y}{x}$에서 $\theta = \frac{\pi}{2}, \frac{3\pi}{2}$이면 분모 $x = 0$이 된다.

5.2.3 삼각함수 기본 공식

(1) 사인함수, 코사인함수, 탄젠트함수와 코시컨트함수, 시컨트함수, 코탄젠트함수의 관계식

$$\csc\theta = \frac{1}{\sin\theta}, \quad \sec\theta = \frac{1}{\cos\theta}, \quad \cot\theta = \frac{1}{\tan\theta}$$

(2) 사인함수, 코사인함수와 탄젠트함수, 코탄젠트함수의 관계식

$$\tan\theta = \frac{\sin\theta}{\cos\theta}, \quad \cot\theta = \frac{\cos\theta}{\sin\theta}$$

(3) 제곱 공식

$$\sin^2\theta + \cos^2\theta = 1, \quad 1 + \tan^2\theta = \sec^2\theta, \quad 1 + \cot^2\theta = \csc^2\theta$$

증명

① $\tan\theta = \frac{y}{x} = \frac{(y/r)}{(x/r)} = \frac{\sin\theta}{\cos\theta}$, $\cot\theta = \frac{1}{\tan\theta} = \frac{\cos\theta}{\sin\theta}$

② $\sin^2\theta + \cos^2\theta = \left(\frac{y}{r}\right)^2 + \left(\frac{x}{r}\right)^2 = \frac{x^2+y^2}{r^2} = 1$ $(\because r = \sqrt{x^2+y^2})$

③ $1 + \tan^2\theta = 1 + \frac{y^2}{x^2} = \frac{x^2+y^2}{x^2} = \frac{r^2}{x^2} = \left(\frac{r}{x}\right)^2 = \sec^2\theta$

④ $1 + \cot^2\theta = 1 + \frac{x^2}{y^2} = \frac{x^2+y^2}{y^2} = \frac{r^2}{y^2} = \left(\frac{r}{y}\right)^2 = \csc^2\theta$

예 (1) $\sin\theta = \frac{\sqrt{3}}{2}$, $\cos\theta = \frac{1}{2}$일 때 $\tan\theta = \frac{\sin\theta}{\cos\theta} = \frac{(\sqrt{3}/2)}{(1/2)} = \sqrt{3}$

(2) $\sin\theta = \frac{1}{2}$일 때 $\cos\theta$의 값은?

$$\cos\theta = \pm\sqrt{1-\sin^2\theta} = \pm\sqrt{1-(1/2)^2} = \pm\frac{\sqrt{3}}{2}$$

(3) $\tan\theta = \sqrt{3}$ 일 때 $\cos\theta$의 값은?

$$1+\tan^2\theta = 1+3 = 4 = \sec^2\theta$$

$$\therefore\ \sec\theta = \pm 2 \quad \therefore\ \cos\theta = \frac{1}{\sec\theta} = \pm\frac{1}{2}$$

5.2.4 여러 가지 각의 삼각함수 공식

(1) $-\theta$의 삼각함수

$$\sin(-\theta) = -\sin\theta,\quad \cos(-\theta) = \cos\theta,\quad \tan(-\theta) = -\tan\theta$$

(2) $\frac{\pi}{2}\pm\theta$의 삼각함수

$$\sin\left(\frac{\pi}{2}+\theta\right) = \cos\theta,\quad \cos\left(\frac{\pi}{2}+\theta\right) = -\sin\theta,\quad \tan\left(\frac{\pi}{2}+\theta\right) = -\cot\theta$$

$$\sin\left(\frac{\pi}{2}-\theta\right) = \cos\theta,\quad \cos\left(\frac{\pi}{2}-\theta\right) = \sin\theta,\quad \tan\left(\frac{\pi}{2}-\theta\right) = \cot\theta$$

(3) $\pi\pm\theta$의 삼각함수

$$\sin(\pi+\theta) = -\sin\theta,\quad \cos(\pi+\theta) = -\cos\theta,\quad \tan(\pi+\theta) = \tan\theta$$

$$\sin(\pi-\theta) = \sin\theta,\quad \cos(\pi-\theta) = -\cos\theta,\quad \tan(\pi-\theta) = -\tan\theta$$

(4) $\frac{3\pi}{2}\pm\theta$의 삼각함수

$$\sin\left(\frac{3\pi}{2}+\theta\right) = -\cos\theta,\quad \cos\left(\frac{3\pi}{2}+\theta\right) = \sin\theta,\quad \tan\left(\frac{3\pi}{2}+\theta\right) = -\cot\theta$$

$$\sin\left(\frac{3\pi}{2}-\theta\right) = -\cos\theta,\quad \cos\left(\frac{3\pi}{2}-\theta\right) = -\sin\theta,\quad \tan\left(\frac{3\pi}{2}-\theta\right) = \cot\theta$$

(5) 삼각함수의 주기성 : n이 정수일 때

$$\sin(2n\pi+\theta) = \sin\theta,\quad \cos(2n\pi+\theta) = \cos\theta,\quad \tan(n\pi+\theta) = \tan\theta$$

예 (1) $\sin\left(-\dfrac{\pi}{3}\right)=-\sin\dfrac{\pi}{3}=-\dfrac{\sqrt{3}}{2}$

(2) $\sin\left(\dfrac{5\pi}{6}\right)=\sin\left(\dfrac{\pi}{2}+\dfrac{\pi}{3}\right)=\cos\dfrac{\pi}{3}=\dfrac{1}{2}$

(3) $\sin\left(\dfrac{7\pi}{6}\right)=\sin\left(\pi+\dfrac{\pi}{6}\right)=-\sin\dfrac{\pi}{6}=-\dfrac{1}{2}$

(4) $\sin\left(\dfrac{10\pi}{6}\right)=\sin\left(\dfrac{3\pi}{2}+\dfrac{\pi}{6}\right)=-\cos\dfrac{\pi}{6}=-\dfrac{\sqrt{3}}{2}$

(5) $\sin\left(\dfrac{13\pi}{6}\right)=\sin\left(2\pi+\dfrac{\pi}{6}\right)=\sin\dfrac{\pi}{6}=\dfrac{1}{2}$

예제 5.2.1 $\sin 0$, $\cos 0$, $\tan 0$의 값을 구하여라.

풀이 $r=1$로 하면 $\theta=0$일 때 점 P의 좌표는 $(1,0)$이므로

$$\sin 0=\frac{y}{r}=\frac{0}{1}=0,\quad \cos 0=\frac{x}{r}=\frac{1}{1}=1,\quad \tan 0=\frac{y}{x}=\frac{0}{1}=0$$

이다.

예제 5.2.2 $\sin\dfrac{\pi}{2}$, $\cos\dfrac{\pi}{2}$, $\tan\dfrac{\pi}{2}$의 값을 구하여라.

풀이 $r=1$로 하면 $\theta=\dfrac{\pi}{2}$일 때 점 P의 좌표는 $(0,1)$이므로

$$\sin\frac{\pi}{2}=\frac{y}{r}=\frac{1}{1}=1,\quad \cos 0=\frac{x}{r}=\frac{0}{1}=0,\quad \tan 0=\frac{y}{x}=\frac{1}{0}(\text{없다})$$

◎ $\theta\to\dfrac{\pi}{2}$로 접근하면 $\tan\theta\to\infty$로 접근해간다.

예제 5.2.3 $\sin\left(-\dfrac{\pi}{4}\right)$, $\cos\left(-\dfrac{\pi}{4}\right)$, $\tan\left(-\dfrac{\pi}{4}\right)$의 값을 구하여라.

풀이 $\sin(-\theta)=-\sin\theta$, $\cos(-\theta)=\cos\theta$, $\tan(-\theta)=-\tan\theta$이므로

$$\sin\left(-\frac{\pi}{4}\right)=-\sin\left(\frac{\pi}{4}\right)=-\frac{1}{\sqrt{2}}$$

$$\cos\left(-\frac{\pi}{4}\right)=\cos\left(\frac{\pi}{4}\right)=\frac{1}{\sqrt{2}}$$

$$\tan\left(-\frac{\pi}{4}\right) = -\tan\left(\frac{\pi}{4}\right) = 1$$

예제 5.2.4 $\sin\theta = \frac{5}{13}$ $(\frac{\pi}{2} < \theta < \pi)$일 때 $\cos\theta$, $\tan\theta$의 값을 구하여라.

풀이 $\sin^2\theta + \cos^2\theta = 1$이므로

$$\cos\theta = \pm\sqrt{1-\sin^2\theta} = \pm\sqrt{1-\left(\frac{5}{13}\right)^2} = \pm\sqrt{\frac{144}{169}} = \pm\frac{12}{13}$$

$\frac{\pi}{2} < \theta < \pi$에서 $\cos\theta < 0$ $\quad\therefore\ \cos\theta = -\frac{12}{13}$

$$\tan\theta = \frac{\sin\theta}{\cos\theta} = -\frac{5}{12}$$

예제 5.2.5 $\sin\theta\cos\theta = -\frac{\sqrt{3}}{4}$일 때 $\sin\theta + \cos\theta$의 값을 구하여라.

풀이 $(\sin\theta + \cos\theta)^2 = \sin^2\theta + \cos^2\theta + 2\sin\theta\cos\theta = 1 - \frac{\sqrt{3}}{2}$

$$\therefore\ \sin\theta + \cos\theta = \pm\sqrt{1-\frac{\sqrt{3}}{2}} = \pm\sqrt{\frac{2-\sqrt{3}}{2}} = \pm\sqrt{\frac{4-2\sqrt{3}}{4}}$$
$$= \pm\frac{\sqrt{3}-1}{2}$$

5.2.5 역삼각함수

(1) 역사인함수 : $y = \sin x$의 역함수를 $y = \sin^{-1}x$ 또는 $y = \arcsin x$로 나타내고 역사인함수라 한다. $y = \sin^{-1}x$의 정의역은 $\{x \mid -1 \le x \le 1\}$이고 치역은 $\left\{y \mid -\frac{\pi}{2} \le y \le \frac{\pi}{2}\right\}$이다.

(2) 역코사인함수 : $y = \cos x$의 역함수를 $y = \cos^{-1}x$ 또는 $y = \arccos x$로 나타내고 역코사인함수라 한다. $y = \cos^{-1}x$의 정의역은 $\{x \mid -1 \le x \le 1\}$이고 치역은 $\{y \mid 0 \le y \le \pi\}$이다.

(3) 역탄젠트함수 : $y = \tan x$의 역함수를 $y = \tan^{-1}x$ 또는 $y = \arctan x$로 나타내고 역탄젠트함수라 한다. $y = \tan^{-1}x$의 정의역은 실수의 집합이고 치역은

$\left\{y \mid -\frac{\pi}{2} < y < \frac{\pi}{2}\right\}$이다.

예 (1) $\sin x = 1$이면 $x = \sin^{-1}(1) = \frac{\pi}{2}$ $\left(\leftarrow \sin\frac{\pi}{2} = 1\right)$

(2) $\cos x = \frac{1}{\sqrt{2}}$이면 $x = \cos^{-1}\left(\frac{1}{\sqrt{2}}\right) = \frac{\pi}{4}$ $\left(\leftarrow \cos\frac{\pi}{4} = \frac{1}{\sqrt{2}}\right)$

(2) $\tan x = \frac{1}{\sqrt{3}}$이면 $x = \tan^{-1}\left(\frac{1}{\sqrt{3}}\right) = \frac{\pi}{6}$ $\left(\leftarrow \tan\frac{\pi}{6} = \frac{1}{\sqrt{3}}\right)$

예제 5.2.6 실제 공학 문제에서 나타나는 역삼각함수 값은 대부분 계산기를 이용하여 구한다. 계산기를 사용하여 다음을 만족하는 역삼각함수 값 x를 구하여라.[15)]

(1) $\sin x = 0.4$ (2) $4\cos x = 1.2$

(3) $70\tan x = 34$

풀이 (1) $\sin x = 0.4$이면 $x = \sin^{-1}(0.4) = 23.6°$

(2) $4\cos x = 1.2$이면 $x = \cos^{-1}\left(\frac{1.2}{4}\right) = 72.5°$

(3) $70\tan x = 34$이면 $x = \tan^{-1}\left(\frac{34}{70}\right) = 25.9°$

---

15) 역학에서 힘의 방향각을 구할 때 역탄젠트 함수의 값을 구해야 하는 경우가 많으므로 이 값의 정의를 잘 알아두도록 한다.

사인법칙과 코사인 법칙

1 사인법칙

세 각의 크기가 A, B, C인 $\triangle ABC$에서 세 각의 대변의 길이를 각각 a, b, c라 하고 $\triangle ABC$의 외접원의 반지름을 R이라고 하면 다음 관계가 성립한다.

$$\frac{a}{\sin A}=\frac{b}{\sin B}=\frac{c}{\sin C}=2R$$

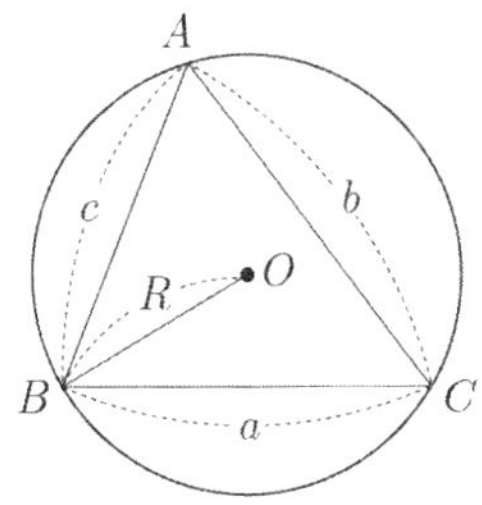

예제 5.2.7 그림과 같은 $\triangle ABC$에서 $\angle B=75°$, $\angle C=60°$, $\overline{BC}=6$일 때 다음을 구하여라.

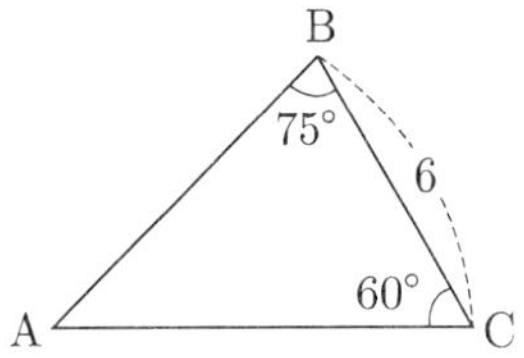

(1) 외접원의 반지름 (2) $\overline{AB}$의 길이

풀이 (1) 삼각형의 내각의 합은 180°이므로

$$\angle A=180°-(75°+60°)=45°$$

이다. 여기에서 $\overline{BC}=a=6$, $\overline{AB}=c$로 하면 사인 법칙에 의해

$$\frac{a}{\sin A}=2R$$

$$\frac{6}{\sin 45°}=2R$$

$$\therefore\ R=\frac{6}{2\sin 45°}=\frac{6}{2\times(1/\sqrt{2})}=3\sqrt{2}$$

(2) 사인법칙에 의해

$$\frac{c}{\sin C} = 2R$$

$$\frac{c}{\sin 60°} = 2 \times (3\sqrt{2})$$

$$\therefore \ \overline{AB} = c = 2 \times (3\sqrt{2}) \sin 60° = 2 \times (3\sqrt{2}) \times \frac{\sqrt{3}}{2} = 3\sqrt{6}$$

2 코사인법칙

$\triangle ABC$의 세 각의 크기 A, B, C와 세 각의 대변의 길이 a, b, c 사이에 다음 관계가 성립한다.

1. 제1코사인법칙
   $a = b\cos C + c\cos B$
   $b = c\cos A + a\cos C$
   $c = a\cos B + b\cos A$
2. 제2코사인법칙
   $a^2 = b^2 + c^2 - 2bc\cos A$
   $b^2 = c^2 + a^2 - 2ca\cos B$
   $c^2 = a^2 + b^2 - 2ab\cos C$

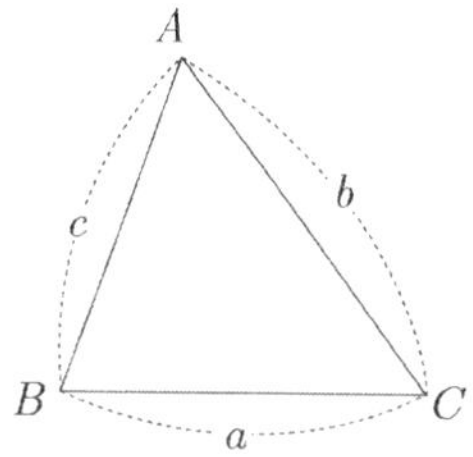

예제 5.2.8 다음 그림과 같이 $\angle A = 60°$, $\overline{AB} = 2$, $\overline{AC} = 3$ 인 $\triangle ABC$ 에서 변 $\overline{BC}$ 의 길이를 구하여라.

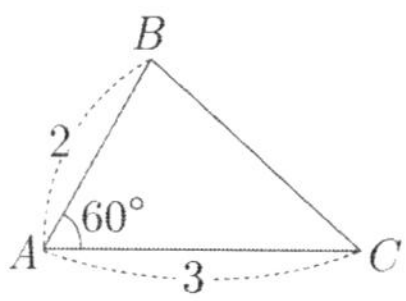

풀이 $c = \overline{AB} = 2$, $b = \overline{AC} = 3$, $a = \overline{BC}$ 로 하면,

$$a^2 = b^2 + c^2 - 2bc\cos A = 2^2 + 3^2 - 2 \times 2 \times 3\cos 60° = 7$$

$$\therefore \ \overline{BC} = a = \sqrt{7}$$

연습문제 5.2

1. 점 P의 좌표가 다음과 같을 때 동경 OP가 x축의 양의 방향과 이루는 각 θ에 대하여 $\sin\theta$, $\cos\theta$, $\tan\theta$의 값을 구하여라. 단, 점 O는 원점을 나타낸다.

(1) $(3, 2)$ (2) $(-2, 1)$

(3) $(-2, -1)$ (4) $(2, -3)$

2. 다음의 θ에 대하여 $\sin\theta$, $\cos\theta$, $\tan\theta$의 값을 구하여라.

(1) $\theta = \frac{5\pi}{6}$ (2) $\theta = -\frac{23\pi}{4}$

(3) $\theta = \frac{34\pi}{3}$ (4) $\theta = -\frac{17\pi}{6}$

3. $\tan\theta = \frac{2}{3}$ $(\pi < \theta < \frac{3\pi}{2})$일 때 $\sin\theta$, $\cos\theta$의 값을 구하여라.

4. θ가 제1사분면의 각이고 $\sin\theta\cos\theta = \frac{1}{4}$일 때 $\sin\theta + \cos\theta$의 값을 구하여라.

5. 모든 θ에 대하여 $(\sin\theta + \cos\theta)^2 + a\sin\theta\cos\theta = 1$이 성립할 때 상수 a의 값을 구하여라.

6. 삼각함수와 역삼각함수 정의로부터 다음 역삼각함수 값을 구하여라.

(1) $\sin^{-1}\frac{1}{\sqrt{2}}$ (2) $\sin^{-1}0$

(3) $\cos^{-1}\frac{1}{2}$ (4) $\tan^{-1}\sqrt{3}$

7. 계산기를 사용하여 다음을 만족하는 각 θ를 구하여라.

(1) $\sin\theta = \frac{3}{4}$ $(-90° \le \theta \le 90°)$ (2) $\cos\theta = \frac{2}{5}$ $(0° \le \theta \le 180°)$

(3) $\tan\theta = \frac{4}{7}$ $(-90° \le \theta \le 90°)$

8. 두 변의 길이가 $2\mathrm{cm}$, $3\mathrm{cm}$ 이고 그 끼인각이 $\frac{\pi}{3}$ 인 삼각형의 나머지 한 변의 길이를 구하여라.

5.3 쌍곡선 함수[16)]

밑을 e로 하는 지수함수 $y=e^x$와 $y=e^{-x}$의 결합으로 이루어지는 함수를 다음과 같이 정의하고, 이들을 통틀어 쌍곡선함수라 한다.

$$\sinh x=\frac{e^x-e^{-x}}{2},\quad \cosh x=\frac{e^x+e^{-x}}{2},\quad \tanh x=\frac{\sinh x}{\cosh x}=\frac{e^x-e^{-x}}{e^x+e^{-x}}$$

$$\text{sech}\,x=\frac{1}{\cosh x},\quad \text{csch}\,x=\frac{1}{\sinh x},\quad \coth x=\frac{1}{\tanh x}$$

이상의 함수를 각각 쌍곡선 sine함수, 쌍곡선 cosine함수, 쌍곡선 tangent함수, 쌍곡선 secant함수, 쌍곡선 cosecant함수, 쌍곡선 cotangent함수라 한다.
쌍곡선함수는 다음과 같이 삼각함수와 유사한 관계식을 갖는다.

(1) $\sinh(-x)=-\sinh x,\quad \cosh(-x)=\cosh x,\quad \tanh(-x)=-\tanh x$

(2) $\cosh x+\sinh x=e^x,\ \cosh x-\sinh x=e^{-x}$

(3) $\cosh^2 x-\sinh^2 x=1,\ \tanh^2 x+\text{sech}^2 x=1,\ \coth^2 x-\text{csch}^2 x=1$

(4) $\sinh(x\pm y)=\sinh x\cosh y\pm\cosh x\sinh y$ (복호동순)

$\cosh(x\pm y)=\cosh x\cosh y\pm\sinh x\sinh y$ (복호동순)

$\tanh(x\pm y)=\dfrac{\tanh x\pm\tanh y}{1\pm\tanh x\tanh y}$ (복호동순)

(5) $\sinh 2x=2\sinh x\cosh x,\quad \sinh^2 x=\dfrac{\cosh 2x-1}{2},\ \cosh^2 x=\dfrac{\cosh 2x+1}{2}$

예제 5.3.1 다음 쌍곡선함수 값을 구하여라.

(1) $\sinh(0)$ (2) $\cosh(\ln 3)$

(3) $\sinh(\ln 3)$ (4) $\tanh(\ln 3)$

풀이 (1) $\sinh(0)=\dfrac{e^0-e^{-0}}{2}=\dfrac{1-1}{2}=0$

(2) $\cosh(\ln 3)=\dfrac{e^{\ln 3}+e^{-\ln 3}}{2}=\dfrac{e^{\ln 3}+e^{\ln 3^{-1}}}{2}=\dfrac{3+3^{-1}}{2}$

$=\dfrac{1}{2}\times\left(3+\dfrac{1}{3}\right)=\dfrac{1}{2}\times\dfrac{10}{3}=\dfrac{5}{3}$

16) 쌍곡선 함수의 정의는 알아두도록 한다. 계산기의 키보드에 표시된 'hyp'는 쌍곡선 함수를 계산하기 위해 사용하는 키를 나타낸다.

(3) $\sinh(\ln 3) = \dfrac{e^{\ln 3} - e^{-\ln 3}}{2} = \dfrac{e^{\ln 3} - e^{\ln 3^{-1}}}{2} = \dfrac{3-3^{-1}}{2}$

$= \dfrac{1}{2} \times \left(3 - \dfrac{1}{3}\right) = \dfrac{1}{2} \times \dfrac{8}{3} = \dfrac{4}{3}$

(4) $\tanh(\ln 3) = \dfrac{\sinh(\ln 3)}{\cosh(\ln 3)} = \dfrac{4/3}{5/3} = \dfrac{4}{5}$

◉ 로그의 정의로부터 $e^{\ln x} = x$이다.

◉ $\tanh(\ln 3) = \dfrac{e^{\ln 3} - e^{-\ln 3}}{e^{\ln 3} + e^{-\ln 3}} = \dfrac{3-3^{-1}}{3+3^{-1}} = \dfrac{(9-1)/3}{(9+1)/3} = \dfrac{8}{10} = \dfrac{4}{5}$

예제 5.3.2 다음 식이 성립함을 보여라.

(1) $\cosh(-x) = \cosh x$

(2) $\sinh(-x) = -\sinh x$

풀이 (1) $\cosh(-x) = \dfrac{e^{-x} + e^{-(-x)}}{2} = \dfrac{e^{-x} + e^{x}}{2} = \dfrac{e^{x} + e^{-x}}{2} = \cosh x$

(2) $\sinh(-x) = \dfrac{e^{-x} - e^{-(-x)}}{2} = \dfrac{e^{-x} - e^{x}}{2} = -\left(\dfrac{e^{x} - e^{-x}}{2}\right) = -\sinh x$

예제 5.3.3 다음 식이 성립함을 보여라.

(1) $\cosh x + \sinh x = e^x$

(2) $\cosh x - \sinh x = e^{-x}$

풀이 (1) $\cosh x + \sinh x = \left(\dfrac{e^x + e^{-x}}{2}\right) + \left(\dfrac{e^x - e^{-x}}{2}\right) = e^x$

(2) $\cosh x - \sinh x = \left(\dfrac{e^x + e^{-x}}{2}\right) - \left(\dfrac{e^x - e^{-x}}{2}\right) = e^{-x}$

예제 5.3.4 $\cosh^2 x - \sinh^2 x = 1$임을 증명하여라.

풀이 $\cosh^2 x - \sinh^2 x = \left(\dfrac{e^x + e^{-x}}{2}\right)^2 - \left(\dfrac{e^x - e^{-x}}{2}\right)^2$

$= \dfrac{e^{2x} + 2 + e^{-2x}}{4} - \dfrac{e^{2x} - 2 + e^{-2x}}{4}$

$(\leftarrow\ e^x \times e^{-x} = e^{x-x} = e^0 = 1)$

$$= \frac{e^{2x} + 2 + e^{-2x} - e^{2x} + 2 - e^{-2x}}{4}$$

$$= \frac{2+2}{4} = 1$$

예제 5.3.5 $\sinh(x+y) = \sinh x \cosh y + \cosh x \sinh y$가 성립함을 보여라.

풀이 $\sinh x \cosh y + \cosh x \sinh y$

$$= \left(\frac{e^{x} - e^{-x}}{2}\right) \times \left(\frac{e^{y} + e^{-y}}{2}\right) + \left(\frac{e^{x} + e^{-x}}{2}\right) \times \left(\frac{e^{y} - e^{-y}}{2}\right)$$

$$= \frac{e^{x+y} + e^{x-y} - e^{-x+y} - e^{-x-y}}{4} + \frac{e^{x+y} - e^{x-y} + e^{-x+y} - e^{-x-y}}{4}$$

$$= \frac{2e^{x+y} - 2e^{-x-y}}{4}$$

$$= \frac{e^{(x+y)} - e^{-(x+y)}}{2}$$

$$= \sinh(x+y)$$

연습문제 5.3

1. 쌍곡선함수의 정의로부터 다음 값을 구하여라.

(1) $\cosh(0)$ (2) $\cosh(\ln 2)$

(3) $\sinh(\ln 2)$ (4) $\tanh(\ln 2)$

2. 쌍곡선 함수 $\cosh x$, $\sinh x$, $\tanh x$ 사이에는 다음 관계식이 성립한다.

$$\cosh^2 x - \sinh^2 x = 1, \quad \tanh x = \frac{\sinh x}{\cosh x}$$

이들 식을 이용하여 $\cosh\alpha = \sqrt{2}$ 일 때 $\sinh\alpha$와 $\tanh\alpha$의 값을 구하여라.

3. 쌍곡선함수의 정의로부터 다음 식이 성립함을 보여라.

$$\cosh(x+y) = \cosh x \cosh y + \sinh x \sinh y$$

4. 다음 관계식이 성립함을 보여라.

$$\begin{aligned}\cosh 2x &= \cosh^2 x + \sinh^2 x \\ &= 2\cosh^2 x - 1 \\ &= 2\sinh^2 x + 1\end{aligned}$$

5. $\sinh 2x = 2\sinh x \cosh x$가 성립함을 보여라.

6. 쌍곡선함수 관계식으로부터 다음 식이 성립함을 보여라.

$$\tanh^2 x + \operatorname{sech}^2 x = 1$$

7. 계산기를 사용하여 다음 값을 구하여라.

(1) $\sinh(1)$ (2) $\cosh(1)$

(3) $\tanh(1)$ (4) $\sinh^{-1}(1)$

(5) $\cosh^{-1}(2)$ (6) $\tanh^{-1}(0.5)$

제 6 장 지수함수와 로그함수

6.1 지수함수

6.1.1 거듭제곱

어떤 수 a 를 n번 거듭 곱한 것을 a 의 n제곱이라 하고 a^n 으로 나타낸다. a^n 에서 a 를 밑, n을 지수라 한다. a, a^2, a^3, $\cdots$ 등은 모두 a 의 거듭제곱이다.

6.1.2 거듭제곱근

n 이 2 이상의 자연수일 때 실수 a 에 대하여 어떤 수를 n 제곱하여 a 가 되는 수를 a 의 n 제곱근이라 한다. 즉, $x^n = a$ 이면 x 는 a 의 n 제곱근이다.

(1) n 이 짝수이면 $x^n = a\ (a > 0)$가 되는 실수는 양수와 음수의 두 개가 있고, $\sqrt[n]{a}$, $-\sqrt[n]{a}$ 로 쓴다.

(2) n 이 홀수이면 $x^n = a$ 가 되는 실수는 하나이고 $\sqrt[n]{a}$ 로 쓴다.

(3) $x^n = 0$ 가 되는 x는 0 하나뿐이다 : $x = \sqrt[n]{0} = 0$

예 (1) $x^2 = 4$를 만족하는 $x = 2,\ -2$의 두 개다.

$x^2 - 4 = x^2 - 2^2 = (x-2)(x+2)$로 인수분해된다.

(2) $x^3 = 27$이 되는 실수 $x = 3$ 하나뿐이다.

복소수의 범위에서 생각하면 $x = 3,\ \dfrac{3}{2}(-1 \pm \sqrt{3}i)$의 세 개다.

$x^3 - 27 = (x^3 - 3^3) = (x-3)(x^2 + 3x + 9)$로 인수분해된다.

(3) $x^4 = 1$ 이 되는 실수 $x = 1,\ -1$의 두 개이고,

복소수의 범위에는 $x = \pm 1,\ \pm i$ 의 네 개다.

$x^4 - 1 = (x^2 - 1)(x^2 + 1) = (x-1)(x+1)(x^2+1)$로 인수분해된다.

6.1.3 거듭제곱근의 성질

a 가 실수이고 n 이 2 이상의 정수일 때

(1) $(\sqrt[n]{a})^n = a$

(2) $\sqrt[n]{a^n} = \begin{cases} a & (n\text{이 홀수}) \\ |a| & (n\text{이 짝수}) \end{cases}$

$a > 0,\ b > 0$ 이고 m, n 이 2 이상의 정수일 때

(3) $\sqrt[n]{a}\sqrt[n]{b}=\sqrt[n]{ab}$ (4) $\dfrac{\sqrt[n]{a}}{\sqrt[n]{b}}=\sqrt[n]{\dfrac{a}{b}}$

(5) $(\sqrt[n]{a})^m=\sqrt[n]{a^m}$ (6) $\sqrt[m]{\sqrt[n]{a}}=\sqrt[mn]{a}=\sqrt[n]{\sqrt[m]{a}}$

(7) $\sqrt[np]{a^{mp}}=\sqrt[n]{a^m}$ (단, p 는 양의 정수)

예 (1) $(\sqrt[n]{2})^n=2$

(2) n 이 홀수일 때 : $\sqrt[3]{2^3}=2,\ \sqrt[3]{(-2)^3}=-2$

n 이 짝수일 때 : $\sqrt[2]{2^2}=2,\ \sqrt[2]{(-2)^2}=2$

(3) $\sqrt[3]{2}\sqrt[3]{4}=\sqrt[3]{8}=\sqrt[3]{2^3}=2$

(4) $\dfrac{\sqrt[3]{54}}{\sqrt[3]{2}}=\sqrt[3]{\dfrac{54}{2}}=\sqrt[3]{27}=\sqrt[3]{3^3}=3$

(5) $(\sqrt[3]{2})^6=\sqrt[3]{2^6}=\sqrt[3]{4^3}=4$

(6) $\sqrt[3]{\sqrt{64}}=\sqrt[6]{2^6}=2$

(7) $\sqrt[12]{2^{15}}=\sqrt[4\times3]{2^{5\times3}}=\sqrt[4]{2^5}$

6.1.4 분수 지수의 정의

$a>0$, m이 정수이고 n이 2 이상의 정수일 때

$$a^{\frac{m}{n}}=\sqrt[n]{a^m}\ ,\quad a^{\frac{1}{n}}=\sqrt[n]{a}$$

예 $2^{\frac{5}{3}}=\sqrt[3]{2^5},\quad 2^{\frac{1}{3}}=\sqrt[3]{2}$

6.1.5 지수법칙

지수 n이 자연수뿐만 아니라 정수, 유리수, 실수까지 확장하여 다음의 지수법칙이 성립한다.

$a>0,\ b>0$ 이고 x, y 가 실수일 때

(1) $a^xa^y=a^{x+y}$ (2) $a^x\div a^y=a^{x-y}$

(3) $(a^x)^y=a^{xy}$ (4) $(ab)^x=a^xb^x$

$$a\neq0 \text{ 일 때, }\quad a^0=1\ ,\quad a^{-x}=\frac{1}{a^x}$$

예 (1) $(\sqrt{2})^{\frac{1}{3}} \times (\sqrt{2})^{\frac{2}{3}} = (\sqrt{2})^{\frac{1}{3}+\frac{2}{3}} = \sqrt{2}$

(2) $(\sqrt{3})^{\frac{5}{2}} \div (\sqrt{3})^{\frac{1}{2}} = (\sqrt{3})^{\frac{5}{2}-\frac{1}{2}} = (\sqrt{3})^2 = 3$

(3) $\left\{(\sqrt[3]{2})^{\frac{1}{2}}\right\}^6 = (\sqrt[3]{2})^3 = 2$

(4) $(\sqrt{5}\times\sqrt[3]{2})^2 = (\sqrt{5})^2 \times (\sqrt[3]{2})^2 = 5\sqrt[3]{4}$

(5) 밑이 음수($a<0,\ b<0$)이고 지수가 실수일 때는 밑이 양수($a>0,\ b>0$) 일 때의 지수법칙을 적용하지 않는다.

$\{(-3)^2\}^{\frac{1}{2}} = 9^{\frac{1}{2}} = 3$이다.

$\{(-3)^2\}^{\frac{1}{2}} = (-3)^{2\times\frac{1}{2}} = (-3)^1 = -3$이 아니다.

$\{(-2)\times(-3)\}^{\frac{1}{2}} = (6)^{\frac{1}{2}} = \sqrt{6}$ 이다.

$\{(-2)\times(-3)\}^{\frac{1}{2}} = (-2)^{\frac{1}{2}} \times (-3)^{\frac{1}{2}} = \sqrt{-2}\times\sqrt{-3}$
$= \sqrt{2}\,i\times\sqrt{3}\,i = -\sqrt{6}$ 이 아니다.

6.1.6 지수함수

(1) 지수함수 : $a \neq 1,\ a>0$ 일 때 정의역이 실수의 집합이며 치역이 양의 실수의 집합인 함수 $y=a^x$를 a를 밑으로 하는 지수함수라 한다.

(2) 지수함수 $y=a^x$ $(a\neq 1,\ a>0)$의 성질

(a) 정의역은 실수 전체의 집합이고 치역은 $\{y|y>0\}$이다.

(b) 그래프는 점 $(0,1)$을 지나고 직선 $y=0$(x축)을 점근선으로 한다.

(c) $0<a<1$일 때, x의 값이 증가하면 y의 값은 감소한다.
$a>1$일 때, x의 값이 증가하면 y의 값도 증가한다.

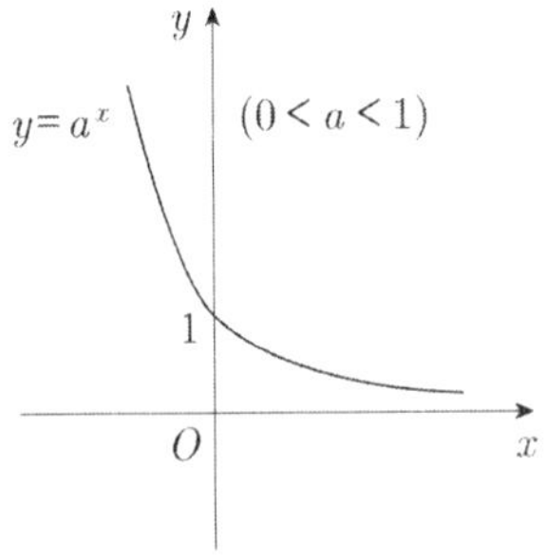

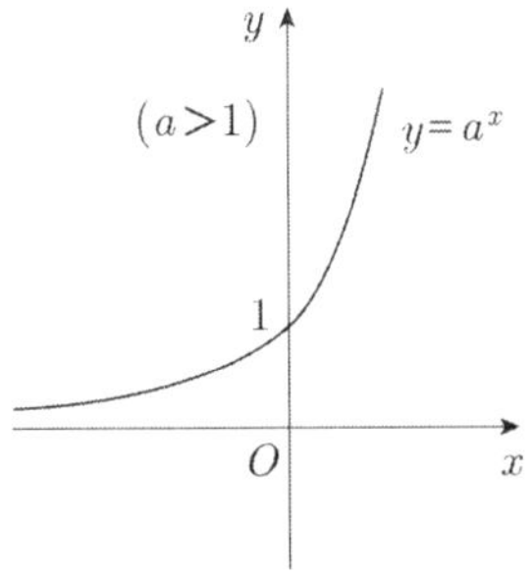

(3) $y=a^x$와 $y=a^{-x}=\left(\frac{1}{a}\right)^x$의 그래프는 y축에 대하여 대칭이다.

(4) 지수함수 $y=a^x$의 그래프를 x축 방향으로 m만큼, y축 방향으로 n만큼 평행이동한 방정식은 $y=a^{x-m}+n$.

설명 $a\neq 1$, $a>0$일 때 임의의 실수 x에 대하여 a^x의 값은 하나로 정해진다. 따라서 지수 함수 $y=a^x$를 정의할 수 있다.

예 (1) 지수함수 예 : $y=2^x$, $y=3^{-x}$

(2) $y=2^x$와 $y=2^{-x}$의 그래프는 y축에 대하여 대칭이다.

(3) $y=2^{x-1}+3$은 $y=2^x$의 그래프를 x축 방향으로 1만큼, y축 방향으로 3만큼 평행 이동한 그래프이다.

예제 6.1.1 다음을 간단히 하여라.

(1) $\sqrt[4]{4^2}$　　(2) $\sqrt[3]{\sqrt{27}}$

(3) $\dfrac{\sqrt[4]{2}}{\sqrt[4]{32}}$　　(4) $\sqrt[12]{3^4}\times\sqrt[12]{3^8}$

풀이 (1) $\sqrt[4]{4^2}=\sqrt[4]{(2^2)^2}=\sqrt[4]{2^4}=2$

(2) $\sqrt[3]{\sqrt{27}}=\sqrt[3]{\sqrt{3^3}}=\sqrt{\sqrt[3]{3^3}}=\sqrt{3}$

(3) $\dfrac{\sqrt[4]{2}}{\sqrt[4]{32}}=\sqrt[4]{\dfrac{2}{32}}=\sqrt[4]{\dfrac{1}{16}}=\sqrt[4]{\dfrac{1}{2^4}}=\dfrac{1}{2}$

(4) $\sqrt[12]{3^4}\times\sqrt[12]{3^8}=\sqrt[12]{3^4\times 3^8}=\sqrt[12]{3^{12}}=3$

예제 6.1.2 다음을 간단히 하여라. (단, $a>0$)

(1) $\sqrt[3]{\sqrt[4]{16}}\times\sqrt[4]{\sqrt[3]{16^2}}$

(2) $\left(a^{\sqrt{2}}\right)^2\times a^{-3\sqrt{2}}\div\left(a^{-2}\right)^{\sqrt{2}}$

풀이 (1) $\sqrt[3]{\sqrt[4]{16}}\times\sqrt[4]{\sqrt[3]{16^2}}=\left(16^{\frac{1}{4}}\right)^{\frac{1}{3}}\times\left\{\left(16^2\right)^{\frac{1}{3}}\right\}^{\frac{1}{4}}=16^{\frac{1}{12}+\frac{2}{12}}$

$=\left(2^4\right)^{\frac{1}{4}}=2$

(2) $\left(a^{\sqrt{2}}\right)^2\times a^{-3\sqrt{2}}\div\left(a^{-2}\right)^{\sqrt{2}}=a^{2\sqrt{2}-3\sqrt{2}+2\sqrt{2}}$

$=a^{\sqrt{2}}$

예제 6.1.3 $a=\sqrt[3]{2}$, $b=\sqrt[4]{3}$ 일 때 $\sqrt[6]{12}$ 를 a, b 로 나타내어라.

풀이 여기에서 $a=\sqrt[3]{2}=2^{\frac{1}{3}}$, $b=\sqrt[4]{3}=3^{\frac{1}{4}}$ 이다. $\sqrt[6]{12}$ 를 지수 형태로 표현하여 답을 구한다.

$$\begin{aligned}\sqrt[6]{12}=12^{\frac{1}{6}}&=(2^2\times 3)^{\frac{1}{6}}\\&=2^{\frac{1}{3}}\times 3^{\frac{1}{6}}\\&=2^{\frac{1}{3}}\times\left(3^{\frac{1}{4}}\right)^{\frac{2}{3}}\quad\left(\leftarrow\ a=2^{\frac{1}{3}},\ b=3^{\frac{1}{4}}\ \right)\\&=ab^{\frac{2}{3}}=a\sqrt[3]{b^2}\end{aligned}$$

예제 6.1.4 $a=\sqrt{2}+\dfrac{1}{\sqrt{2}}$ 일 때 a^2의 값을 구하여라.

풀이
$$\begin{aligned}a^2&=\left(\sqrt{2}+\frac{1}{\sqrt{2}}\right)^2\\&=(\sqrt{2})^2+2\times\sqrt{2}\times\frac{1}{\sqrt{2}}+\left(\frac{1}{\sqrt{2}}\right)^2\\&=2+2+\frac{1}{2}=\frac{9}{2}\end{aligned}$$

예제 6.1.5 $a>0$, $x>0$ 이고 $a^x+a^{-x}=3$ 일 때 다음 식의 값을 구하여라.

(1) $\sqrt{a^x}+\sqrt{a^{-x}}$ (2) $a^{2x}+a^{-2x}$

풀이 여기에서 $a^x\cdot a^{-x}=a^0=1$이라는 것을 이용한다.

$$\begin{aligned}(1)\ \left(\sqrt{a^x}+\sqrt{a^{-x}}\right)^2&=a^x+2\sqrt{a^x}\sqrt{a^{-x}}+a^{-x}\\&=a^x+a^{-x}+2\sqrt{a^x\cdot a^{-x}}\\&=3+2\\&=5\end{aligned}$$

$$\therefore\ \sqrt{a^x}+\sqrt{a^{-x}}=\sqrt{5}\ \ (\because \sqrt{a^x}>0,\ \sqrt{a^{-x}}>0)$$

$$(2)\ a^{2x}+a^{-2x}=(a^x+a^{-x})^2-2a^x\cdot a^{-x}$$

$$= 3^2 - 2$$
$$= 7$$

◉ $(a+b)^2 = a^2 + 2ab + b^2$, $a^2 + b^2 = (a+b)^2 - 2ab$

예제 6.1.6 $a^{2x} = 2$ 일 때 다음 식의 값을 구하여라.

(1) $\dfrac{a^x - a^{-x}}{a^x + a^{-x}}$　　　　(2) $\dfrac{a^{3x} - a^{-3x}}{a^x + a^{-x}}$

풀이 분모와 분자에 각각 a^x을 곱하여 준 식을 a^{2x}에 대한 식으로 바꾸어 식의 값을 구한다.

(1) 분모와 분자에 각각 a^x을 곱하면

$$\begin{aligned}\frac{a^x - a^{-x}}{a^x + a^{-x}} &= \frac{a^{2x} - 1}{a^{2x} + 1} \\ &= \frac{2-1}{2+1} \\ &= \frac{1}{3}\end{aligned}$$

(2) 분모와 분자에 각각 a^x을 곱하면

$$\begin{aligned}\frac{a^{3x} - a^{-3x}}{a^x + a^{-x}} &= \frac{a^{4x} - a^{-2x}}{a^{2x} + 1} \\ &= \frac{(a^{2x})^2 - (a^{2x})^{-1}}{a^{2x} + 1} \\ &= \frac{2^2 - 2^{-1}}{2+1} \\ &= \frac{7}{6}\end{aligned}$$

예제 6.1.7 함수 $y = 4^x - 2^{x+2} + 3$ $(0 \le x \le 2)$의 최댓값과 최솟값을 구하여라.

풀이 주어진 함수를 $2^x = t$에 대한 식으로 표현하여 값을 구한다.

$$y = 4^x - 2^{x+2} + 3$$

$$= (2^x)^2 - 2^x \cdot 2^2 + 3$$
$$= t^2 - 4t + 3$$
$$= (t-2)^2 - 1 \quad \cdots\cdots (\bigstar)$$

여기에서 $0 \le x \le 2$이므로 변수 t의 범위는 다음과 같다.

$$2^0 \le 2^x \le 2^2 \quad \therefore \ 1 \le t \le 4$$

따라서 ($\bigstar$)의 그래프는 꼭짓점이 $(2, -1)$이고 아래로 볼록하며 꼭짓점은 주어진 구간 $1 \le t \le 4$에 포함된다. 그리고 구간의 끝점 $t=1$일 때 $y=0$, $t=4$일 때 $y=3$이므로 주어진 함수는 꼭짓점($t=2$)에서 최솟값 $y=-1$, $t=4$에서 최댓값 $y=3$을 가진다.

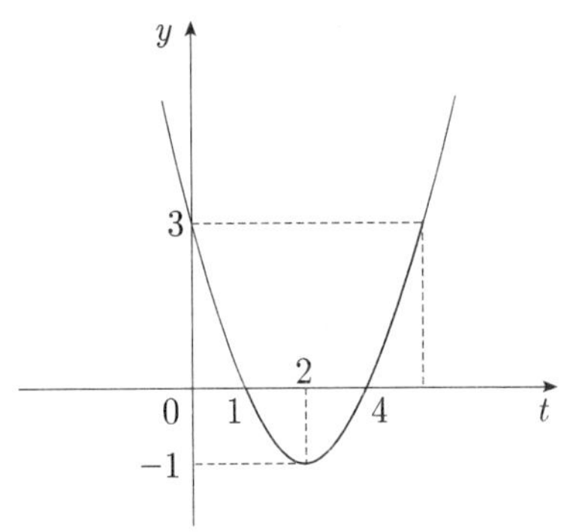

⊙ t에 대한 이차함수 ($\bigstar$)의 그래프를 그려보면 최댓값과 최솟값을 쉽게 알 수 있다.

연습문제 6.1

1. 다음을 간단히 하여라. (단, $a>0,\ b>0$)

(1) $\dfrac{\sqrt{4}}{2}\times\sqrt[3]{16}\div\sqrt[4]{64}$

(2) $\sqrt[3]{8}\times\sqrt[5]{32}\div(\sqrt{4}\div\sqrt{2})$

(3) $\sqrt[4]{\sqrt{2+\sqrt{3}}+\sqrt{2-\sqrt{3}}}$

(4) $\sqrt{2+\sqrt{3}}\times\sqrt[4]{7-4\sqrt{3}}$

(5) $\sqrt{a}\times\sqrt{\sqrt[3]{a}}\times\sqrt{\sqrt[3]{\sqrt[4]{a}}}$

(6) $\sqrt{\dfrac{\sqrt[4]{a}}{\sqrt[3]{a}}}\times\sqrt[3]{\dfrac{\sqrt[4]{a^3}}{\sqrt{a}}}\times\sqrt[3]{a}\times(\sqrt{a})^3$

(7) $\sqrt{2a^2b}\times\sqrt[4]{4a^3b^2}\div\sqrt[6]{8a^3b}$

(8) $\sqrt[4]{a^2b^{-1}}\div\left(\sqrt{a^{-1}b^2}\div\sqrt[3]{a^2b^6}\right)\div\sqrt{ab}$

2. $\sqrt[3]{k^2}=\sqrt[4]{k\sqrt{k^a}}$ 일 때 유리수 a의 값을 구하여라. 단, $a>0,\ a\neq1$이다.

3. $2^x=3,\ 2^y=5$ 일 때 $\left(\dfrac{1}{2}\right)^{x-2y}$의 값을 구하여라.

4. $a^{-2}=2$일 때 $\dfrac{a^3-a^{-3}}{a+a^{-1}}$의 값을 구하여라. 단, $a>0$이다.

5. $2^x+2^{-x}=3$ 일 때 $\dfrac{2^{3x}-2^{-3x}}{2^{2x}+2^{-2x}}$ 의 값을 구하여라.

6. $x+x^{-1}=3$일 때 (1) x^2+x^{-2} (2) x^4+x^{-4}의 값을 구하여라.

7. 함수 $y=9^x-4\times3^x+2\ \ (0\leq x\leq2)$의 최댓값과 최솟값을 구하여라.

6.2 로그함수

6.2.1 로그의 정의

(1) $a>0$, $a\neq 1$ 일 때, 임의의 양수 N에 대하여 $a^x=N$이 되는 실수 x를 a를 밑으로 하는 N의 로그라 하고, $x=\log_a N$으로 나타낸다.

(2) $x=\log_a N$에서 a를 $\log_a N$의 밑, N을 $\log_a N$의 진수라 한다.

[로그의 정의] $a>0$, $a\neq 1$, $N>0$ 일 때

$$a^x=N \Leftrightarrow x=\log_a N$$

(1) 밑의 조건 : 1이 아닌 양의 실수 ($a>0$, $a\neq 1$)
(2) 진수의 조건 : 양의 실수 ($N>0$)

예 $2^x=4 \quad \Leftrightarrow \quad x=\log_2 4$

$3^x=9 \quad \Leftrightarrow \quad x=\log_3 9$

6.2.2 로그의 기본 성질

$a>0$, $a\neq 1$ 이고 $x>0$, $y>0$ 일 때

(1) $\log_a a=1$, $\log_a 1=0$

(2) $\log_a xy=\log_a x+\log_a y$

(3) $\log_a \dfrac{x}{y}=\log_a x-\log_a y$

(4) $\log_a x^m=m\log_a x$ (m은 실수)

증명 지수법칙과 다음 로그의 정의를 이용하여 증명한다.

$$a^x=N \Leftrightarrow x=\log_a N \quad (a>0,\ a\neq 1,\ N>0)$$

(1) $a^1=a$이므로 $1=\log_a a$ 즉, $\log_a a=1$

$a^0=1$이므로 $0=\log_a 1$ 즉, $\log_a 1=0$

(2) $\log_a x=X$, $\log_a y=Y$로 하면 로그의 정의에 의하여

$$x=a^X,\ y=a^Y$$

이므로 지수 법칙에 의하여

$$xy = a^X \cdot a^Y = a^{X+Y}$$

따라서 로그의 정의에 의하여

$$\log_a xy = X + Y$$

$$\therefore \ \log_a xy = \log_a x + \log_a y$$

(3) $\log_a x = X,\ \ \log_a y = Y$로 하면 로그의 정의에 의하여

$$x = a^X,\ y = a^Y$$

$$\therefore \ \frac{x}{y} = \frac{a^X}{a^Y} = a^{X-Y}$$

따라서 로그의 정의에 의하여

$$\log_a \frac{x}{y} = X - Y$$

$$\therefore \ \log_a \frac{x}{y} = \log_a x - \log_a y$$

(4) $\log_a x = X$로 하면 로그의 정의에 의하여

$$x = a^X$$

$$\therefore \ x^m = \left(a^X\right)^m = a^{mX}$$

따라서 로그의 정의에 의하여

$$\log_a x^m = mX$$

$$\therefore \ \log_a x^m = m\log_a x$$

예 (1) $\log_2 2 = 1,\quad \log_2 1 = 0$

(2) $\log_2 6 = \log_2 (2 \times 3) = \log_2 2 + \log_2 3 = 1 + \log_2 3$

(3) $\log_2 \frac{3}{2} = \log_2 3 - \log_2 2 = \log_2 3 - 1$

(4) $\log_2 16 = \log_2 2^4 = 4\log_2 2 = 4$

6.2.3 로그의 밑 변환공식

밑 변환공식 : $a>0,\ a\neq 1,\ b>0,\ b\neq 1,\ x>0$ 일 때

(1) $\log_a x = \dfrac{\log_b x}{\log_b a}$ (2) $\log_a b = \dfrac{1}{\log_b a}$

예 (1) $\log_2 5 = \dfrac{\log_3 5}{\log_3 2}$

(2) $\log_2 3 = \dfrac{\log_3 3}{\log_3 2} = \dfrac{1}{\log_3 2}$

6.2.4 밑의 변환과 관련된 로그의 여러 가지 성질

$a>0,\ a\neq 1,\ b>0,\ b\neq 1,\ c>0$일 때

(1) $a^{\log_a b} = b$ (2) $\log_{a^n} b^m = \dfrac{m}{n}\log_a b$ (m, n은 실수, $n\neq 0$)

(3) $a^{\log_b c} = c^{\log_b a}$ (4) $\log_a b \times \log_b a = 1$

예 (1) $2^{\log_2 3} = 3$

(2) $\log_{2^5} 3^7 = \dfrac{7}{5}\log_2 3$

(3) $2^{\log_3 4} = 4^{\log_3 2}$

(4) $\log_3 7 \times \log_7 3 = 1$

6.2.5 상용로그

$\log_{10}N$과 같이 밑을 10으로 하는 로그를 상용로그라 하고, 보통 밑 10 을 생략하여 $\log N$ 으로 나타낸다. $\log 10 = 1$, $\log 10^n = n$.

예 $\log_{10}5 = \log 5$, $\log 1000 = \log 10^3 = 3\log 10 = 3$

6.2.6 자연로그

밑이 e 인 $\log_e x$ 를 자연로그라 하고 $\ln x$ 으로 나타낸다. 즉, $\ln x = \log_e x$ 이다. 여기에서 $e = \lim_{h\to 0}(1+h)^{\frac{1}{h}} = 2.718281\cdots$로 정의되는 무리수이다.

◎ 십진법을 사용하는 수의 계산에는 상용로그를 사용하는 것이 편리하다. 그러나 공학 문제를 해석할 때 사용하는 로그는 대부분 자연로그이다.

6.2.7 로그함수

(1) 로그함수 : 지수함수 $y = a^x$의 역함수 $y = \log_a x$ $(a \neq 1,\ a > 0)$를 a를 밑으로 하는 로그함수라 한다.

(2) 로그함수 $y = \log_a x$ $(a \neq 1,\ a > 0)$의 성질

① 정의역은 $\{x \mid x > 0\}$이고, 치역은 실수 전체의 집합이다.

② 그래프는 점 $(1, 0)$을 지나고 직선 $x = 0$(y축)을 점근선으로 한다.

③ $a > 1$일 때, x의 값이 증가하면 y의 값도 증가한다.

$0 < a < 1$일 때, x의 값이 증가하면 y의 값은 감소한다.

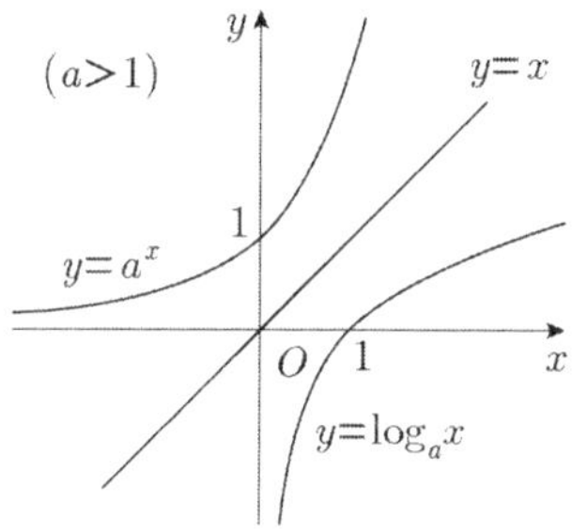

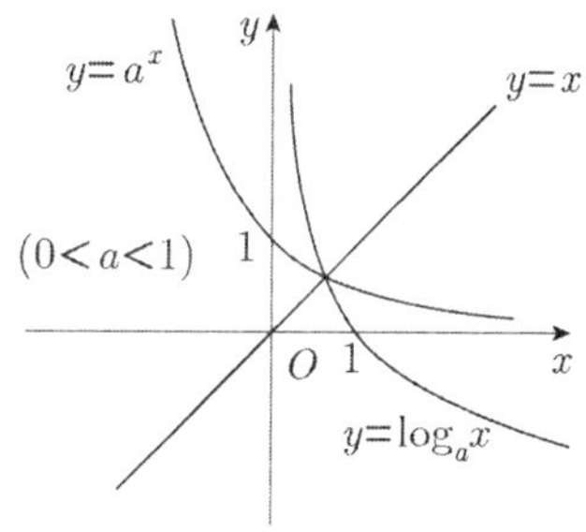

◎ $y = a^x$와 $y = \log_a x$의 그래프 : 두 함수는 서로 역함수이므로 두 함수의 그래프는 $y = x$에 대하여 대칭이다.

설명 지수 함수 $y = a^x$ $(a \neq 1,\ a > 0)$은 정의역이 실수 전체의 집합이고 치역이 양의 실수의 집합인 일대일대응함수이므로 역함수가 존재한다. $y = a^x$에서 x를 구하면 로그의 정의에 의해 $x = \log_a y$ 이고, x와 y를 바꾸어 쓰면 $y = \log_a x$가 된다. 즉, 지수 함수 $y = a^x$의 역함수는 $y = \log_a x$이다.

예 (1) 로그함수 예 : $y = \log_2 x$, $y = \log x$, $y = \ln x$

(2) $y = 2^x$의 역함수는 $y = \log_2 x$.

예제 6.2.1 다음 로그 값을 구하여라.

(1) $\log_2 4$

(2) $\log_2 \sqrt[3]{16}$

(3) $\log_3 \sqrt{3}$

(4) $\log_3 81$

풀이 (1) $\log_2 4 = \log_2 2^2 = 2\log_2 2 = 2$

(2) $\log_2 \sqrt[3]{16} = \log_2 (2^4)^{\frac{1}{3}} = \log_2 2^{\frac{4}{3}} = \frac{4}{3}\log_2 2 = \frac{4}{3}$

(3) $\log_3 \sqrt{3} = \log_3 3^{\frac{1}{2}} = \frac{1}{2}\log_3 3 = \frac{1}{2}$

(4) $\log_3 81 = \log_3 3^4 = 4\log_3 3 = 4$

예제 6.2.2 다음 상용로그와 자연로그의 값을 구하여라.

(1) $\log 1000$

(2) $\log \frac{1}{10000}$

(3) $\ln \sqrt{e\sqrt{e}}$

(4) $\ln \frac{\sqrt{e}}{7} - \ln \frac{e^2}{7}$

풀이 (1) $\log 1000 = \log 10^3 = 3\log 10 = 3 \quad (\because \log 10 = \log_{10} 10 = 1)$

(2) $\log \frac{1}{10000} = \log 1 - \log 10000 = -\log 10^4 = -4\log 10 = -4$

(3) $\ln \sqrt{e\sqrt{e}} = \ln e^{\frac{1}{2} + \frac{1}{2} \times \frac{1}{2}} = \ln e^{\frac{3}{4}} = \frac{3}{4}\ln e = \frac{3}{4}$

$(\leftarrow \ln e = \ln_e e = 1)$

(4)
$$\begin{aligned} \ln \frac{\sqrt{e}}{7} - \ln \frac{e^2}{7} &= (\ln \sqrt{e} - \ln 7) - (\ln e^2 - \ln 7) \\ &= \ln \sqrt{e} - \ln e^2 \\ &= \frac{1}{2}\ln e - 2\ln e \\ &= \frac{1}{2} - 2 = -\frac{3}{2} \end{aligned}$$

예제 6.2.3 $\log_2 \sqrt{3} + \frac{1}{2}\log_2 \frac{1}{4} - \log_2 \sqrt{6}$ 의 값을 구하여라.

풀이
$$\begin{aligned} \log_2 \sqrt{3} + \frac{1}{2}\log_2 \frac{1}{4} - \log_2 \sqrt{6} &= \frac{1}{2}\log_2 3 + \frac{1}{2}(\log_2 1 - \log_2 4) - \frac{1}{2}\log_2 6 \\ &= \frac{1}{2}\log_2 3 + \frac{1}{2}(0 - 2) - \frac{1}{2}(\log_2 2 + \log_2 3) \\ &= -1 - \frac{1}{2} \times \log_2 2 = -\frac{3}{2} \end{aligned}$$

예제 6.2.4 $\log_a x^2 = 4$, $\log_a y = 3$, $\log_a z^3 = 12$ 일 때 $\log_a x^3y^2z$의 값을 구하여라. 단, $a>0$, $a\neq 1$, $x>0$, $y>0$, $z>0$이다.

풀이 $\log_a x^2 = 2\log_a x = 4 \quad \therefore \ \log_a x = 2.$

$\log_a z^3 = 3\log_a z = 12 \quad \therefore \ \log_a z = 4.$

$$\begin{aligned}\text{주어진 식} &= \log_a x^3y^2z = \log_a x^3 + \log_a y^2 + \log_a z \\ &= 3\log_a x + 2\log_a y + \log_a z \\ &= 3\times 2 + 2\times 3 + 4 \\ &= 16\end{aligned}$$

예제 6.2.5 $\log_2 3 = a$, $\log_2 5 = b$ 일 때 $\log_2 10 - \log_2 12 + \log_3 6$ 을 a, b로 나타내어라.

풀이
$$\begin{aligned}\log_2 10 - \log_2 12 + \log_3 6 &= \log_2(2\times 5) - \log_2(2^2\times 3) + \frac{\log_2(2\times 3)}{\log_2 3} \\ &= 1 + \log_2 5 - 2 - \log_2 3 + \frac{1+\log_2 3}{\log_2 3} \\ &= \frac{1}{a} - a + b\end{aligned}$$

예제 6.2.6 로그함수 $y = \ln(x^3+1) - 2\ln(x+1) - \ln(x^2-x+1)$을 하나의 로그로 표현하여라. 단, $x>-1$이다.

풀이 $y = \ln(x^3+1) - 2\ln(x+1) - \ln(x^2-x+1)$

$$\begin{aligned} &= \ln(x^3+1) - \ln(x+1)^2 - \ln(x^2-x+1) \\ &= \ln\frac{x^3+1}{(x+1)^2(x^2-x+1)} \\ &= \ln\frac{x^3+1}{(x+1)(x^3+1)} \\ &= \ln\frac{1}{x+1}\end{aligned}$$

◉ $a^3+b^3 = (a+b)(a^2-ab+b^2)$이므로 $(x+1)(x^2-x+1) = x^3+1$이다.

예제 6.2.7 함수 $y=2^{x-3}+5$ 의 역함수를 구하여라.

풀이 함수 $y=2^{x-3}+5$ 는 정의역 $\{x|x$는 실수$\}$에서 치역 $\{y|y>5\}$로의 일대일 대응인 함수이다.

로그의 정의를 이용하여 주어진 함수에서 x를 y로 나타낸다.

$$y=2^{x-3}+5$$
$$y-5=2^{x-3}$$
$$\log_2(y-5)=\log_2(2^{x-3})=(x-3)\log_2 2=x-3$$
$$\log_2(y-5)=x-3$$
$$\therefore\ x=\log_2(y-5)+3$$

여기에서 x와 y를 바꾸면 역함수는 다음과 같다.

$$y=\log_2(x-5)+3 \qquad (x>5)$$

연습문제 6.2

1. 다음 값을 구하여라.

(1) $\log_2 64^2$

(2) $\log_2 4\sqrt{2\sqrt[3]{16}}$

(3) $\log_5 \sqrt[5]{5\sqrt[3]{25}}$

(4) $\log_7 49\sqrt{7}$

(5) $\log_3 \frac{2}{\sqrt{3}} + \log_3 \frac{\sqrt[3]{27}}{2}$

(6) $\log_2 24 + \log_2 \frac{\sqrt{2}}{3}$

2. $\log_2 3 = a$일 때 $\log_{18} \sqrt[3]{12}$를 a로 나타내어라.

3. $\log_{10} 2 = a$, $\log_{10} 3 = b$일 때 $\log_{10} 0.12$를 a, b로 나타내어라.

4. $\log_5 2 = a$, $\log_5 3 = b$일 때 $\log_6 12$를 a, b로 나타내어라.

5. $2^{2\log_2 \sqrt{2} - 3\log_2 3 + \log_2 9}$의 값을 구하여라.

6. $\log_{\sqrt{2}} 27 \times \log_{\sqrt{3}} \sqrt[8]{25} \times \log_{\sqrt{5}} \sqrt[3]{32}$의 값을 구하여라.

7. $\log 2 = 0.3010$일 때 $\log 5$의 값을 구하여라.

8. $\log_3 \sqrt{2} = a$, $\log_b \sqrt{3} = 4$일 때 b^a의 값을 구하여라.

9. $2^x = 3^y = 36$일 때 $\frac{1}{x} + \frac{1}{y}$의 값을 구하여라.

10. $\alpha = \log_2(\sqrt{5} - 2)$일 때 $2^\alpha + 2^{-\alpha}$의 값을 구하여라.

◉ $a^{\log_a x} = x$이다.

11. 함수 $y = 3^{x+4} - 2$의 역함수를 구하여라.

6.3 지수방정식과 로그방정식

6.3.1 지수방정식

지수에 미지수 (x)를 포함하는 방정식을 지수방정식이라 하고, 항이 두 개일 때는 다음과 같이 밑이 같은 경우와 다른 경우로 나눌 수 있다.

(1) $a^{f(x)} = a^{g(x)}$: $a \neq 1,\ a > 0$인 경우 $f(x) = g(x)$를 푼다.
$a = 1$이면 항상 성립한다.

(2) $a^{f(x)} = b^{g(x)}$: 방정식의 로그를 잡아서 $\log_c a^{f(x)} = \log_c b^{g(x)}$를 푼다.
(단, $a > 0, a \neq 1,\quad b > 0, b \neq 1,\quad c > 0, c \neq 1$)

(3) 항이 세 개 이상일 때는 $a^x = X$ $(a > 0, a \neq 1,\ X > 0)$로 치환하여 X를 구한 다음 (1) 혹은 (2)를 이용하여 x를 구한다.

예 (1) $2^{2x-1} = 32$이면 $32 = 2^5$이므로

$$2^{2x-1} = 2^5$$
$$2x - 1 = 5$$
$$\therefore\ x = 3$$

(2) $2^{2x} = 3^{x+1}$인 경우, 양변에 상용로그를 잡으면

$$\log 2^{2x} = \log 3^{x+1}$$

따라서

$$2x\log 2 = (x+1)\log 3$$
$$(2\log 2 - \log 3)x = \log 3$$
$$\therefore\ x = \frac{\log 3}{2\log 2 - \log 3}$$

(3) $2^{2x} - 3 \times 2^x - 4 = 0$일 때, $2^{2x} = (2^x)^2$이므로 $2^x = X$로 하면 준 식은 다음과 같다.

$$X^2 - 3X - 4 = 0$$
$$(X+1)(X-4) = 0$$

$$\therefore\ X=4 \quad (\because X>0 \text{ 이므로 } X=-1\text{이 될 수 없다.})$$

따라서 $2^x = X$이므로 준 식을 만족하는 x는 다음과 같다.

$$2^x = 4 = 2^2$$
$$\therefore\ x = 2$$

예제 6.3.1 다음 지수방정식을 풀어라.

(1) $4^{2x-1} = 2$ (2) $3^{3x+2} = \left(\dfrac{9}{\sqrt{3}}\right)^{4x+6}$

풀이 (1) $4^{2x-1} = (2^2)^{2x-1} = 2^{4x-2}$이므로 준 식에서

$$2^{4x-2} = 2^1$$
$$4x-2 = 1$$
$$\therefore\ x = \frac{3}{4}$$

(2) $\left(\dfrac{9}{\sqrt{3}}\right)^{4x+6} = \left(3^{2-\frac{1}{2}}\right)^{4x+6} = 3^{6x+9}$이므로 준 식에서

$$3^{3x+2} = 3^{6x+9}$$
$$3x+2 = 6x+9$$
$$\therefore\ x = -\frac{7}{3}$$

예제 6.3.2 다음 지수방정식을 풀어라.

(1) $2^{x+4} = 3$ (2) $e^{x-2} = 7$

풀이 양변의 밑이 같지 않을 때는 로그를 이용한다.

(1) $2^{x+4} = 3$의 양변에 밑을 2로 하는 로그를 잡으면

$$\log_2(2^{x+4}) = \log_2 3$$
$$(x+4)\log_2 2 = \log_2 3$$
$$x+4 = \log_2 3$$
$$\therefore\ x = \log_2 3 - 4$$

(2) $e^{x-2}=7$의 양변에 자연로그를 잡으면

$$\begin{aligned}\ln\left(e^{x-2}\right) &= \ln 7 \\ (x-2)\ln e &= \ln 7 \\ x-2 &= \ln 7 \\ \therefore\ x &= \ln 7+2\end{aligned}$$

◎ $2^{x+4}=3$의 양변에 자연로그를 잡으면

$$(x+4)\ln 2=\ln 3 \quad \therefore\ x=\frac{\ln 3}{\ln 2}-4$$

가 된다. 로그방정식에서는 어떤 로그를 잡는가에 따라 답의 표현식이 달라질 수 있다.

예제 6.3.3 다음 지수방정식을 풀어라.

(1) $4^x-5\times 2^{x+1}+16=0$　　　　(2) $2^x+\dfrac{6}{2^x}-5=0$

풀이 (1) $4^x=\left(2^2\right)^x=\left(2^x\right)^2$, $2^{x+1}=2\times 2^x$이므로 준 식은

$$\left(2^x\right)^2-10\times 2^x+16=0$$

이다. 여기에서 $2^x=X\ (X>0)$로 놓으면

$$\begin{aligned}X^2-10X+16 &= 0 \\ (X-2)(X-8) &= 0 \\ \therefore\ X &= 2,\ 8\end{aligned}$$

따라서 $2^x=X$이므로

$$\begin{aligned}2^x &= 2,\ 8 \\ \therefore\ x &= 1,\ 3\end{aligned}$$

(2) $2^x=X$로 놓으면 준 식은

$$\begin{aligned}X+\frac{6}{X}-5 &= 0 \\ \therefore\ X^2-5X+6 &= 0 \\ (X-2)(X-3) &= 0 \\ \therefore\ X &= 2,\ 3\end{aligned}$$

따라서 $2^x = X$이므로

$$2^x = 2,\ 3$$
$$\therefore\ x = 1,\ \log_2 3$$

6.3.2 로그방정식

로그의 진수 또는 밑에 미지수를 포함한 방정식을 로그방정식이라 하며, 로그방정식을 푸는 기본은 로그의 밑을 같게 하는 데 있다.

(1) $\log_a f(x) = b \Rightarrow f(x) = a^b$ (단, $f(x) > 0$)를 푼다.

(2) $\log_a f(x) = \log_a g(x) \Rightarrow f(x) = g(x)$ (단, $f(x) > 0,\ g(x) > 0$)를 푼다.

(3) 같은 꼴이 있을 때 $\Rightarrow \log_a x = X$ 로 치환하여 푼다.

(4) 밑과 진수에 모두 미지수가 있을 때 $\Rightarrow$ 양변의 로그를 잡는다.

◉ 로그방정식에서는 '밑>0, 밑$\neq 1$, 진수>0'라는 것에 주의한다.

예 (1) $\log_2(x-1) = 3$ 이면

$$x - 1 = 2^3$$
$$\therefore\ x = 9$$

(2) $\log_2(x+1) = \log_2(x-2) + 1$의 해.

준 식은 $\log_2(x+1) = \log_2(x-2) + \log_2 2 = \log_2 2(x-2)$

$= \log_2(2x-4)$

$\therefore\ x + 1 = 2x - 4$

$\therefore\ x = 5$

(3) $(\log x)^2 - \log x - 2 = 0$의 해.

$\log x = X$로 치환하면 준 식은 $X^2 - X - 2 = 0$

따라서 $(X+1)(X-2) = 0$에서 $X = -1,\ 2$이므로

$$\log x = -1,\ 2$$
$$\therefore\ x = \frac{1}{10},\ 100$$

(4) $x^{\log x} = \dfrac{x^3}{100}$의 해.

양변의 상용로그를 잡으면 $(\log x)(\log x) = 3\log x - 2$

$$\therefore\ (\log x)^2 - 3\log x + 2 = 0$$

$\log x = X$로 치환하면 $(X-1)(X-2) = 0$이 되므로

$$\log x = 1,\ 2$$
$$\therefore\ x = 10,\ 100$$

예제 6.3.4 다음 로그방정식을 풀어라.

(1) $\log_2 x = -3$

(2) $\log_x 9 = 2$

(3) $\log_5 x + \log_5(x-4) - 1 = 0$

(4) $(\log_3 x)^2 - \log_3 x^2 - 3 = 0$

풀이 (1) 로그의 정의에 의해

$$x = 2^{-3} = \frac{1}{8}$$

이다.

(2) 로그의 정의에 의해

$$x^2 = 9$$
$$(x-3)(x+3) = 0$$
$$\therefore\ x = 3,\ -3$$

그런데 로그의 밑은 양수$(x > 0)$이므로 $x = 3$이다.

(3) $\log_5 x + \log_5(x-4) = \log_5 x(x-4)$, $1 = \log_5 5$이므로 준 식은

$$\log_5 x(x-4) = \log_5 5$$

이다. 밑이 같을 때 진수가 같아야 하므로

$$x(x-4) = 5$$
$$(x-5)(x+1) = 0$$
$$\therefore\ x = -1,\ 5$$

이다. 그런데 $x = -1$인 경우에는

$$진수 = x < 0,\ (x-4) < 0$$

이므로 해가 아니다. 따라서 구하는 $x=5$이다.

(4) $\log_3 x = X$ 로 치환하면 $\log_3 x^2 = 2\log_3 x$이므로 준 식은

$$X^2 - 2X - 3 = 0$$
$$(X+1)(X-3) = 0$$
$$\therefore\ X = -1,\ 3$$

즉, $\log_3 x = -1,\ 3$이므로 $x = 3^{-1} = \frac{1}{3}$ 또는 $x = 3^3 = 27$이다.

($x = \frac{1}{3}$, 27은 진수에 대한 조건을 만족한다.)

예제 6.3.5 다음 로그방정식을 풀어라.

(1) $\log_2 x - \log_x 16 = 3$

(2) $9x^{\log_3 x} = \frac{1}{x^3}$

풀이 (1) 밑이 다를 때는 밑을 갖게 하여 계산한다. 밑을 2로 통일하면

$$\log_x 16 = \frac{\log_2 16}{\log_2 x} = \frac{\log_2 2^4}{\log_2 x} = \frac{4}{\log_2 x}$$

이므로 준 식은

$$\log_2 x - \frac{4}{\log_2 x} = 3$$
$$(\log_2 x)^2 - 3\log_2 x - 4 = 0$$

이 된다. 여기에서 $\log_2 x = X$로 하면

$$X^2 - 3X - 4 = 0$$
$$(X+1)(X-4) = 0$$
$$\therefore\ X = -1,\ 4$$

이다. 즉, $\log_2 x = -1,\ 4$이므로 $x = 2^{-1} = \frac{1}{2}$ 또는 $x = 2^4 = 16$이다.

($x=\frac{1}{2}$, 16은 밑과 진수에 대한 조건을 모두 만족한다.)

(2) 밑과 지수에 모두 x가 있을 때는 양변에 로그를 취한다.
양변의 밑이 3인 로그를 잡으면

$$9x^{\log_3 x}=\frac{1}{x^3}$$
$$\log_3 9+\log_3 x^{\log_3 x}=\log_3\left(\frac{1}{x^3}\right)$$
$$2+(\log_3 x)^2=-3\log_3 x$$
$$\therefore\ (\log_3 x)^2+3\log_3 x+2=0$$

$\log x=X$ 로 치환하면

$$X^2+3X+2=0$$
$$(X+1)(X+2)=0$$
$$\therefore\ X=-1,\ -2$$

이다. 즉, $\log_3 x=-1,\ -2$이므로 $x=3^{-1}=\frac{1}{3}$ 또는 $x=3^{-2}=\frac{1}{9}$

이다.

($x=\frac{1}{3}$, $\frac{1}{9}$은 밑과 진수에 대한 조건을 모두 만족한다.)

연습문제 6.3

1. 다음 지수방정식을 풀어라.

(1) $2^{4x+1}=\dfrac{\sqrt{8}}{4^3}$ (2) $2^x-8\times\sqrt[3]{2}=0$

(3) $1000^{(x-1)}=\dfrac{1}{10\sqrt{10}}$ (4) $3^{x-1}=2^x$

(5) $\left(\dfrac{1}{100}\right)^x=\sqrt{10}$ (6) $\left(\dfrac{1}{9}\right)^x=3\sqrt[3]{3}$

(7) $(32^x)^{2x}=16^x$ (8) $\left(\dfrac{1}{\sqrt{3}}\right)^{x^2}=(\sqrt[3]{3})^{2x}$

(9) $2^{2x+1}-5\times2^x-12=0$ (10) $3^{2x}-2\times3^{x+1}+9=0$

2. 다음 로그방정식을 풀어라.

(1) $\log_7 x=-2$ (2) $2\log_2 x=3$

(3) $\log_2(2x+1)=3$ (4) $\log_3(x^2+5x-5)=2$

(5) $\log_2 x^2=\log_2 3$ (6) $2\log_2 x=\log_2 3$

(7) $\log_3(x+4)=\log_3 5+\log_3 2$ (8) $\log_3(x-2)=\log_9 5$

(9) $2\log_2(x-5)-\log_2(x-2)=2$ (10) $\log_3(x+1)-\log_9(x-1)=1$

3. $(x^2+2x-2)^{x^2+2x-2}=1$을 만족하는 실수 x를 구하여라.

4. $3^{2x}+3^{x+2}-3^{x-2}-1=0$의 해를 구하여라.

5. $3^x=kx\ (k>0)$의 두 근의 비가 $1:3$일 때 k의 값을 구하여라.

6. $4\log_{81}\{\log_3(\log_9 x)\}=1$의 해를 α라 할 때 $\log_3\alpha$의 값을 구하여라.

7. x에 대한 방정식 $\log_2 x=x+k$의 두 근의 비가 $1:2$일 때 k의 값과 근을 구하여라.

제 7 장 수열

7.1 등차수열

7.1.1 수열(sequence)

(1) 수열 : 어떤 일정한 규칙에 따라 나열된 수의 열을 수열이라 한다.
(2) 항 : 수열을 이루는 각 수를 그 수열의 항이라 한다.
(3) 유한수열 : 항의 개수가 유한한 수열을 유한수열이라 한다.
(4) 무한수열 : 항의 개수가 무한히 많은 수열을 무한수열이라 한다.
(5) 항 수 : 유한 수열에서 항의 개수를 항 수라고 한다.
(6) 끝항 : 유한수열에서 마지막 항을 끝항이라 한다.

설명 (1) 1, 3, 5, 7, 9, ⋯와 같이 일정한 규칙에 따라 나열된 수의 열을 수열이라 한다. 각 수 1, 3, 5, 7, 9, ⋯는 이 수열을 이루는 항이다.
(2) 2, 4, 6, 8, 10, 12는 항 수가 6인 유한수열이고, 끝항은 12이다.
(3) 1, 2, 3, 4, ⋯, 99, ⋯는 무한수열이다.

7.1.2 수열의 일반항

수열을 a_1, a_2, a_3, ⋯, a_n, ⋯으로 나타낼 때 처음부터 차례로 a_1을 첫째항(제1항), a_2를 둘째항(제2항), ⋯, a_n을 n째항(제n항)이라 하고, 특히 n째항 a_n을 일반항이라 한다. 일반항을 이용하여 수열을 간단하게 $\langle a_n \rangle$ 또는 $\{a_n\}$으로 나타내기도 한다.

◉ 일반항을 알면 수열의 모든 항을 알 수 있다.

예 일반항 $a_n = 3n-1$이면

제1항은 $a_1 = 3\times1-1=2$ (← $n=1$을 대입한다.)
제2항은 $a_2 = 3\times2-1=5$ (← $n=2$를 대입한다.)
⋮

가 된다.

7.1.3 등차수열

연속하는 두 항의 차가 일정한 수열을 등차수열이라 하고, 일정한 값을 갖는 두 항의

차를 공차라 한다. 공차를 d라 하면 수열 $\{a_n\}$에서

$$a_n - a_{n-1} = d \quad (n = 2, 3, 4, \cdots)$$

이다.

◉ 등차수열은 첫째항부터 차례로 일정한 수(공차)를 더해서 얻어지는 수열이다.

설명 수열 1, 3, 5, 7, 9, ⋯는 일정한 수 2를 더해서 얻어지는 수열이다. 연속한 두 항의 차는 2로서 일정하며 여기에서 2를 공차라 한다. 이 수열의 일반항은 $a_n = 2n - 1$이다.

7.1.4 등차수열의 일반항

첫째항이 a이고 공차가 d인 등차수열 $\{a_n\}$의 일반항은 다음과 같다.

$$a_n = a + (n-1)d \quad (n = 1, 2, 3, \cdots)$$

설명 첫째항 a, 공차 d인 등차수열의 각 항을 계산해보자.

$$\begin{aligned} a_1 &= a \\ a_2 &= a_1 + d = a + d \\ a_3 &= a_2 + d = (a+d) + d = a + 2d \\ a_4 &= a_3 + d = (a+2d) + d = a + 3d \\ &\vdots \end{aligned}$$

이므로 일반항 $a_n = a + (n-1)d$이다.

7.1.5 등차중항

세 수 a, b, c가 이 순서로 등차수열을 이룰 때 b를 a, c의 등차중항이라 한다. 이때 세 수의 관계는 다음과 같다.

$$b = \frac{a+c}{2}$$

설명 a, b, c가 등차수열이므로 연속하는 두 수의 차이는 같다. 따라서

$$b-a=c-b$$
$$\therefore\ b=\frac{a+c}{2}$$

예제 7.1.1 다음 수열의 처음 세 항을 나열하여라.

(1) $a_n=3n-2$　　　　(2) $a_n=2^n+1$

풀이 $n=1$, $n=2$, $n=3$을 차례로 대입한다.

(1) $a_1=3\times1-2=1,\quad a_2=3\times2-2=4,\quad a_3=3\times3-2=7$

$$\therefore\ 1,\ 4,\ 7$$

(2) $a_1=2^1+1=3,\quad a_2=2^2+1=5,\quad a_3=2^3+1=9$

$$\therefore\ 3,\ 5,\ 9$$

예제 7.1.2 다음 수열이 등차수열일 때 일반항 a_n을 구하여라.

(1) $-5,\ -2,\ 1,\ 4,\cdots$　　　　(2) $9,\ 5,\ 1,\ -3,\ \cdots$

풀이 (1) 첫째항 $a=-5$, 공차 $d=-2-(-5)=1-(-2)=4-1=\cdots=3$이므로

$$a_n=a+(n-1)d=-5+(n-1)\times3=3n-8$$
$$\therefore\ a_n=3n-8$$

(2) 첫째항 $a=9$, 공차 $d=5-9=1-5=(-3)-1=\cdots=-4$이므로

$$a_n=a+(n-1)d=9+(n-1)\times(-4)=-4n+13$$
$$\therefore\ a_n=-4n+13$$

예제 7.1.3 첫째항이 -4이고 공차가 2인 등차수열의 일반항과 제30항을 구하여라.

풀이 첫째항 $a=-4$, 공차 $d=2$이므로 일반항

$$a_n=a+(n-1)d=-4+(n-1)\times2=2n-6$$
$$\therefore\ a_n=2n-6$$

이고, 제30항 $a_{30}=2\times30-6=54$이다.

예제 7.1.4 제5항이 8이고 제13항이 32인 등차수열의 첫째항과 공차를 구하여라. 이 수열에서 53은 몇 번째 항인가?

풀이 첫째항을 a, 공차를 d라 하면

$$a_5 = 8\text{이므로} \qquad a + 4d = 8 \qquad \cdots\cdots ①$$
$$a_{13} = 32\text{이므로} \qquad a + 12d = 32 \qquad \cdots\cdots ②$$

①, ②를 연립하면 $a = -4$, $d = 3$이다.
일반항 $a_n = a + (n-1)d = -4 + (n-1) \times 3 = 3n - 7$이므로

$$a_n = 3n - 7 = 53 \quad \therefore\ n = 20$$

이다. 따라서 53은 20번째 항이다.

7.1.6 등차수열의 합

첫째항 a, 공차 d, 제n항이 l인 등차수열의 첫째항부터 제n항까지의 합 S_n은 다음과 같다.

(1) 첫째항 a와 공차 d를 알 때 : $S_n = \dfrac{n[2a + (n-1)d]}{2}$

(2) 첫째항 a와 제 n항 l을 알 때 : $S_n = \dfrac{n(a+l)}{2}$

설명 첫째항 a, 공차 d인 등차수열의 첫째항부터 제n항까지의 합을 S_n이라고 하면

$$S_n = a + (a+d) + (a+2d) + \cdots + (l-d) + l \qquad \cdots\cdots ①$$

이고, 이 식의 우변을 역순으로 쓰면

$$S_n = l + (l-d) + (l-2d) + \cdots + (a+d) + a \qquad \cdots\cdots ②$$

이다. 두 식을 합하면(①+②)

$$2S_n = (a+l) + (a+l) + (a+l) + \cdots + (a+l) + (a+l)$$
$$\therefore\ S_n = \frac{n(a+l)}{2}$$

가 된다. 여기에서 l은 제n항이므로

$$l = a_n = a + (n-1)d$$
$$\therefore\ S_n = \frac{n[2a + (n-1)d]}{2}$$

이다.

7.1.7 일반항 a_n과 합 S_n의 관계

수열 $\{a_n\}$의 첫째항부터 제n항까지의 합을 S_n이라고 하면

$$a_1 = S_1, \quad a_n = S_n - S_{n-1}\ (n \geq 2)$$

설명 첫째항은 제1항까지의 합과 같으므로 $a_1 = S_1$이고,

$$S_n = a_1 + a_2 + a_3 + \cdots + a_{n-1} + a_n$$
$$S_{n-1} = a_1 + a_2 + a_3 + \cdots + a_{n-1}$$

이므로 $S_n - S_{n-1} = a_n$이다.

예제 7.1.5 다음을 구하여라.

(1) 첫째항이 -4이고 공차가 3인 등차수열의 제20항까지의 합

(2) 1에서 100까지의 자연수의 합.

풀이 (1) 첫째항 $a = -4$, 공차 $d = 3$, 항 수 $n = 20$이므로

$$S_{20} = \frac{n\{2a + (n-1)d\}}{2} = \frac{20\{2\times(-4) + (20-1)\times 3\}}{2} = 490$$

(2) 첫째항 $a = 1$, 끝항 $l = 100$, 항 수 $n = 100$이므로

$$S_{20} = \frac{n(a+l)}{2} = \frac{100(1+100)}{2} = 5050$$

예제 7.1.6 30 이상 90 이하의 정수에 대하여 4의 배수의 합을 구하여라.

풀이 $\frac{30}{4} = 7.5$, $\frac{90}{4} = 22.5$이므로 첫째항은 $4\times 8 = 32$, 끝항은 $4\times 22 = 88$, 항

수는 $22-7=15$이다. 따라서 합은 다음과 같다.

$$S_{15}=\frac{n(a+l)}{2}=\frac{15(32+88)}{2}=900$$

◎ 일반항 $a_n=a+(n-1)d=32+(n-1)\times 4$이므로 $88=32+4(n-1)$에서 항 수 $n=15$가 구해진다.

예제 7.1.7 수열 $\{a_n\}$의 첫째항부터 제n항까지의 합 S_n이 다음과 같을 때 이 수열의 일반항 a_n을 구하여라.

$$S_n=n^2+2n$$

풀이 (i) $n=1$일 때, $a_1=S_1=1+2=3$

(ii) $n\geq 2$일 때

$$\begin{aligned}a_n=S_n-S_{n-1}&=(n^2+2n)-\left[(n-1)^2+2(n-1)\right]\\&=2n+1\end{aligned}$$

여기에서 $n=1$을 대입하면 $a_1=2+1=3$으로 (i)에서 구한 초항과 같다.

(i), (ii)로부터 구하는 일반항 $a_n=2n+1(n\geq 1)$이다.

연습문제 7.1

1. 다음 등차수열의 일반항과 제20항까지의 합을 구하여라.

(1) $-16,\ -12,\ -8, \cdots$　　　　(2) $\frac{1}{2},\ 2,\ \frac{7}{2}, \cdots$

2. 네 수 $-4, x, 10, y$가 등차수열을 이룰 때 x, y를 구하여라.

3. 등차수열 $\{a_n\}$에서 $a_2 = -1$, $a_{10} = 23$일 때 다음 물음에 답하여라.

(1) 일반항 a_n을 구하여라.

(2) 293은 제 몇 항인가?

(3) 제8항에서 제20항까지의 합을 구하여라.

4. 다음 수열이 등차수열일 때 x, y를 구하고, 첫째항부터 제20항까지의 합을 구하여라.

$$\log 3,\ \log 9,\ \log 27,\ x,\ y,\ \cdots,$$

5. 200 이상 300 이하의 정수에 대하여 3의 배수의 합을 구하여라.

6. 등차수열 $100, 97, 94, 91, \cdots$에 대한 다음 물음에 답하여라.

(1) 처음으로 음수가 되는 항은 몇 번째 항인가?

(2) 첫째항부터 제n항까지의 합을 S_n이라 할 때 S_n의 최댓값을 구하여라.

7. 제2항이 13이고 첫째항부터 제5항까지의 합이 85인 등차수열의 첫째항과 공차 및 일반항을 각각 구하여라.

8. 수열 $\{a_n\}$의 첫째항부터 제n항까지의 합 $S_n = -n^2 + 12n$인 수열의 일반항 a_n을 구하여라.

9. 등차수열 $\{a_n\}$이 다음 관계식을 만족할 때 a_{10}의 값을 구하여라.

$$a_5 = 4a_3,\ a_1 + a_3 + a_5 = 6$$

7.2 등비수열

7.2.1 등비수열

앞의 항에 일정한 수를 곱하여 다음 항이 얻어지는 수열을 등비수열이라 하고, 곱하는 일정한 수를 공비라 한다. 수열 $\{a_n\}$의 공비 r은 다음과 같이 정의된다.

$$a_{n+1} = ra_n \quad (r \neq 0,\ n = 1, 2, 3, \cdots)$$

설명 수열 1, 2, 4, 8, 16, ⋯과 같이 일정한 수(2)를 곱하여 다음 항이 얻어지는 수열을 등비수열이라 한다. 등비수열에서 첫째항 $a \neq 0$, 공비 $r \neq 0$이다.

7.2.2 등비수열의 일반항

첫째항이 a이고 공비가 r인 등비수열의 일반항은 다음과 같다.

$$a_n = ar^{n-1} \quad (n = 1, 2, 3, \cdots)$$

설명 첫째항 a, 공비 r인 등비수열의 각 항을 계산해보자.

$$\begin{aligned} a_1 &= a \\ a_2 &= a_1 r = ar \\ a_3 &= a_2 r = (ar)r = ar^2 \\ a_4 &= a_3 r = (ar^2)r = ar^3 \\ &\vdots \end{aligned}$$

따라서 일반항은 $a_n = ar^{n-1}$이다.

예를 들어 등비수열 3, 6, 12, 24, ⋯의 일반항은 $a_n = 3 \cdot 2^{n-1}$이다.

예제 7.2.1 수열 2, 6, x, 54, ⋯ 가 등비수열일 때 공비와 x를 구하여라.

풀이 $a_2 = ra_1$이므로 $r = \frac{a_2}{a_1} = \frac{6}{2} = 3$이고, $a_3 = ra_2$로부터

$$x = r \times 6 = 3 \times 6 = 18$$

이다.

예제 7.2.2 다음 등비수열의 일반항을 구하여라.

(1) $2, -6, 18, -54, \cdots$　　　　(2) $9, 3\sqrt{3}, 3, \sqrt{3}, \cdots$

풀이 (1) $a=2$, $r=\dfrac{-6}{2}=-3$이므로 일반항 $a_n=ar^{n-1}=2\cdot(-3)^{n-1}$.

(2) $a=9$, $r=\dfrac{3\sqrt{3}}{9}=\dfrac{1}{\sqrt{3}}$이므로 일반항은 다음과 같다.

$$a_n=ar^{n-1}=9\cdot\left(\frac{1}{\sqrt{3}}\right)^{n-1}$$

예제 7.2.3 등비수열 $\{a_n\}$에서 $a_2=12$, $a_4=48$일 때 이 수열의 일반항을 구하여라.

풀이 첫째항을 a, 공비를 r로 하면 등비수열의 일반항은 $a_n=ar^{n-1}$이다. 주어진 조건에서

$$a_2=ar=12 \quad \cdots\cdots①$$
$$a_4=ar^3=48 \quad \cdots\cdots②$$

이 얻어진다. ② ÷ ①을 하면

$$r^2=4 \quad \therefore \quad r=\pm 2$$

이고, 이것을 ①에 대입하면 $a=\pm 6$이다. 즉, 주어진 수열은

$$a_n=6\cdot 2^{n-1} \text{ 또는 } a_n=-6\cdot(-2)^{n-1}$$

이다.

7.2.3 등비수열의 합

첫째항이 a이고 공비가 r인 등비수열의 첫째항부터 제n항까지의 합 S_n은 다음과 같다.

(1) $r\neq 1$일 때 $S_n=\dfrac{a(1-r^n)}{1-r}=\dfrac{a(r^n-1)}{r-1}$

(2) $r=1$일 때 $S_n=na$

설명 첫째항부터 제n항까지의 합 S_n은

$$S_n = a+ar+ar^2+\cdots+ar^{n-2}+ar^{n-1} \quad \cdots\cdots ①$$

이고, 이 식의 양변에 r을 곱하면

$$rS_n = ar+ar^2+ar^3+\cdots+ar^{n-1}+ar^n \quad \cdots\cdots ②$$

이다. 두 식을 빼면(①－②)

$$S_n - rS_n = a - ar^n$$
$$\therefore\ (1-r)S_n = a(1-r^n)$$

이므로 $r \neq 1$일 때는 $S_n = \dfrac{a(1-r^n)}{1-r}$이고, $r=1$일 때는

$$S_n = a+a+a+\cdots+a+a = na$$

이다.

예제 7.2.4 다음 등비수열의 첫째항부터 제 n항까지의 합 S_n을 구하여라.

(1) $2,\ 6,\ 18,\ 54, \cdots$

(2) $1,\ \dfrac{1}{2},\ \dfrac{1}{4},\ \dfrac{1}{8}, \cdots$

풀이 (1) 첫째항 $a=2$, 공비 $r=3$이므로

$$S_n = \frac{a(r^n-1)}{r-1} = \frac{2(3^n-1)}{3-1} = 3^n-1$$

(2) 첫째항 $a=1$, 공비 $r=\dfrac{1}{2}$이므로

$$S_n = \frac{a(1-r^n)}{1-r} = \frac{1\left\{1-\left(\frac{1}{2}\right)^n\right\}}{1-1/2} = 2\left(1-\frac{1}{2^n}\right)$$

예제 7.2.5 공비가 양수인 등비수열 $\{a_n\}$에서 제1항과 3항의 합이 5이고, 제3항과 5항의 합이 20일 때 이 수열의 첫째항부터 제8항까지의 합을 구하여라.

풀이 첫째항을 a, 공비를 $r(\ r > 0)$로 하면 등비수열의 일반항은 $a_n = ar^{n-1}$이다. 주어진 조건에서

$$a_1 + a_3 = a + ar^2 = a(1 + r^2) = 5 \qquad \cdots\cdots ①$$
$$a_3 + a_5 = ar^2 + ar^4 = ar^2(1 + r^2) = 20 \qquad \cdots\cdots ②$$

이 얻어진다. ②÷①을 하면

$$r^2 = 4 \quad \therefore \quad r = 2 \ \ (\because \ \ r > 0)$$

이고, 이것을 ①에 대입하면 $a = 1$이다. 따라서 첫째항 $a = 1$, 공비 $r = 2$인 등비수열의 첫째항부터 제8항까지의 합은 다음과 같다.

$$S_8 = \frac{a(r^n - 1)}{r - 1} = \frac{1 \cdot (2^8 - 1)}{2 - 1} = 255$$

7.2.4 등비중항

세 수 a, b, c가 이 순서로 등비수열을 이룰 때 b를 a, c의 등비중항이라 하며 $b^2 = ac \ (b = \pm\sqrt{ac})$ 가 된다.

설명 a, b, c가 등비수열을 이루면 $\frac{b}{a} = \frac{c}{b}$이므로 $b^2 = ac$이다.

예제 7.2.6 세 수 2, b, 18이 이 순서로 등비수열을 이룰 때 b를 구하여라.

풀이 2, b, 18이 이 순서로 등비수열을 이루므로

$$b^2 = 2 \times 18$$
$$\therefore \quad b = \pm\sqrt{2 \times 18} = \pm\sqrt{2 \times 2 \times 3^2} = \pm 6$$

b가 6일 때는 공비가 3, $b = -6$일 때는 공비가 -3인 등비수열이 된다.

예제 7.2.7 네 수 2, x, y, 10이 이 순서로 등비수열을 이룰 때 x^3의 값을 구하여라.

풀이 2, x, y가 등비수열을 이루므로

$$x^2 = 2y \quad \cdots\cdots ①$$

x, y, 10이 등비수열을 이루므로

$$y^2 = 10x \quad \cdots\cdots ②$$

①에서 $y = \frac{x^2}{2}$을 ②에 대입하면

$$\left(\frac{x^2}{2}\right)^2 = 10x$$

$$x^4 - 40x = 0$$

$$\therefore \quad x(x^3 - 40) = 0$$

여기에서 $x = 0$이면 등비수열이 되지 않으므로 $x^3 = 40$이다.

연습문제 7.2

1. 다음 등비수열의 일반항을 구하여라.

(1) $\frac{1}{8}, \frac{1}{4}, \frac{1}{2}, 1, \cdots$　　(2) $3, -1, \frac{1}{3}, -\frac{1}{9}, \cdots$

2. 수열 $8, 4\sqrt{2}, x, 2\sqrt{2}, \cdots$가 등비수열일 때 공비와 x를 구하여라.

3. 다음 등비수열의 첫째항부터 제10항까지의 합을 구하여라.

(1) $1, \frac{1}{3}, \frac{1}{9}, \cdots$　　(2) $\sqrt{2}, 2, 2\sqrt{2}, \cdots$

4. 등비수열 $1, x+1, (x+1)^2, \cdots$의 첫째항부터 제n항까지의 합을 구하여라.

5. 첫째항을 a, 공비를 r, 제n항을 l이라고 할 때 첫째항부터 제n항까지의 합 S_n은 다음과 같음을 보여라. 단, $r \neq 1$이다.

$$S_n = \frac{a-rl}{1-r} = \frac{rl-a}{r-1}$$

6. 연이율이 r이고 1년마다 복리로 매년 초에 a원씩 n년 간 적립할 때 n년 말의 원리합계를 구하여라.

7. 세 수 $8, a, b$는 이 순서대로 등차수열을 이루고, $a, b, 36$은 이 순서대로 등비수열을 이룰 때 양수 a, b를 구하여라.

8. 네 수 $3, x, y, 8$이 이 순서로 등비수열을 이룰 때 x^3의 값을 구하여라.

9. 다음을 구하여라.

(1) 첫째항이 3이고 공비가 2인 등비수열의 첫째항부터 제8항까지의 합.

(2) 등비수열 $\frac{2}{3}, -\frac{1}{3}, \frac{1}{6}, \cdots$의 첫째항부터 제6항까지의 합.

7.3 합의 기호

7.3.1 합의 기호 $\sum$의 뜻

수열 $\{a_n\}$에서 첫째항부터 제 n항까지의 합을 기호 $\sum$를 사용하여 다음과 같이 간단하게 나타낸다.

$$a_1 + a_2 + a_3 + \cdots + a_{n-1} + a_n = \sum_{k=1}^{n} a_k$$

설명 (1) $\sum_{k=1}^{n} a_k$는 a_k의 k에 1, 2, 3, $\cdots$, n을 대입하여 얻은 항 a_1, a_2, a_3, $\cdots$, a_n의 합을 의미한다. 따라서 k 대신에 다른 문자를 사용해도 된다. 즉, $\sum_{k=1}^{n} a_k = \sum_{i=1}^{n} a_i = \sum_{j=1}^{n} a_j$이다.

(2) $\sum$는 '합'을 뜻하는 영어의 'Sum'의 S에 해당하는 그리스 문자의 대문자로 '시그마(Sigma)'라고 읽는다.

예제 7.3.1 다음을 기호 $\sum$로 나타내어라.

(1) $S = 1 + 3 + 5 + \cdots + (2n-1)$ (2) $S = 1 + 3 + 3^2 + \cdots 3^{10}$

풀이 (1) 일반항 $a_n = 2n - 1$이므로

$$S = \sum_{k=1}^{n} a_k = \sum_{k=1}^{n} (2k-1)$$

(2) 일반항 $a_n = 3^{n-1}$인 수열의 제11항까지의 합이므로

$$S = \sum_{k=1}^{n} a_k = \sum_{k=1}^{11} (3^{k-1})$$

7.3.2 기호 $\sum$의 기본 성질

일반적으로 $\sum$에는 다음과 같은 관계식이 성립한다. c는 상수이다.

(1) $\sum_{k=1}^{n} (a_k + b_k) = \sum_{k=1}^{n} a_k + \sum_{k=1}^{n} b_k$ (2) $\sum_{k=1}^{n} (a_k - b_k) = \sum_{k=1}^{n} a_k - \sum_{k=1}^{n} b_k$

(3) $\sum_{k=1}^{n} ca_k = c\sum_{k=1}^{n} a_k$ (4) $\sum_{k=1}^{n} c = cn$

설명 합해지는 항들을 나열해 보면 $\sum$의 기본 성질을 알 수 있다. 예를 들어 (1)의 관계식은 다음과 같이 증명된다.

$$\begin{aligned}\sum_{k=1}^{n}(a_k+b_k) &= (a_1+b_1)+(a_2+b_2)+(a_3+b_3)+\cdots+(a_n+b_n)\\ &= (a_1+a_2+a_3+\cdots+a_n)+(b_1+b_2+b_3+\cdots+b_n)\\ &= \sum_{k=1}^{n} a_k + \sum_{k=1}^{n} b_k\end{aligned}$$

(2), (3), (4)의 성질들도 위와 같은 방법으로 쉽게 보일 수 있다.

예제 7.3.2 $\sum_{k=1}^{10} a_k = 15$, $\sum_{k=1}^{10} b_k = 20$일 때 다음을 구하여라.

(1) $\sum_{k=1}^{10}(2a_k+b_k)$ (2) $\sum_{k=1}^{10}(-2a_k+4)$

풀이 (1) $\sum_{k=1}^{10}(2a_k+b_k) = 2\sum_{k=1}^{10} a_k + \sum_{k=1}^{10} b_k = 2\times 15+20 = 50$

(2) $\sum_{k=1}^{10}(-2a_k+4) = -2\sum_{k=1}^{10} a_k + \sum_{k=1}^{10} 4 = -2\times 15+4\times 10 = 10$

7.3.3 자연수의 거듭제곱의 합

(1) $\sum_{k=1}^{n} k = 1+2+3+\cdots+n = \frac{n(n+1)}{2}$

(2) $\sum_{k=1}^{n} k^2 = 1^2+2^2+3^2+\cdots+n^2 = \frac{n(n+1)(2n+1)}{6}$

(3) $\sum_{k=1}^{n} k^3 = 1^3+2^3+3^3+\cdots+n^3 = \left\{\frac{n(n+1)}{2}\right\}^2$

설명 (1) $\sum_{k=1}^{n} k = 1+2+3+\cdots+n$ 는 첫째항이 1이고 공차가 1인 등차수열의 첫째항부터 제n항까지의 합이므로

$$\sum_{k=1}^{n} k = \frac{n(n+1)}{2}$$

이다.

(2) 항등식 $(k+1)^3 - k^3 = 3k^2 + 3k + 1$에 $k = 1, 2, 3, \cdots, n$을 차례로 대입하면

$$\begin{aligned}
k=1 &: 2^3 - 1^3 = 3 \cdot 1^2 + 3 \cdot 1 + 1 \\
k=2 &: 3^3 - 2^3 = 3 \cdot 2^2 + 3 \cdot 2 + 1 \\
k=3 &: 4^3 - 3^3 = 3 \cdot 3^2 + 3 \cdot 3 + 1 \\
&\vdots \qquad\qquad \vdots \\
k=n &: (n+1)^3 - n^3 = 3 \cdot n^2 + 3 \cdot n + 1
\end{aligned}$$

이 n개의 식을 더하면

$$(n+1)^3 - 1^3 = 3\sum_{k=1}^{n} k^2 + 3\sum_{k=1}^{n} k + \sum_{k=1}^{n} 1$$

이다. 여기에서 $\sum_{k=1}^{n} k = \frac{n(n+1)}{2}$, $\sum_{k=1}^{n} 1 = n$이므로

$$3\sum_{k=1}^{n} k^2 = (n+1)^3 - 1 - \frac{3n(n+1)}{2} - n = \frac{n(n+1)(2n+1)}{2}$$

이다. 따라서

$$\sum_{k=1}^{n} k^2 = \frac{n(n+1)(2n+1)}{6}$$

이다.

(3) 같은 방법으로 항등식 $(k+1)^4 - k^4 = 4k^3 + 6k^2 + 4k + 1$에 $k = 1, 2, 3, \cdots, n$을 차례로 대입하여

$$\sum_{k=1}^{n} k^3 = \left\{\frac{n(n+1)}{2}\right\}^2$$

을 유도할 수 있다.

예제 7.3.3 다음을 구하여라.

(1) $\sum_{k=1}^{10}(2k-1)$　　　　(2) $\sum_{k=1}^{5}\{k(k-2)\}$

풀이 (1) $\sum_{k=1}^{10}(2k-1)=2\sum_{k=1}^{10}k-\sum_{k=1}^{10}1$

$$=2\times\frac{10(10+1)}{2}-10$$

$$=100$$

(2) $\sum_{k=1}^{5}\{k(k-2)\}=\sum_{k=1}^{5}(k^2-2k)$

$$=\sum_{k=1}^{5}k^2-2\sum_{k=1}^{5}k$$

$$=\frac{5(5+1)(2\times5+1)}{6}-2\times\frac{5(5+1)}{2}$$

$$=25$$

7.3.4 분수 꼴인 수열의 합

일반항을 다음과 같이 부분분수로 변형하여 구한다.

(1) $\frac{1}{A\cdot B}=\frac{1}{B-A}\left(\frac{1}{A}-\frac{1}{B}\right)$

(2) $\frac{1}{(k+a)(k+b)}=\frac{1}{b-a}\left(\frac{1}{k+a}-\frac{1}{k+b}\right)$

(3) $\frac{1}{k(k+1)(k+2)}=\frac{1}{2}\left\{\frac{1}{k(k+1)}-\frac{1}{(k+1)(k+2)}\right\}$

설명 분수 꼴인 수열의 합은 일반항 a_n을 구하여 부분분수로 변형한 후, 다음과 같이 전개하여 계산한다.

$$\sum_{k=1}^{n}a_k=a_1+a_2+a_3+\cdots+a_n$$

예를 들어 일반항 $a_n=\frac{1}{n(n+1)}$이면 $S_n=\sum_{k=1}^{n}a_k$는 다음과 같이 구해진다. 먼저 a_n을 부분분수로 분해하면

$$a_n = \frac{1}{n(n+1)} = \frac{1}{n} - \frac{1}{n+1}$$

이므로

$$\begin{aligned} S_n = \sum_{k=1}^{n} a_k &= \sum_{k=1}^{n} \left(\frac{1}{k} - \frac{1}{k+1} \right) \\ &= \left(\frac{1}{1} - \frac{1}{2} \right) + \left(\frac{1}{2} - \frac{1}{3} \right) + \cdots + \left(\frac{1}{n-1} - \frac{1}{n} \right) + \left(\frac{1}{n} - \frac{1}{n+1} \right) \\ &= \frac{1}{1} - \frac{1}{n+1} \\ &= \frac{n}{n+1} \end{aligned}$$

이다.

예제 7.3.4 다음 수열의 첫째항부터 제n항까지의 합 S_n을 구하여라.

$$\frac{1}{1 \cdot 3}, \frac{1}{3 \cdot 5}, \frac{1}{5 \cdot 7}, \frac{1}{7 \cdot 9}, \cdots$$

풀이 먼저 일반항을 구하여 부분분수로 분해한다.

$$a_n = \frac{1}{(2n-1)(2n+1)} = \frac{1}{2}\left(\frac{1}{2n-1} - \frac{1}{2n+1} \right)$$

이므로

$$\begin{aligned} S_n = \sum_{k=1}^{n} a_k &= \frac{1}{2} \sum_{k=1}^{n} \left(\frac{1}{2k-1} - \frac{1}{2k+1} \right) \\ &= \frac{1}{2} \left\{ \left(\frac{1}{1} - \frac{1}{3} \right) + \left(\frac{1}{3} - \frac{1}{5} \right) + \cdots + \left(\frac{1}{2n-1} - \frac{1}{2n+1} \right) \right\} \\ &= \frac{1}{2} \left(\frac{1}{1} - \frac{1}{2n+1} \right) \\ &= \frac{n}{2n+1} \end{aligned}$$

예제 7.3.5 다음 수열의 첫째항부터 제20항까지의 합을 구하여라.

$$1,\ \frac{1}{1+2},\ \frac{1}{1+2+3},\ \frac{1}{1+2+3+4},\ \cdots$$

풀이 주어진 수열의 일반항은 다음과 같다.

$$a_n = \frac{1}{1+2+3+\cdots+n} = \frac{1}{\frac{n(n+1)}{2}} = \frac{2}{n(n+1)} = 2\left(\frac{1}{n} - \frac{1}{n+1}\right)$$

$$\begin{aligned}\therefore\ S_{20} = \sum_{k=1}^{20} a_k &= 2\sum_{k=1}^{20}\left(\frac{1}{k} - \frac{1}{k+1}\right)\\ &= 2\left\{\left(\frac{1}{1} - \frac{1}{2}\right) + \left(\frac{1}{2} - \frac{1}{3}\right) + \cdots + \left(\frac{1}{20} - \frac{1}{20+1}\right)\right\}\\ &= 2\left(\frac{1}{1} - \frac{1}{20+1}\right) = \frac{40}{21}\end{aligned}$$

예제 7.3.6 다음 수열의 첫째항부터 제n항까지의 합(S_n)을 구하여라.

$$\log\frac{2}{3},\ \log\frac{3}{4},\ \log\frac{4}{5},\ \log\frac{5}{6},\ \cdots$$

풀이 주어진 수열의 일반항 $a_n = \log\frac{n+1}{n+2}$ 이므로

$$\begin{aligned}S_n = \sum_{k=1}^{n}\log\frac{k+1}{k+2} &= \log\frac{2}{3} + \log\frac{3}{4} + \log\frac{4}{5} + \cdots + \log\frac{n+1}{n+2}\\ &= \log\left(\frac{2}{3}\times\frac{3}{4}\times\frac{4}{5}\times\cdots\times\frac{n+1}{n+2}\right)\\ &= \log\left(\frac{2}{n+2}\right)\end{aligned}$$

◎ 로그가 포함된 수열의 합은 로그의 성질 $\log A + \log B = \log AB$를 이용하여 약분되는 분자와 분모를 파악한다.

연습문제 7.3

1. 다음을 기호 $\sum$로 나타내어라.

(1) $3+3+3+3+3$　　(2) $1+2+2^2+\cdots 2^{n-1}$

(3) $5+7+9+11+\cdots+47$　　(4) $1+3+5+\cdots+(2n-1)$

2. $\sum_{k=1}^{10} a_k = 10$, $\sum_{k=1}^{10} b_k = 20$일 때 다음을 구하여라.

(1) $\sum_{k=1}^{10}(2a_k - 3b_k)$　　(2) $\sum_{k=1}^{10}(-3a_k + 2b_k + 4)$

3. 다음을 계산하여라.

(1) $\sum_{k=1}^{10}(4k+3)$　　(2) $\sum_{k=1}^{10}\{k(k^2+2)\}$

4. $\sum_{k=1}^{n}(k^2+1) - \sum_{k=1}^{n-1}(k^2-1)$을 계산하여라.

5. 다음을 구하여라.

(1) $\sum_{k=1}^{n}\frac{1}{(2k-1)(2k+1)}$　　(2) $\sum_{k=1}^{n}\frac{1}{\sqrt{k}+\sqrt{k+1}}$

6. 다음 수열의 첫째항부터 제20항까지의 합을 구하여라.

$$\frac{1}{3^2-1},\ \frac{1}{5^2-1},\ \frac{1}{7^2-1},\ \cdots\cdots$$

7. 다음 수열의 첫째항부터 제8항까지의 합을 구하여라.

$$1,\ 1+2,\ 1+2+4,\ 1+2+4+8,\ \cdots\cdots$$

8. 다음 값을 구하여라.

(1) $\sum_{k=2}^{100}\log_{10}\left(1-\frac{1}{k}\right)$　　(2) $\sum_{k=1}^{100}\log_{10}\left(1+\frac{1}{k}\right)$

7.4 수열의 극한

7.4.1 무한수열의 수렴

무한수열 $\{a_n\}$에서 항의 번호 n이 한없이 커짐에 따라($n \to \infty$) 일반항 a_n의 값이 일정한 값 β에 한없이 가까워지면 수열 $\{a_n\}$은 β에 수렴한다(converge)고 하고, β를 수열 $\{a_n\}$의 극한값 또는 극한이라 한다. 이와 같은 것을 다음과 같은 기호로 나타낸다.

$$\lim_{n\to\infty} a_n = \beta$$

설명 lim는 극한을 뜻하는 limit의 약자이며, $n \to \infty$는 n이 한없이 커진다는 것을 의미한다.

수열 $\frac{1}{2}, \frac{2}{3}, \frac{3}{4}, \cdots, \frac{n}{n+1}$에서 n이 한없이 커지면 일반항 $\frac{n}{n+1}$은 일정한 값 1에 한없이 가까워진다. 이때 이것을 다음과 같이 나타낸다.

$$\lim_{n\to\infty} \frac{n}{n+1} = 1$$

한편, n이 한없이 커지면 $a_n = \frac{1}{n}$은 0에 한없이 가까워지며, 이것은 다음과 같이 나타낸다.

$$\lim_{n\to\infty} \frac{1}{n} = 0$$

극한값을 구할 때는 $\frac{\text{상수}}{\infty} = 0$라는 것을 많이 이용한다. 예를 들어 다음 극한값은 모두 0이다.

$$\lim_{n\to\infty} \frac{4}{n} = 0, \quad \lim_{n\to\infty} \frac{1}{2n-1} = 0, \quad \lim_{n\to\infty} \frac{3}{n^2} = 0, \quad \lim_{n\to\infty} \left(-\frac{2}{n}\right) = 0$$

7.4.2 무한수열의 발산

무한수열 $\{a_n\}$이 일정한 값에 수렴하지 않을 때, 수열 $\{a_n\}$은 발산한다(diverge)고 한다.

(1) 양의 무한대로 발산 : 무한수열 $\{a_n\}$에서 n이 한없이 커짐에 따라 일반항 a_n의 값이 한없이 커지는 경우.

$$\lim_{n\to\infty} a_n = \infty$$

(2) 음의 무한대로 발산 : 무한수열 $\{a_n\}$에서 n이 한없이 커짐에 따라 일반항 a_n의 값이 음수이면서 그 절댓값이 한없이 커지는 경우.

$$\lim_{n\to\infty} a_n = -\infty$$

설명 (1) 수열 $1, 2, 2^2, 2^3, 2^4, \cdots, 2^{n-1}, \cdots$은 n이 한없이 커지면 일반항 a_n의 값이 한없이 커진다. 즉, $\lim_{n\to\infty} a_n = \infty$이다.

(2) 수열 $-4, -8, -12, -16, \cdots, -4n, \cdots$은 n이 한없이 커지면 $a_n = -4n$의 값이 음수로서 그 절댓값이 한없이 커진다. 즉, $\lim_{n\to\infty} a_n = -\infty$이다.

◉ 진동 : 수열 $2, -2, 2, -2, \cdots, 2 \cdot (-1)^{n-1}, \cdots$ 과 같이 n이 한없이 커질 때, a_n이 수렴하지도 않고 양의 무한대나 음의 무한대로 발산하지도 않는 경우를 진동한다고 한다. 진동하는 경우는 발산하는 경우에 포함된다.

예제 7.4.1 일반항이 다음과 같은 무한수열의 수렴 • 발산을 조사하고 극한값을 구하여라.

(1) $a_n = \dfrac{1}{2n-5}$　　(2) $a_n = \dfrac{4n+1}{n}$

(3) $a_n = -3n+4$　　(4) $a_n = 1+(-1)^n$

풀이 (1) $\lim_{n\to\infty} \dfrac{1}{2n-5} = 0$: 수렴하고 극한값은 0이다.

(2) $\lim_{n\to\infty} \dfrac{4n+1}{n} = \lim_{n\to\infty}\left(4+\dfrac{1}{n}\right) = 4$: 수렴하고 극한값은 4이다.

(3) $\lim_{n\to\infty}(-3n+4) = -\infty$: 음의 무한대로 발산한다. 극한값이 없다.

(4) $a_n = 1+(-1)^n$에서 $n\to\infty$일 때 $(-1)^n$은 $-1, 1, -1, 1, \cdots$이므로 $a_n = 1+(-1)^n$의 값은 $0, 2, 0, 2, \cdots$이다. 즉, 이 수열은 진동한다. 진동하는 수열이므로 발산하고 극한값이 없다.

7.4.3 무한수열의 극한에 대한 기본 성질

두 무한수열 $\{a_n\}$, $\{b_n\}$이 수렴하고 $\lim_{n\to\infty} a_n = \alpha$, $\lim_{n\to\infty} b_n = \beta$일 때 다음 관계식이 성립한다. 단, α, β, k는 상수이다.

(1) $\lim_{n\to\infty} ka_n = k\lim_{n\to\infty} a_n = k\alpha$

(2) $\lim_{n\to\infty} (a_n + b_n) = \lim_{n\to\infty} a_n + \lim_{n\to\infty} b_n = \alpha + \beta$

(3) $\lim_{n\to\infty} (a_n - b_n) = \lim_{n\to\infty} a_n - \lim_{n\to\infty} b_n = \alpha - \beta$

(4) $\lim_{n\to\infty} a_n b_n = \lim_{n\to\infty} a_n \cdot \lim_{n\to\infty} b_n = \alpha\beta$

(5) $\lim_{n\to\infty} \left(\dfrac{a_n}{b_n}\right) = \dfrac{\lim_{n\to\infty} a_n}{\lim_{n\to\infty} b_n} = \dfrac{\alpha}{\beta}$ $\quad (b_n \neq 0,\ \beta \neq 0)$

◎ 일반적으로 수렴하는 수열의 극한에 대해 위의 기본 성질이 성립한다고 알려져 있으며, 이러한 성질을 이용하여 다양한 형태의 수열의 극한값을 구할 수 있다.

예제 7.4.2 $\lim_{n\to\infty} \dfrac{2a_n + 3}{a_n - 1} = 4$일 때 $\lim_{n\to\infty} a_n$의 값을 구하여라.

풀이 $\lim_{n\to\infty} a_n = x$로 놓으면

$$\lim_{n\to\infty} \frac{2a_n + 3}{a_n - 1} = \frac{2x+3}{x-1} = 4$$

$$2x + 3 = 4(x-1)$$

$$\therefore\ x = \frac{7}{2}$$

따라서 $\lim_{n\to\infty} a_n = \dfrac{7}{2}$이다.

예제 7.4.3 다음 극한값을 구하여라.

(1) $\lim_{n\to\infty} \dfrac{n+2}{4n-1}$

(2) $\lim_{n\to\infty} \dfrac{3n+2}{n^2+1}$

(3) $\lim_{n\to\infty} \dfrac{n^2 - 4n + 2}{n+1}$

(4) $\lim_{n\to\infty} (\sqrt{n+1} - \sqrt{n})$

풀이 (1) 분모의 최고차항 n으로 분모와 분자를 각각 나눈다.

$$\lim_{n\to\infty}\frac{n+2}{4n-1}=\lim_{n\to\infty}\frac{1+\frac{2}{n}}{4-\frac{1}{n}}=\frac{1+0}{4-0}=\frac{1}{4}$$

여기에서 $\lim_{n\to\infty}\frac{1}{n}=0,\quad \lim_{n\to\infty}\frac{2}{n}=0$이다.

(2) 분모의 최고차항 n^2으로 분모와 분자를 각각 나눈다.

$$\lim_{n\to\infty}\frac{3n+2}{n^2+1}=\lim_{n\to\infty}\frac{\frac{3}{n}+\frac{2}{n^2}}{1+\frac{1}{n^2}}=\frac{0+0}{1+0}=\frac{0}{1}=0$$

여기에서 $\lim_{n\to\infty}\frac{3}{n}=0,\quad \lim_{n\to\infty}\frac{1}{n^2}=\lim_{n\to\infty}\frac{2}{n^2}=0$이다.

(3) 분모의 최고차항 n으로 분모와 분자를 각각 나눈다.

$$\lim_{n\to\infty}\frac{n^2-4n+2}{n+1}=\lim_{n\to\infty}\frac{n-4+\frac{2}{n}}{1+\frac{1}{n}}=\frac{\infty-4+0}{1+0}=\infty$$

양의 무한대로 발산하므로 극한값이 없다.

(4) $\lim_{n\to\infty}(\sqrt{n+1}-\sqrt{n})=\lim_{n\to\infty}\frac{(\sqrt{n+1}-\sqrt{n})(\sqrt{n+1}+\sqrt{n})}{(\sqrt{n+1}+\sqrt{n})}$

$$=\lim_{n\to\infty}\frac{1}{(\sqrt{n+1}+\sqrt{n})}=\frac{1}{\infty+\infty}=0$$

7.4.4 무한 등비수열의 수렴과 발산

무한 등비수열 r^n은 r의 값에 따라 수렴하기도 하고 발산하기도 한다.

(1) $r>1$일 때 $\lim_{n\to\infty}r^n=\infty$: 양의 무한대로 발산한다.

(2) $r=1$일 때 $\lim_{n\to\infty}r^n=1$: 1에 수렴한다.

(3) $-1<r<1$일 때 $\lim_{n\to\infty}r^n=0$: 0에 수렴한다.

(4) $r \leq -1$일 때 $\lim_{n\to\infty} r^n$은 진동하며 발산한다.

설명 (1) $r > 1$일 때 : $\lim_{n\to\infty} 2^n = \infty$, $\lim_{n\to\infty} 5^n = \infty$

(2) $r = 1$일 때 : $\lim_{n\to\infty} 1^n = 1$

(3) $-1 < r < 1$일 때 : $\lim_{n\to\infty}\left(\frac{1}{2}\right)^n = 0$, $\lim_{n\to\infty}\left(-\frac{1}{4}\right)^n = 0$

(4) $r = -1$일 때 : $\lim_{n\to\infty}(-1)^n = -1, 1, -1, 1, -1, \cdots$ (진동)

$r < -1$일 때 $\lim_{n\to\infty}(-2)^n = -2, 4, -8, 16, -32, \cdots$ (진동, 발산)

예제 7.4.4 다음 극한값을 구하여라.

(1) $\lim_{n\to\infty}\left(\frac{2}{3}\right)^n$

(2) $\lim_{n\to\infty}\left(\frac{11}{10}\right)^n$

(3) $\lim_{n\to\infty}\frac{3^n - 4^n}{4^n + 2^n}$

(4) $\lim_{n\to\infty}(5^n - 3^n)$

풀이 (1) $r = \frac{2}{3}$, $-1 < r < 1$이므로 $\lim_{n\to\infty}\left(\frac{2}{3}\right)^n = 0$

(2) $r = \frac{11}{10}$, $r > 1$이므로 $\lim_{n\to\infty}\left(\frac{11}{10}\right)^n = \infty$ $\therefore$ 발산

(3) 가장 큰 수 4^n으로 분모, 분자를 나누어서 계산한다.

$$\lim_{n\to\infty}\frac{3^n - 4^n}{4^n + 2^n} = \lim_{n\to\infty}\frac{\left(\frac{3}{4}\right)^n - 1}{1 + \left(\frac{2}{4}\right)^n} = \frac{0-1}{1+0} = -1$$

(4) 가장 큰 수 5^n으로 묶어내어 계산한다.

$$\lim_{n\to\infty}(5^n - 3^n) = \lim_{n\to\infty}5^n\left\{1 - \left(\frac{3}{5}\right)^n\right\} = \infty \cdot (1-0) = \infty \quad \therefore \text{발산}$$

예제 7.4.5 무한등비수열 $a_n = 3(x-2)^n$이 수렴하도록 하는 x값의 범위를 구하여라.

풀이 공비 $r = (x-2)$이다. 이 수열이 수렴하려면 $-1 < r \leq 1$에서

$$-1 < x-2 \leq 1$$
$$\therefore\ 1 < x \leq 3$$

예제 7.4.6 다음 등식을 만족하는 상수 a, b의 값을 구하여라.

$$\lim_{n\to\infty}\frac{an^2+bn+4}{3n+1} = 2$$

풀이 주어진 식의 좌변을 n으로 나누어주면 다음과 같이 된다.

$$\lim_{n\to\infty}\frac{an^2+bn+4}{3n+1} = \lim_{n\to\infty}\frac{an+b+\frac{4}{n}}{3+\frac{1}{n}} = 2$$

따라서 $n\to\infty$일 때의 극한값이 존재하기 위해서는 $a=0$이다. 이때 $\lim_{n\to\infty}\frac{1}{n} = 0$이므로 좌변 극한값은 $\frac{b}{3}$가 된다. 따라서 $\frac{b}{3} = 2$에서 $b=6$이 구해진다.

◉ 분수 형태의 식에서 극한값이 존재하기 위해서는 분모의 차수가 분자의 차수보다 크거나 같아야 한다. (분모의 차수)≥(분자의 차수).

예제 7.4.7 다음 등식이 성립하도록 상수 a의 값을 구하여라.

$$\lim_{n\to\infty}\left(\sqrt{n^2+an+3} - \sqrt{n^2+4n+5}\right) = 5$$

풀이 분자를 유리화하여 값을 구한다.

$$(\text{주어진 식}) = \lim_{n\to\infty}\frac{\left(\sqrt{n^2+an+3} - \sqrt{n^2+4n+5}\right)\left(\sqrt{n^2+an+3} + \sqrt{n^2+4n+5}\right)}{\sqrt{n^2+an+3} + \sqrt{n^2+4n+5}}$$

$$= \lim_{n\to\infty}\frac{(n^2+an+3)-(n^2+4n+5)}{\sqrt{n^2+an+3} + \sqrt{n^2+4n+5}}$$

$$= \lim_{n\to\infty} \frac{(a-4)n-2}{\sqrt{n^2+an+3}+\sqrt{n^2+4n+5}}$$

$$= \lim_{n\to\infty} \frac{(a-4)-\frac{2}{n}}{\sqrt{1+\frac{a}{n}+\frac{3}{n^2}}+\sqrt{1+\frac{4}{n}+\frac{5}{n^2}}}$$

$$= \frac{a-4}{\sqrt{1}+\sqrt{1}}$$

$$= \frac{a-4}{2} = 5$$

$\therefore\ a = 14$

연습문제 7.4

1. 다음 극한값을 구하여라.

(1) $\lim_{n\to\infty}\frac{5n+2}{3n+4}$ (2) $\lim_{n\to\infty}\frac{4n-5}{n^2+2n+3}$

(3) $\lim_{n\to\infty}\frac{4n^2+2n+7}{n^2-3n}$ (4) $\lim_{n\to\infty}\frac{1}{\sqrt{n+1}-\sqrt{n}}$

2. 다음 극한값을 구하여라.

(1) $\lim_{n\to\infty}\left(\frac{99}{100}\right)^n$ (2) $\lim_{n\to\infty}\frac{5^n}{4^n+1}$

(3) $\lim_{n\to\infty}\frac{4^n-2\cdot 7^n}{7^n+3^n}$ (4) $\lim_{n\to\infty}\frac{3^{n+1}+2^n}{\sqrt{9^n+1}}$

3. $\lim_{n\to\infty}\frac{5a_n+4}{2a_n-1}=3$일 때 $\lim_{n\to\infty}a_n$의 값을 구하여라.

4. 다음 무한등비수열 $\{a_n\}$이 수렴하게 하는 x값의 범위를 구하여라.

(1) $a_n=4\left(\frac{2x-3}{5}\right)^n$ (2) $a_n=5\left(\frac{x^2-x}{2}\right)^n$

5. $\lim_{n\to\infty}\frac{1+2+3+\cdots+n}{n^2}$의 값을 구하여라.

6. $\lim_{n\to\infty}\frac{1}{n-\sqrt{n^2-n}}$의 값을 구하여라.

7. $\lim_{n\to\infty}\frac{bn^2+4n}{an^3+3n^2+2}=5$이 성립하는 상수 a, b의 값을 구하여라.

8. $\lim_{n\to\infty}\left(\sqrt{3n^2+n}-\sqrt{3n^2-n}\right)$의 값을 구하여라.

제 8 장 함수의 극한과 연속

8.1 함수의 극한

8.1.1 함수의 극한

x가 일정한 값 a와 같지는 않지만($x \neq a$) a에 한없이 가까이 갈 때 이에 대응하는 함숫값 $f(x)$가 일정한 값 α에 한없이 가까워지면 함수 $f(x)$는 α에 수렴한다고 하고, α를 $f(x)$의 극한값 또는 극한이라 한다. 이것을 기호로는 다음과 같이 나타낸다.

$$\lim_{x \to a} f(x) = \alpha \text{ 또는 } x \to a \text{일 때 } f(x) \to \alpha$$

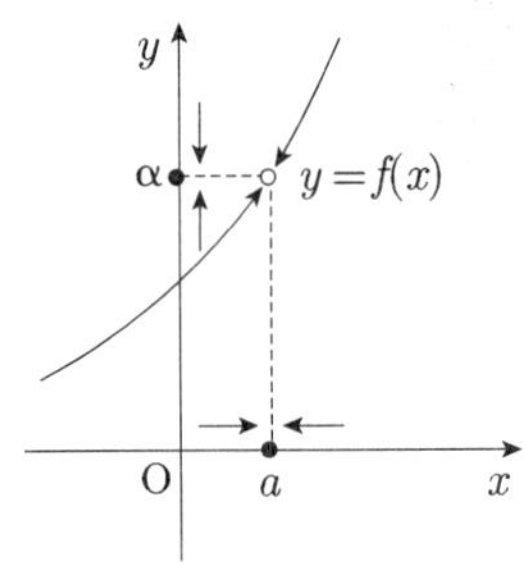

예 (1) $\lim_{x \to 1}(x^2+3) = 4$ (2) $\lim_{x \to 2}\frac{10}{x+3} = \frac{10}{2+3} = 2$

8.1.2 함수의 발산

(1) 양의 무한대로 발산 : $x \to a$일 때 $f(x)$가 양(+)으로 그 절댓값이 한없이 커지면 양의 무한대로 발산한다고 하고 다음과 같이 나타낸다.

$$\lim_{x \to a} f(x) = \infty \text{ 또는 } x \to a \text{일 때 } f(x) \to \infty$$

(2) 음의 무한대로 발산 : $x \to a$일 때 $f(x)$가 음(−)으로 그 절댓값이 한없이 커지면 음의 무한대로 발산한다고 하고 다음과 같이 나타낸다.

$$\lim_{x \to a} f(x) = -\infty \text{ 또는 } x \to a \text{일 때 } f(x) \to -\infty$$

예 (1) $\lim_{x \to 0}\left(\frac{1}{|x|}\right) = \infty$ (2) $\lim_{x \to 0}\left(-\frac{1}{x^2}\right) = -\infty$

예제 8.1.1 **함수의 극한** 다음 극한값을 구하여라.

(1) $\lim_{x\to1}(5x^2-2x)$ (2) $\lim_{x\to3}\frac{x^2+x-4}{x+2}$

(3) $\lim_{x\to4}\frac{x-1}{\sqrt{x}-1}$ (4) $\lim_{x\to2}\left(\sqrt{x^2+5}+x\right)$

풀이 (1) $\lim_{x\to1}(5x^2-2x)=5\cdot1^2-2\cdot1=3$

(2) $\lim_{x\to3}\frac{x^2+x-4}{x+2}=\frac{3^2+3-4}{3+2}=\frac{8}{5}$

(3) $\lim_{x\to4}\frac{x-1}{\sqrt{x}-1}=\frac{4-1}{\sqrt{4}-1}=\frac{3}{2-1}=3$

(4) $\lim_{x\to2}\left(\sqrt{x^2+5}+x\right)=\sqrt{2^2+5}+2=3+2=5$

◎ 함수의 극한을 구하는 기본은 수를 대입하는 것이다.

예제 8.1.2 **함수의 발산** 다음 극한을 조사하여라.

(1) $\lim_{x\to4}\frac{2}{(x-4)^2}$ (2) $\lim_{x\to\infty}(x^2+1)$

풀이 (1) $f(x)=\frac{2}{(x-4)^2}$은 x의 값이 한없이 4에 가까워지면 분모는 0에 가까워지므로 $f(x)$의 값이 한없이 커짐을 알 수 있다.

$$\therefore \lim_{x\to4}\frac{2}{(x-4)^2}=\infty \quad : \text{발산한다.}$$

(2) $f(x)=x^2+1$은 x의 값이 한없이 커질 때 $f(x)$의 값이 한없이 커진다.

$$\therefore \lim_{x\to\infty}(x^2+1)=\infty \quad : \text{발산한다.}$$

8.1.3 우극한과 좌극한

(1) 우극한 : x가 a보다 큰 값에서 a에 한없이 가까이 갈 때 그에 대응하는 $f(x)$가 일정한 값 α에 한없이 가까워지면 α를 $f(x)$의 우극한값 또는 우극한이라 하고 다음과 같이 나타낸다.

$$\lim_{x \to a+0} f(x) = \alpha$$

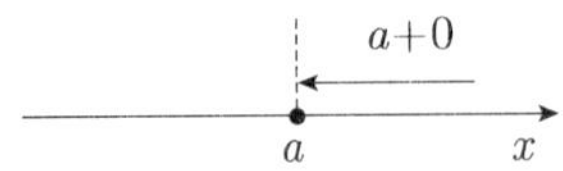

(2) 좌극한 : x가 a보다 작은 값에서 a에 한없이 가까이 갈 때 그에 대응하는 $f(x)$가 일정한 값 α에 한없이 가까워지면 α를 $f(x)$의 좌극한값 또는 좌극한이라 하고 다음과 같이 나타낸다.

$$\lim_{x \to a-0} f(x) = \alpha$$

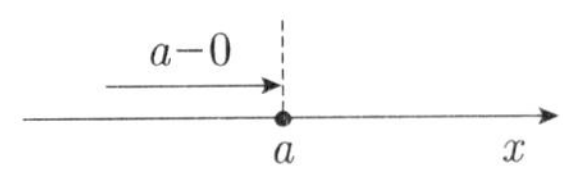

(3) 극한값의 존재 : $x \to a$일 때 $f(x)$의 극한값은 다음과 같이 좌극한과 우극한의 값이 같을 때 존재한다.

$$\lim_{x \to a-0} f(x) = \lim_{x \to a+0} f(x) = \alpha$$

예제 8.1.3 **우극한, 좌극한** 다음 극한을 조사하여라.

(1) $\lim_{x \to 3} \dfrac{1}{x-3}$ (2) $\lim_{x \to 1+0} \dfrac{x-1}{|x-1|}$

풀이 (1) • 우극한 : $\lim_{x \to 3+0} \dfrac{1}{x-3} = \infty$

• 좌극한 : $\lim_{x \to 3-0} \dfrac{1}{x-3} = -\infty$

$\therefore$ 우극한 $\neq$ 좌극한

따라서 $\lim_{x \to 3} \dfrac{1}{x-3}$의 극한값은 존재하지 않는다.

(2) $x \to 1+0$일 때 $x > 1$이므로 $|x-1| = x-1$

$\therefore \lim_{x \to 1+0} \dfrac{x-1}{|x-1|} = \dfrac{x-1}{x-1} = 1$

8.1.4 함수의 극한의 성질

$\lim_{x\to a} f(x) = \alpha$, $\lim_{x\to a} g(x) = \beta$ 일 때

(1) $\lim_{x\to a}\{cf(x)\} = c\lim_{x\to a} f(x) = c\alpha$ (c는 상수)

(2) $\lim_{x\to a}\{f(x) \pm g(x)\} = \lim_{x\to a} f(x) \pm \lim_{x\to a} g(x) = \alpha \pm \beta$ (복호동순)

(3) $\lim_{x\to a}\{f(x)g(x)\} = \lim_{x\to a} f(x) \times \lim_{x\to a} g(x) = \alpha\beta$

(4) $\lim_{x\to a}\left\{\dfrac{f(x)}{g(x)}\right\} = \dfrac{\lim_{x\to a} f(x)}{\lim_{x\to a} g(x)} = \dfrac{\alpha}{\beta}$ ($g(x) \neq 0$, $\beta \neq 0$)

예 $\lim_{x\to 1}(x^2+3) = 4$, $\lim_{x\to 1}(x+1) = 2$이면

(1) $\lim_{x\to 1}\{5(x^2+3)\} = 5 \times \lim_{x\to 1}(x^2+3) = 5 \times 4 = 20$

(2) $\lim_{x\to 1}\{(x^2+3)+(x+1)\} = \lim_{x\to 1}(x^2+3) + \lim_{x\to 1}(x+1) = 4+2 = 6$

(3) $\lim_{x\to 1}\{(x^2+3)(x+1)\} = \lim_{x\to 1}(x^2+3) \times \lim_{x\to 1}(x+1) = 4 \times 2 = 8$

(4) $\lim_{x\to 1}\dfrac{x^2+3}{x+1} = \dfrac{\lim_{x\to 1}(x^2+3)}{\lim_{x\to 1}(x+1)} = \dfrac{4}{2} = 2$

예제 8.1.4 $\dfrac{0}{0}$**꼴** 다음 극한값을 구하여라.

(1) $\lim_{x\to 2}\dfrac{x^2-4}{x-2}$

(2) $\lim_{x\to 1}\dfrac{x-1}{x^2+2x-3}$

(3) $\lim_{x\to 1}\dfrac{x^3+x-2}{x^2-1}$

(4) $\lim_{x\to 0}\dfrac{x}{\sqrt{1+x}-1}$

풀이 (1) $\lim_{x\to 2}\dfrac{x^2-4}{x-2} = \lim_{x\to 2}\dfrac{(x-2)(x+2)}{x-2} = \lim_{x\to 2}(x+2) = 4$

(2) $\lim_{x\to 1}\dfrac{x-1}{x^2+2x-3} = \lim_{x\to 1}\dfrac{x-1}{(x-1)(x+3)} = \lim_{x\to 1}\dfrac{1}{x+3} = \dfrac{1}{1+3} = \dfrac{1}{4}$

(3) $\lim_{x\to 1}\dfrac{x^3+x-2}{x^2-1} = \lim_{x\to 1}\dfrac{(x-1)(x^2+x+2)}{(x-1)(x+1)}$

$$= \lim_{x \to 1} \frac{x^2+x+2}{x+1} = \frac{1+1+2}{1+1} = 2$$

(4) $$\lim_{x \to 0} \frac{x}{\sqrt{1+x}-1} = \lim_{x \to 0} \frac{x(\sqrt{1+x}+1)}{(\sqrt{1+x}-1)(\sqrt{1+x}+1)}$$

$$= \lim_{x \to 0}(\sqrt{1+x}+1) = \sqrt{1+0}+1 = 2$$

◎ [$\frac{0}{0}$꼴] 인수분해한 후 약분한다.

예제 8.1.5 **$\frac{\infty}{\infty}$꼴** 다음 극한값을 조사하여라.

(1) $\lim_{x \to \infty} \frac{2x^2+1}{x^2+3x+2}$ (2) $\lim_{x \to \infty} \frac{2x^2+3}{x+2}$

풀이 (1) 주어진 식의 분모와 분자를 각각 x^2으로 나누어서 계산한다.

$$\lim_{x \to \infty} \frac{2x^2+1}{x^2+3x+2} = \lim_{x \to \infty} \frac{2+\frac{1}{x^2}}{1+\frac{3}{x}+\frac{2}{x^2}} = \frac{2+0}{1+0+0} = 2$$

(2) $$\lim_{x \to \infty} \frac{2x^2+3}{x+2} = \lim_{x \to \infty} \frac{2x+\frac{3}{x}}{1+\frac{2}{x}} = \frac{\infty+0}{1+0} = \infty$$: 발산한다.

예제 8.1.6 **$\infty-\infty$, $\infty \cdot 0$꼴** 다음 극한값을 구하여라.

(1) $\lim_{x \to \infty}(\sqrt{4x^2+x}-2x)$ (2) $\lim_{x \to 0} \frac{1}{x}\left(\frac{\sqrt{x+1}-1}{\sqrt{x+1}}\right)$

풀이 (1) $$\lim_{x \to \infty}(\sqrt{4x^2+x}-2x) = \lim_{x \to \infty} \frac{(\sqrt{4x^2+x}-2x)(\sqrt{4x^2+x}+2x)}{(\sqrt{4x^2+x}+2x)}$$

$$= \lim_{x \to \infty} \frac{x}{\sqrt{4x^2+x}+2x}$$

$$= \lim_{x \to \infty} \frac{1}{\sqrt{4+\frac{1}{x}}+2}$$

$$= \frac{1}{\sqrt{4}+2} = \frac{1}{4}$$

(2) $\lim_{x\to0}\frac{1}{x}\left(\frac{\sqrt{x+1}-1}{\sqrt{x+1}}\right)=\lim_{x\to0}\frac{1}{x}\frac{(\sqrt{x+1}-1)(\sqrt{x+1}+1)}{\sqrt{x+1}(\sqrt{x+1}+1)}$

$$=\lim_{x\to0}\frac{1}{x}\frac{(x+1)-1}{\sqrt{x+1}(\sqrt{x+1}+1)}$$

$$=\lim_{x\to0}\frac{1}{\sqrt{x+1}(\sqrt{x+1}+1)}$$

$$=\frac{1}{\sqrt{1}(\sqrt{1}+1)}=\frac{1}{2}$$

예제 8.1.7 **초월함수** 다음 극한값을 구하여라. 여기에서 $\lim_{x\to0}\frac{\sin x}{x}=1$이다.

(1) $\lim_{x\to0}\frac{\tan x}{x}$　　　　(2) $\lim_{x\to0}\frac{\sin 2x}{\sin 3x}$

풀이 (1) $\lim_{x\to0}\frac{\tan x}{x}=\lim_{x\to0}\frac{\frac{\sin x}{\cos x}}{x}=\lim_{x\to0}\frac{\sin x}{x}\cdot\frac{1}{\cos x}=1\cdot\frac{1}{\cos 0}=1$

(2) $\lim_{x\to0}\frac{\sin 2x}{\sin 3x}=\lim_{x\to0}\frac{\left(\frac{\sin 2x}{2x}\right)\cdot 2}{\left(\frac{\sin 3x}{3x}\right)\cdot 3}=\frac{1\cdot 2}{1\cdot 3}=\frac{2}{3}$

예제 8.1.8 **극한의 기본 성질** $\lim_{x\to0}\frac{f(x)}{x}$가 0이 아닌 일정한 값을 가질 때 다음 극한값을 구하여라.

$$A=\lim_{x\to0}\frac{3x^2+4f(x)}{2x^2-f(x)}$$

풀이 $\lim_{x\to0}\frac{f(x)}{x}=a\ (a\neq0)$로 놓고 극한값을 구한다. 주어진 식의 분모와 분자를 x로 나누면

$$A=\lim_{x\to0}\frac{3x^2+4f(x)}{2x^2-f(x)}=\lim_{x\to0}\frac{3x+4\frac{f(x)}{x}}{2x-\frac{f(x)}{x}}$$

$$=\frac{0+4a}{0-a}$$

$$=-4$$

연습문제 8.1

1. **함수의 극한** 다음 극한값을 구하여라.

(1) $\lim_{x\to2}(x^2-5)$ (2) $\lim_{x\to2}\dfrac{x^2-4}{x-2}$

(3) $\lim_{x\to2}\dfrac{2}{x+4}$ (4) $\lim_{x\to0}\dfrac{x^2+4x}{2x}$

2. **함수의 발산** 다음 극한을 조사하여라.

(1) $\lim_{x\to\infty}(x^2-3x-4)$ (2) $\lim_{x\to-\infty}(-4x+5)$

(3) $\lim_{x\to1}\dfrac{2}{(x-1)^2}$ (4) $\lim_{x\to4}\dfrac{3}{x-4}$

3. **우극한과 좌극한** 다음 극한을 조사하여라.

(1) $\lim_{x\to1+0}\dfrac{3}{x-1}$ (2) $\lim_{x\to2-0}\dfrac{5}{x-2}$

(3) $\lim_{x\to2-0}\dfrac{5}{|x-2|}$ (4) $\lim_{x\to2-0}\dfrac{x^2-2x}{|x-2|}$

4. 다음 극한값을 구하여라.

(1) $\lim_{x\to2}\dfrac{x^2+x-6}{x-2}$ (2) $\lim_{x\to3}\dfrac{5(x-3)}{x^2+2x-15}$

(3) $\lim_{x\to0}\dfrac{x}{\sqrt{x+4}-2}$ (4) $\lim_{x\to3}\dfrac{\sqrt{x^2+7}-4}{x-3}$

(5) $\lim_{x\to0}\dfrac{\sqrt{x+1}-1}{x}$ (6) $\lim_{x\to\infty}(\sqrt{x^2+2x}-x)$

(7) $\lim_{x\to\infty}\dfrac{4x}{\sqrt{x^2+2}-3}$ (8) $\lim_{x\to\infty}\dfrac{4x}{\sqrt{2x^2+2x+3}}$

5. $\lim_{x\to8}\dfrac{x-8}{\sqrt[3]{x}-2}$ 의 값을 구하여라. $a^3-b^3=(a-b)(a^2+ab+b^3)$이다.

6. $\lim_{x \to \infty} \dfrac{\sqrt{2x+2} - \sqrt{2x+1}}{\sqrt{x+4} - \sqrt{x+3}}$ 을 구하여라.

7. $\lim_{x \to a} \dfrac{x^2 - a^2}{x - a} = 4$ 를 만족하는 상수 a의 값을 구하여라.

8. 다음 식을 만족하는 상수 a, b의 값을 구하여라.

(1) $\lim_{x \to 0} \dfrac{x}{\sqrt{x+a}+b} = 2$ (2) $\lim_{x \to 1} \dfrac{x^2+ax+b}{x-1} = 3$

9. $\lim_{x \to 2} \dfrac{x^2+ax+6}{x-2}$ 의 값이 존재할 때 상수 a의 값과 극한값을 구하여라.

10. $\lim_{x \to 0} \dfrac{f(x)}{x}$ 가 0이 아닌 일정한 값을 가질 때 $\lim_{x \to 0} \dfrac{5x^3+6f(x)}{4x^3-3f(x)}$ 의 극한값을 구하여라.

11. $\lim_{x \to \infty} \{\log(2x+3) - \log x\}$를 구하여라.

◎ $\log A - \log B = \log \dfrac{A}{B}$

12. $\lim_{x \to \infty} \dfrac{5^x - 4^x}{5^x + 4^x}$ 를 구하여라. $a < b$일 때 $\lim_{x \to \infty} \left(\dfrac{a}{b}\right)^x = 0$이다.

13. $\lim_{x \to 3} \dfrac{5(x-3)}{x^2+ax+b} = 1$일 때 상수 a, b의 값을 구하여라.

14. 다음 극한값을 구하여라.

(1) $\lim_{x \to 0} \dfrac{12x}{\tan 3x}$ (2) $\lim_{x \to 0} \dfrac{\sin 2x}{\sin 5x}$

◎ $\lim_{x \to 0} \dfrac{\sin x}{x} = \lim_{x \to 0} \dfrac{x}{\sin x} = 1$, $\lim_{x \to 0} \dfrac{\tan x}{x} = \lim_{x \to 0} \dfrac{x}{\tan x} = 1$이다.

8.2 함수의 연속

8.2.1 구간

(1) 구간 기호 : 실수의 집합을 다음과 같은 기호로 나타낸다. $a<b$일 때,
$\{x|a \le x \le b\}$는 $[a,b]$, $\{x|a < x < b\}$는 (a,b), $\{x|a \le x < b\}$는 $[a,b)$, $\{x|a < x \le b\}$는 $(a,b]$, $\{x|x \le a\}$는 $(-\infty, a]$, $\{x|x < a\}$는 $(-\infty, a)$, $\{x|x \ge a\}$는 $[a, \infty)$, $\{x|x > a\}$는 (a, ∞)

(2) 개구간과 폐구간 : (a,b), $(-\infty, a)$, (a, ∞) 등을 개구간, $[a,b]$를 폐구간이라 하고 이들을 통틀어 구간이라 한다.

8.2.2 함수의 연속과 불연속

(1) 연속 : 함수 $y=f(x)$가 (i) $x=a$에서 정의되고 (ii) 극한값 $\lim_{x\to a} f(x)$가 존재하며 (iii) $\lim_{x\to a} f(x)=f(a)$일 때 $f(x)$는 $x=a$에서 연속이라 한다.

(2) 불연속 : 함수 $y=f(x)$가 $x=a$에서 연속이 아니면(위의 세 조건 중 하나라도 만족하지 않으면) 이 함수는 $x=a$에서 불연속이라 한다.

(3) 연속함수 : 함수 $y=f(x)$가 어떤 구간의 모든 점에서 연속일 때 이 함수는 이 구간에서 연속함수라 한다.

예 (1) $f(x)=x^2+1$: $x=1$에서 (i) $f(1)=2$ (ii) $\lim_{x\to 1} f(x)=2$ (iii) $\lim_{x\to 1} f(x) = f(1)$이다. 따라서 세 조건을 모두 만족하므로 $y=f(x)$는 $x=1$에서 연속이다.

(2) $f(x)=\dfrac{x^2-1}{x-1}$: $x=1$에서 (i) 분모가 0이므로 $f(1)$의 값이 정의되지 않는다. (ii) $\lim_{x\to 1} f(x)=2$ (iii) $\lim_{x\to 1} f(x) \ne f(1)$이다. 따라서 $y=f(x)$는 $x=1$에서 불연속이다.

8.2.3 일반적인 함수의 연속성

(1) 다항함수 : 일차함수 $y=ax+b$, 이차함수 $y=ax^2+bx+c$, ⋯ 등은 전 구간 $(-\infty, +\infty)$에서 연속.

(2) 분수함수 : $y=\dfrac{f(x)}{g(x)}$는 분모 $g(x)=0$인 점에서 불연속.

(3) 무리함수 : $y = \sqrt{f(x)}$는 $f(x) \geq 0$인 범위에서 연속.

(4) 지수함수 : $y = a^x$ $(a > 0,\ a \neq 1)$은 $(-\infty, +\infty)$에서 연속.

(5) 로그함수 : $y = \log_a x$ $(a > 0,\ a \neq 1)$은 $x > 0$에서 연속.

(6) 삼각함수 : $y = \sin x$, $y = \cos x$는 $(-\infty, +\infty)$에서 연속.

$y = \tan x$는 $x = n\pi \pm \dfrac{\pi}{2}$ (n은 정수)에서 불연속.

예제 8.2.1 다음 함수의 연속성을 조사하여라.

(1) $f(x) = x^2 + 2x + 3$　　(2) $f(x) = \dfrac{4}{2x-3}$

(3) $f(x) = \log(x+4)$　　(4) $f(x) = \sqrt{3x-4}$

풀이 (1) 이차함수는 전 구간 $(-\infty, \infty)$에서 연속.

(2) 분수함수는 분모 $2x - 3 = 0$, 즉 $x = \dfrac{3}{2}$에서 불연속.

(3) 로그의 진수 조건에서 $x + 4 > 0$　$\therefore\ x > -4$에서 연속.

(4) 무리함수에서 $3x - 4 \geq 0$　$\therefore\ x \geq \dfrac{4}{3}$에서 연속.

예제 8.2.2 다음 함수가 모든 실수 x에서 연속일 때 상수 a의 값을 구하여라.

$$f(x) = \begin{cases} ax + 2 & , x < 1 \\ x^2 - ax + 3 & , x \geq 1 \end{cases}$$

풀이 $f(x) = ax + 2$는 $x < 1$에서 연속이고, $f(x) = x^2 - ax + 3$는 $x \geq 1$에서 연속이다. 따라서 $x = 1$에서 연속이면 모든 x에서 연속이 된다. 연속조건에서

$$\lim_{x \to 1} f(x) = f(2)$$

$$\lim_{x \to 1-0} (ax + 2) = \lim_{x \to 1+0} (x^2 - ax + 3)$$

$$a + 2 = 1 - a + 3$$

$$\therefore\ a = 1$$

이다.

예제 8.2.3 다음 함수가 $x = 1$에서 연속일 때 상수 a, b의 값을 구하여라.

$$f(x)=\begin{cases} \dfrac{x-1}{x^2+ax+b}, & x\neq 1 \\ \dfrac{1}{3}, & x=1 \end{cases}$$

풀이 함수 $f(x)$가 $x=1$에서 연속이 되기 위해서는 $x\to 1$에서의 극한값이

$$\lim_{x\to 1}\frac{x-1}{x^2+ax+b}=\frac{1}{3} \quad \cdots\cdots (\star)$$

이 되어야 한다. 위 식의 좌변에서 $x=1$일 때 분자가 0이므로 분모도 $x=1$일 때 0이 되어야 한다. 따라서

$$1+a+b=0$$
$$\therefore\ b=-(1+a)$$

이다. 이것을 식 $(\star)$에 대입하면 다음 관계식이 얻어진다.

$$\begin{aligned}\lim_{x\to 1}\frac{x-1}{x^2+ax+b}&=\lim_{x\to 1}\frac{x-1}{x^2+ax-(a+1)}\\ &=\lim_{x\to 1}\frac{x-1}{x^2-1+a(x-1)} \quad (\leftarrow\ x^2-1=(x-1)(x+1))\\ &=\lim_{x\to 1}\frac{x-1}{(x-1)(x+a+1)}\\ &=\frac{1}{a+2}\\ &=\frac{1}{3}\end{aligned}$$

이다. 따라서 구하는 값 $a=1,\quad b=-3$이다.

8.2.4 연속 함수의 성질

(1) 어떤 구간에서 함수 $f(x)$, $g(x)$가 연속이면 그 구간에서 다음 함수도 연속이다.

$$cf(x)\ (c\text{는 상수}),\quad f(x)\pm g(x),\quad f(x)g(x),\quad \frac{f(x)}{g(x)}\ (g(x)\neq 0)$$

(2) $f(x)$의 치역이 $g(x)$가 연속인 구간에 포함되면 합성함수 $(g\circ f)(x)$도 연속이다.

예 $f(x)=x$, $g(x)=x^2+1$는 $(-\infty,\infty)$에서 연속이다. 그러므로 이 함수들의

조합인 $x+x^2+1$, $x(x^2+1)$ 등은 모두 $(-\infty, \infty)$에서 연속인 함수이다.

8.2.5 최대 · 최소의 성질

함수 $f(x)$가 폐구간 $[a,b]$에서 연속이면 $f(x)$는 이 구간에서 반드시 최댓값과 최솟값을 갖는다.

8.2.6 중간값의 정리

(1) 폐구간 $[a,b]$에서 연속인 함수 $y=f(x)$의 최솟값과 최댓값을 각각 m, M이라 하면, $m<k<M$인 임의의 실수 k에 대하여 $f(c)=k$를 만족하는 실수 c가 구간 (a,b)에 적어도 하나 존재한다.

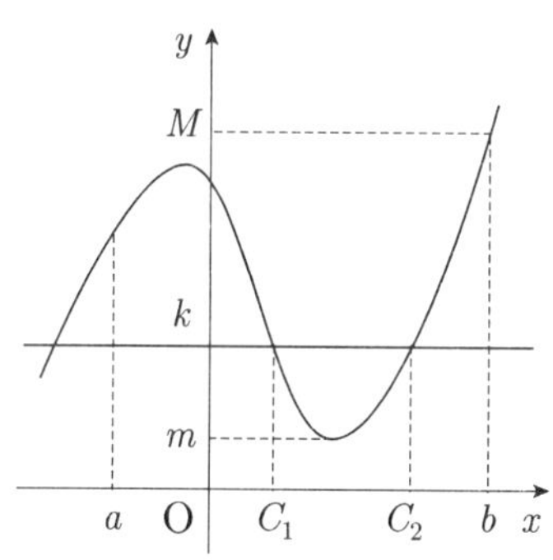

(2) 폐구간 $[a,b]$ 에서 함수 $y=f(x)$가 연속이고 $f(a)f(b)<0$ 이면 $f(c)=0$인 c가 구간 (a,b) 에 적어도 하나 존재한다.

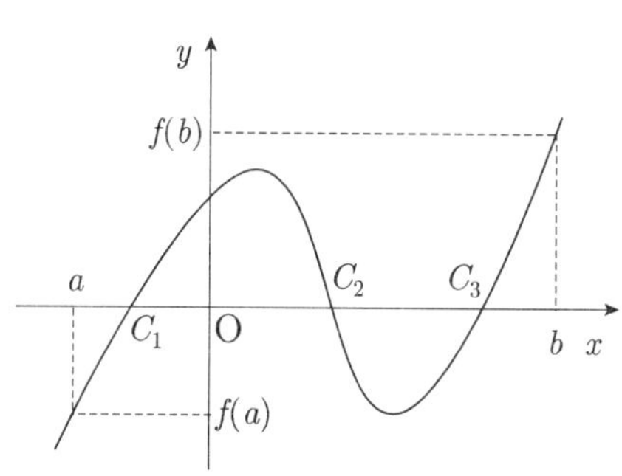

예 그래프를 보면 두 정리가 성립함을 알 수 있다.

(1) $f(x)=x+2$는 $[0,3]$에서 연속이고 $2 \le f(x) \le 5$이다. 최솟값과 최댓값 사이의 값 $k=4$이면 $f(c)=4$를 만족하는 $c=2$가 $[0,3]$에 존재한다.

(2) $f(x)=x^2-4$는 $[0,3]$에서 연속이고 $f(0)=-4<0$, $f(3)=5>0$이다. $f(0)f(3)<0$이므로 $f(x)=0$인 근이 $[0,3]$에 적어도 하나 존재한다.

예제 8.2.4 함수 $f(x)=x^2-2x$에 대하여 다음 구간에서 최댓값과 최솟값을 구하여라.

(1) $[0, 3]$ (2) $[0, 3)$

풀이 $y=f(x)$의 그래프를 그려본다.

$$f(x)=x^2-2x=(x-1)^2-1$$

이므로 $y=f(x)$의 그래프는 꼭짓점이 $(1, -1)$인 포물선이다.

(1) 그래프와 같이 $f(x)$는 닫힌구간 $[0, 3]$에서 연속이고

$$f(0)=0,\ f(1)=-1,\ f(3)=3$$

이다. 따라서 $x=1$에서 최솟값 -1, $x=3$에서 최댓값 3을 갖는다.

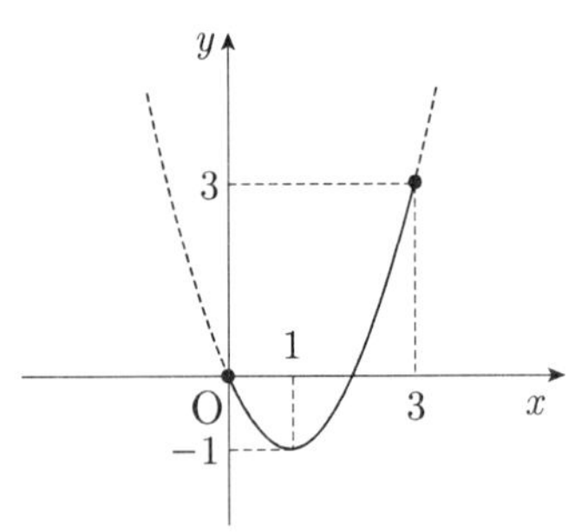

(2) $f(x)$는 구간 $[0, 3)$에서 연속이고

$$f(0)=0,\ f(1)=-1$$

이지만 $x=3$에서 $f(3)$은 정의되지 않는다.
따라서 그래프와 같이 $x=1$에서 최솟값 -1을 갖지만 최댓값은 없다.

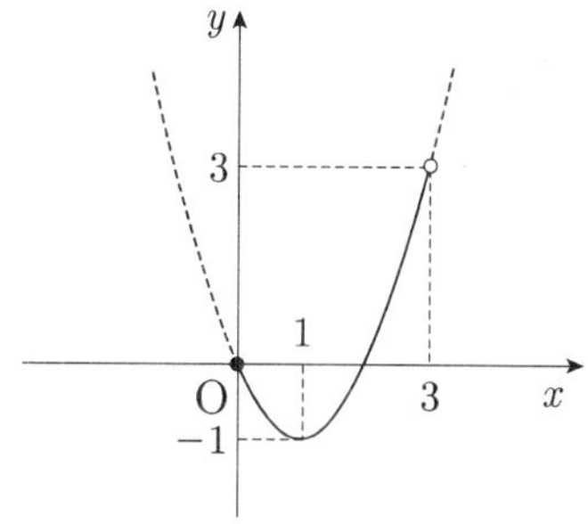

◎ 함수 $f(x)$가 닫힌구간에서 연속이면 그 구간에서 반드시 최댓값과 최솟값을 가지지만 열린구간에서는 함수가 연속이라도 최댓값 또는 최솟값을 갖지 않을 수 있다.

예제 8.2.5 방정식 $x^4-3x^2-4x+1=0$ 는 $[0,1]$에서 적어도 하나의 실근을 갖는다는 것을 보여라.

풀이 $f(x)=x^4-3x^2-4x+1$ 로 하면 $f(0)=1$, $f(1)=1-3-4+1=-5$

$\therefore$ $f(x)$는 폐구간 $[0,1]$에서 연속이고 $f(0)f(1)<0$이므로 0과 1 사이에 $f(c)=0$가 되는 c가 적어도 하나 존재한다.

따라서 방정식 $x^4-3x^2-4x+1=0$ 는 0과 1 사이에서 적어도 하나의 실근을 갖는다.

연습문제 8.2

1. 다음 함수의 연속성을 조사하여라.

(1) $f(x)=\dfrac{1}{2x+5}$ (2) $f(x)=\log(-3x+4)$

(3) $f(x)=\dfrac{x^2-x-2}{x+1}$ (4) $f(x)=\begin{cases}\dfrac{x^2-4}{x-2}, & x\neq 2\\ 4, & x=2\end{cases}$

2. 함수 $f(x)=\begin{cases}-ax-2, & x<2\\ ax+3, & x\geq 2\end{cases}$가 모든 실수 x에서 연속이 되기 위한 상수 a의 값을 구하여라.

3. 다음 함수 $f(x)$가 모든 실수 x에서 연속일 때 상수 a, b 의 값을 구하여라.

$$f(x)=\begin{cases}\dfrac{x^3-1}{x-1}, & x<1\\ x^2+ax+b, & 1\leq x\leq 2\\ \dfrac{1}{x-1}, & x>2\end{cases}$$

4. 함수 $f(x)=\begin{cases}x^{2015}+1, & x<1\\ ax+2002, & x\geq 1\end{cases}$가 $x=1$에서 연속일 때 $f(2)$의 값을 구하여라.

5. 모든 실수 x에 대하여 연속인 함수 $f(x)$가 다음 관계식을 만족할 때 $f(2)$의 값을 구하여라.

$$(x^2-1)f(x)=x^4+ax+b$$

6. 방정식 $\log x+x-4=0$은 $1\leq x\leq 4$에서 적어도 하나의 실근을 갖는다는 것을 보여라.

7. 방정식 $4x^{2015}-x-1=0$은 0보다 크고 1보다 작은 실근을 가짐을 보여라.

제 9 장 미분

9.1 미분계수와 도함수

9.1.1 평균변화율

(1) 평균변화율 : 함수 $y=f(x)$에서 x의 값이 a에서 b까지 변화하면 그에 대응되는 함수의 값이 $f(a)$에서 $f(b)$로 변화할 때

$$\frac{\Delta y}{\Delta x}=\frac{f(b)-f(a)}{b-a}=\frac{f(a+\Delta x)-f(a)}{\Delta x}$$

를 구간 $[a,b]$에서의 평균변화율이라 한다.

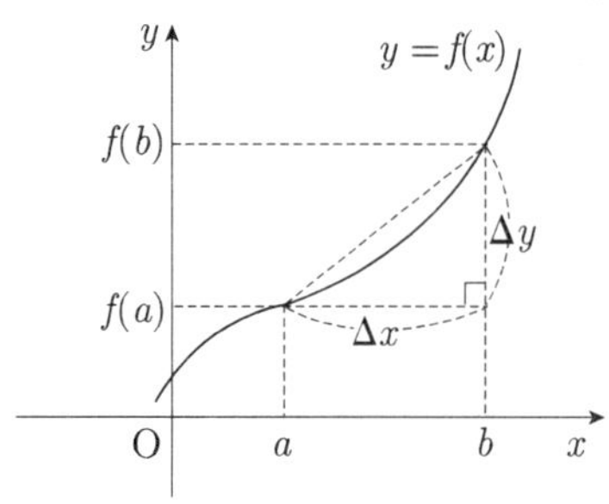

(2) 평균변화율의 기하학적 의미 : 평균 변화율은 두 점 $(a,f(a))$, $(b,f(b))$를 잇는 직선의 기울기를 나타낸다.

9.1.2 미분계수

함수 $y=f(x)$에서 x의 값이 a에서 $a+\Delta x$까지 변할 때의 평균 변화율은

$$\frac{\Delta y}{\Delta x}=\frac{f(a+\Delta x)-f(a)}{\Delta x}$$

이다. 여기에서 $\Delta x \to 0$일 때 평균 변화율의 극한값

$$\lim_{\Delta x \to 0}\frac{f(a+\Delta x)-f(a)}{\Delta x}$$

이 존재할 때 이 극한값을 $f'(a)$로 나타내고 함수 $y=f(x)$의 $x=a$에서의 미분계수 또는 순간변화율이라 한다.

$$f'(a) = \lim_{\Delta x \to 0} \frac{f(a+\Delta x) - f(a)}{\Delta x} = \lim_{x \to a} \frac{f(x) - f(a)}{x - a}$$

◎ Δx에서 Δ는 차를 뜻하는 영어 Difference의 D에 해당하는 그리스 문자로 델타(delta)라고 읽는다. $\Delta x = b - a$를 x의 증분, $\Delta y = f(b) - f(a)$를 y의 증분이라 한다.

◎ 미분계수를 구할 때 $\Delta x = h$로 하여 $f'(a) = \lim_{h \to 0} \frac{f(a+h) - f(a)}{h}$의 식을 많이 사용한다.

◎ 미분가능성과 연속성 : 함수 $f(x)$에서 $x = a$에서의 미분계수 $f'(a)$가 존재하고 유한확정이면 $f(x)$는 $x = a$에서 미분가능하다고 한다. $f(x)$가 미분가능하면 $f(x)$는 $x = a$에서 연속이다. 그러나 그 역은 성립하지 않는다.

9.1.3 미분계수의 기하학적 의미

(1) 곡선 $y = f(x)$ 위의 $x = a$에서의 미분계수 $f'(a)$는 점 $(a, f(a))$에서 곡선 $y = f(x)$에 접하는 접선의 기울기이다.

(2) 곡선 $y = f(x)$ 위의 점 $(a, f(a))$에 접하는 접선의 방정식은

$$y = f'(a)(x - a) + f(a)$$

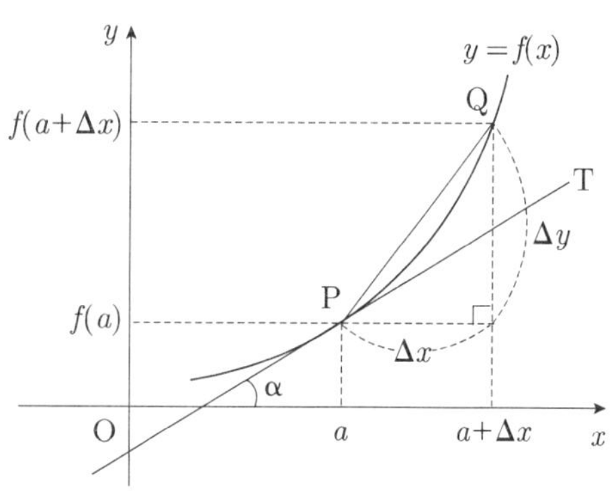

(3) 접선이 x축의 양의 방향과 이루는 각을 α라 하면 $\tan\alpha = f'(a)$이다.

설명 함수 $y = f(x)$ 위의 두 점 $\mathrm{P}(a, f(a))$, $\mathrm{Q}(a + \Delta x, f(a + \Delta x))$에서 평균변화율 $\frac{\Delta y}{\Delta x}$는 직선 $\overline{\mathrm{PQ}}$의 기울기이다. 여기에서 $\Delta x \to 0$이면 점 Q는 곡선을 따라서 점 P에 한없이 가까워지고 직선 $\overline{\mathrm{PQ}}$는 P를 중심으로 회전하여 기울기가 $\lim_{\Delta x \to 0} \frac{\Delta y}{\Delta x} = f'(a)$인 한 직선 $\overline{\mathrm{PT}}$에 가까워짐을 알 수 있다.

이때 직선 $\overline{\mathrm{PT}}$를 $y=f(x)$ 위의 점 P에서의 접선이라 하고 점 P를 접점이라고 한다. 따라서 미분계수 $f'(a)$는 곡선 $y=f(x)$ 위의 점 $(a, f(a))$에서의 접선의 기울기가 된다.

예제 9.1.1 다음 함수의 구간 $[4,\ 9]$에서의 평균 변화율을 구하여라.

(1) $f(x)=\sqrt{x}$　　　　(2) $f(x)=x^2-x$

풀이 구간 $[a, b]$, $a=4$, $b=9$에서의 평균 변화율이므로

$$(1)\ \frac{f(b)-f(a)}{b-a}=\frac{\sqrt{9}-\sqrt{4}}{9-4}=\frac{3-2}{5}=\frac{1}{5}$$

$$(2)\ \frac{f(b)-f(a)}{b-a}=\frac{(9^2-9)-(4^2-4)}{9-4}=\frac{60}{5}=12$$

예제 9.1.2 $f(x)=x^2+2x$ 의 $x=1$에서의 미분계수 $f'(1)$을 구하여라.

풀이
$$\begin{aligned} f'(1)=\lim_{h\to 0}\frac{f(1+h)-f(1)}{h}&=\lim_{h\to 0}\frac{(1+h)^2+2(1+h)-(1+2)}{h}\\ &=\lim_{h\to 0}\frac{h^2+4h}{h}\\ &=\lim_{h\to 0}(h+4)=4 \end{aligned}$$

예제 9.1.3 곡선 $y=x^2$ 위의 점 $(1, 1)$에서의 접선의 방정식을 구하여라.

풀이 $y=f(x)=x^2$으로 하면 점 $(1, 1)$에서의 접선의 기울기

$$\begin{aligned} f'(1)&=\lim_{h\to 0}\frac{f(1+h)-f(1)}{h}=\lim_{h\to 0}\frac{(1+h)^2-1}{h}\\ &=\lim_{h\to 0}(h+2)=2 \end{aligned}$$

이므로 접선의 방정식은

$$\begin{aligned} y=f'(1)(x-1)+1&=2(x-1)+1\\ &=2x-1 \end{aligned}$$

이다.

예제 9.1.4 미분 가능한 함수 $f(x)$에서 $f'(a)=2$일 때 다음 극한값을 구하여라.

(1) $\lim_{h\to0}\frac{f(a+2h)-f(a)}{3h}$

(2) $\lim_{h\to0}\frac{f(a+2h)-f(a-3h)}{h}$

풀이 (1) $\lim_{h\to0}\frac{f(a+2h)-f(a)}{3h}=\lim_{h\to0}\frac{2}{3}\frac{f(a+2h)-f(a)}{2h}$ $\quad(\leftarrow h'=2h)$

$$=\frac{2}{3}\lim_{h'\to0}\frac{f(a+h')-f(a)}{h'}$$

$$=\frac{2}{3}f'(a)=\frac{4}{3}$$

(2) $f(a+2h)-f(a-3h)=f(a+2h)-f(a)-\{f(a-3h)-f(a)\}$

$$\therefore \lim_{h\to0}\frac{f(a+2h)-f(a-3h)}{h}$$

$$=\lim_{h\to0}\frac{f(a+2h)-f(a)}{2h}\times2+\lim_{h\to0}\frac{f(a-3h)-f(a)}{-3h}\times3$$

$$=2f'(a)+3f'(a)$$

$$=5f'(a)=10$$

예제 9.1.5 $f(1)=1,\ f'(1)=2$일 때 $\lim_{x\to1}\frac{f(x)-1}{x^3-1}$의 값을 구하여라.

풀이 $\lim_{x\to1}\frac{f(x)-1}{x^3-1}=\lim_{x\to1}\frac{f(x)-f(1)}{(x-1)(x^2+x+1)}$

$$=\lim_{x\to1}\frac{f(x)-f(1)}{x-1}\times\lim_{x\to1}\frac{1}{x^2+x+1}$$

$$=f'(1)\times\frac{1}{3}=\frac{2}{3}$$

예제 9.1.6 곡선 $y=x^2-3x$ 위의 점 $(2,-2)$에 접하는 직선이 x축의 양의 방향과 이루는 각(α)을 구하여라.

풀이 $f(x)=x^2-3x$로 하면

$$f'(2)=\lim_{h\to0}\frac{f(2+h)-f(2)}{h}=\lim_{h\to0}\frac{(2+h)^2-3(2+h)-(2^2-3\times2)}{h}$$

$$= \lim_{h \to 0} \frac{h + h^2}{h}$$

$$= \lim_{h \to 0} (1 + h) = 1$$

이므로 $\tan\alpha = f'(2)$에서 $\tan\alpha = 1$이다. 따라서 $\alpha = \frac{\pi}{4}$이다.

9.1.4 도함수(derivative) 17)

(1) 함수 $y = f(x)$ 의 도함수 $f'(x)$는 다음과 같이 정의된다.

$$f'(x) = \lim_{h \to 0} \frac{f(x+h) - f(x)}{h}$$

(2) $f(x)$의 도함수를 구하는 것을 $f(x)$를 x에 대하여 미분한다고 하고, 이렇게 계산하는 방법(미분하는 수학적 과정)을 미분법이라 한다.
(3) 도함수의 기하학적 의미 : 도함수 $f'(x)$는 $y = f(x)$ 위의 임의의 점 $(x, f(x))$에서 곡선 $y = f(x)$에 접하는 접선의 기울기를 나타낸다.

◉ $y = f(x)$의 도함수를 다음과 같은 여러 가지 방법으로 나타낸다.

$$y', \quad f'(x), \quad \frac{dy}{dx}, \quad \frac{d}{dx}f(x), \quad D_x f(x)$$

설명 a의 값이 정해지면 이에 대응하여 함수 $y = f(x)$ 위의 $x = a$에서의 미분계수 $f'(a)$의 값이 결정된다. 따라서 함수 $y = f(x)$에 대하여 정의역의 임의의 x에 $f'(x)$가 대응하는 새로운 함수 $f' : x \to f'(x)$를 정할 수 있다. 이 함수 $f'(x)$를 함수 $y = f(x)$의 도함수라 정의한다.

예제 9.1.7 다음 함수의 도함수를 구하여라.

(1) $f(x) = 4x + 5$ (2) $f(x) = x^2$

예 (1) $f'(x) = \lim_{h \to 0} \frac{f(x+h) - f(x)}{h} = \lim_{h \to 0} \frac{\{4(x+h) + 5\} - (4x + 5)}{h}$

17) 도함수의 정의에 의한 미분은 참고로 하고, 9.2절의 미분법을 익히면 된다. 단순히 함수를 미분한다는 것 자체는 아주 쉬운 일이다.

$$= \lim_{h \to 0} \frac{4h}{h}$$

$$= \lim_{h \to 0} (4)$$

$$= 4$$

(2) $f'(x) = \lim_{h \to 0} \frac{f(x+h) - f(x)}{h} = \lim_{h \to 0} \frac{(x+h)^2 - x^2}{h}$

$$= \lim_{h \to 0} \frac{2xh + h^2}{h}$$

$$= \lim_{h \to 0} (2x + h)$$

$$= 2x$$

연습문제 9.1

1. 다음 함수의 주어진 구간에서의 평균변화율을 구하여라.

(1) $f(x)=x^2+2x+1 \quad [0,2]$

(2) $f(x)=x^3-x^2+4x+3 \quad [-1,1]$

2. 다음 함수의 주어진 점에서의 미분계수 $f'(x)$를 구하여라.

(1) $f(x)=C,\ x=4$ (C는 상수)

(2) $f(x)=2x-7,\ x=-3$

(3) $f(x)=3x^2,\ x=-1$

(4) $f(x)=x^3,\ x=1$

3. 미분 가능한 함수 $f(x)$에서 $f'(a)=1$일 때 다음 극한값을 구하여라.

(1) $\lim_{h\to 0}\frac{f(a+2h)-f(a)}{h}$ (2) $\lim_{h\to 0}\frac{f(a+2h)-f(a-2h)}{2h}$

4. 미분 가능한 함수 $f(x)$에서 $\lim_{h\to 0}\frac{f(2h)-f(3h)}{h}=4$일 때 $f'(0)$의 값을 구하여라.

5. $f'(1)=3$일 때 $\lim_{x\to 1}\frac{f(x)-f(1)}{x^2-1}$의 값을 구하여라.

6. 점 $(1,1)$에서 $y=x^2$에 접하는 직선의 방정식을 구하여라.

7. 다음 함수의 도함수를 구하여라.

(1) $f(x)=4$ (2) $f(x)=2x-3$

(3) $f(x)=-4x^2+3x$ (4) $f(x)=2x^2+5x+4$

8. 도함수의 정의 $f'(x)=\lim_{h\to 0}\frac{f(x+h)-f(x)}{h}$를 사용하여 $f(x)=\sqrt{x}$의 도함수를 구하여라.

9.2 다항함수의 미분법

9.2.1 미분법의 기본 공식 I[18)]

두 함수 $f(x)$, $g(x)$가 미분 가능할 때 다음 미분 공식이 성립한다.

(1) $y = c$ (c는 상수) $\Rightarrow$ $y' = 0$

(2) $y = x^n$ (n은 자연수) $\Rightarrow$ $y' = nx^{n-1}$

증명 미분법의 기본 공식은 모두 미분의 정의로부터 유도된다.

(1) $f(x) = c$로 하면 $y' = \lim_{h \to 0} \dfrac{f(x+h) - f(x)}{h} = \lim_{h \to 0} \dfrac{c-c}{h} = 0$

(2) $f(x) = x^n$으로 하면

$$y' = \lim_{h \to 0} \frac{f(x+h) - f(x)}{h} = \lim_{h \to 0} \frac{(x+h)^n - x^n}{h}$$

$$= \lim_{h \to 0} \frac{\{(x+h) - x\}\{(x+h)^{n-1} + (x+h)^{n-2}x + \cdots + (x+h)x^{n-2} + x^{n-1}\}}{h}$$

$$= \lim_{h \to 0} \{(x+h)^{n-1} + (x+h)^{n-2}x + \cdots + (x+h)x^{n-2} + x^{n-1}\}$$

$$= \underbrace{(x^{n-1} + x^{n-2} \cdot x + \cdots + x \cdot x^{n-2} + x^{n-1})}_{x^{n-1}\text{이 } n\text{ 개}}$$

$$= nx^{n-1}$$

◎ 여기에서는 n은 자연수에 대하여 증명하였지만 지수가 실수인 경우까지 확장하여 $y = x^k$(k는 실수)의 도함수는 $y' = kx^{k-1}$가 된다.

예제 9.2.1 다음 함수를 미분하여라.

(1) $y = -4$

(2) $y = x^7$

풀이 (1) y는 상수이므로 $y' = 0$

(2) 지수 $n = 7$이므로 $y' = 7x^{7-1} = 7x^6$

---

18) 도함수를 구할 때 매번 도함수의 정의를 이용하는 것 복잡하지만 미분법의 기본 공식을 이용하면 도함수를 쉽게 구할 수 있다.

9.2.2 미분법의 기본 공식 II

두 함수 $f(x)$, $g(x)$가 미분 가능할 때 다음 미분 공식이 성립한다.

(1) $y = cf(x)$ (c는 상수) $\Rightarrow y' = cf'(x)$

(2) $y = f(x) + g(x)$ $\Rightarrow y' = f'(x) + g'(x)$

(3) $y = f(x) - g(x)$ $\Rightarrow y' = f'(x) - g'(x)$

(4) $y = f(x)g(x)$ $\Rightarrow y' = f'(x)g(x) + f(x)g'(x)$

증명 미분의 정의에 의하여 $f'(x)$, $g'(x)$는 다음과 같이 정의된다.

$$f'(x) = \lim_{h\to 0}\frac{f(x+h)-f(x)}{h}, \quad g'(x) = \lim_{h\to 0}\frac{g(x+h)-g(x)}{h}$$

(1) $y' = \lim_{h\to 0}\frac{cf(x+h)-cf(x)}{h} = c\lim_{h\to 0}\frac{f(x+h)-f(x)}{h} = cf'(x)$

(2)
$$\begin{aligned} y' &= \lim_{h\to 0}\frac{\{f(x+h)+g(x+h)\}-\{f(x)+g(x)\}}{h} \\ &= \lim_{h\to 0}\frac{\{f(x+h)-f(x)\}+\{g(x+h)-g(x)\}}{h} \\ &= \lim_{h\to 0}\frac{f(x+h)-f(x)}{h} + \lim_{h\to 0}\frac{g(x+h)-g(x)}{h} \\ &= f'(x) + g'(x) \end{aligned}$$

(3) (2)와 같은 방법으로 증명된다.

(4)
$$\begin{aligned} y' &= \lim_{h\to 0}\frac{f(x+h)g(x+h)-f(x)g(x)}{h} \\ &= \lim_{h\to 0}\frac{f(x+h)g(x+h)-f(x)g(x+h)+f(x)g(x+h)-f(x)g(x)}{h} \\ &= \lim_{h\to 0}\frac{\{f(x+h)-f(x)\}g(x+h)+f(x)\{g(x+h)-g(x)\}}{h} \\ &= \lim_{h\to 0}\frac{f(x+h)-f(x)}{h}\times g(x+h) + \lim_{h\to 0}f(x)\times\frac{g(x+h)-g(x)}{h} \\ &= f'(x)g(x) + f(x)g'(x) \end{aligned}$$

◉ 유리함수 미분 : $y = \frac{f(x)}{g(x)}$ $(g(x) \neq 0)$이면 $y' = \frac{f'(x)g(x)-f(x)g'(x)}{\{g(x)\}^2}$

◉ $y = f(x)g(x)h(x)$의 미분은 다음과 같다.

$$y' = f'(x)g(x)h(x) + f(x)g'(x)h(x) + f(x)g(x)h'(x)$$

예제 9.2.2 다음 함수를 미분하여라.

(1) $y=x^2-3x+2$

(2) $y=4x^3-\frac{1}{2}x^2+\frac{1}{3}x-7$

(3) $y=(x^4+3)(x^2-1)$

풀이 (1) $y'=(x^2)'-(3x)'+(2)'=2x-3$

(2) $y'=(4x^3)'-\left(\frac{1}{2}x^2\right)'+\left(\frac{1}{3}x\right)'-(7)'=12x^2-x+\frac{1}{3}$

(3) $$\begin{aligned} y' &= (x^4+3)'(x^2-1)+(x^4+3)(x^2-1)' \\ &= 4x^3(x^2-1)+(x^4+3)(2x) \\ &= 6x^5-4x^3+6x \end{aligned}$$

예제 9.2.3 곡선 $y=x^4-x+2$ 위의 점 $(1,2)$에서의 접선의 방정식을 구하여라.

풀이 곡선 $y=f(x)$ 위의 점 $(a,f(a))$에 접하는 접선의 방정식은

$$y=f'(a)(x-a)+f(a)$$

이다. 여기에서 $a=1$, $f(a)=2$이고 기울기 $f'(a)$를 구하면

$$\begin{gathered} f(x)=x^4-x+2 \\ f'(x)=4x^3-1 \\ \therefore\ f'(1)=4-1=3 \end{gathered}$$

이다. 따라서 접선의 방정식은 다음과 같다

$$y=3(x-1)+2=3x-1$$

예제 9.2.4 곡선 $y=x^2-4x+2$에 접하고 기울기가 2인 접선의 방정식을 구하여라.

풀이 곡선 $y=f(x)=x^2-4x+2$에 접하는 접점의 x좌표를 a로 놓는다. 먼저 기울기가 2라는 조건에서 $f'(x)=2x-4$이므로

$$\begin{gathered} f'(a)=2a-4=2 \\ \therefore\ a=3 \end{gathered}$$

이다. 따라서 접점의 x좌표는 $a=3$이고 y좌표는

$$f(a)=a^2-4a+2=3^2-4\cdot 3+2=-1$$

이다. 즉, 구하는 접선은 기울기가 2이고 접점의 좌표가 $(3,-1)$인 직선이므로 방정식은 다음과 같다.

$$y=2(x-3)-1=2x-7$$

예제 9.2.5 함수 $f(x)=(x+3)(x^2-4x+2)$일 때 $f'(1)$의 값을 구하여라.

풀이 $f'(x)=(x+3)'(x^2-4x+2)+(x+3)(x^2-4x+2)'$
$=1\cdot(x^2-4x+2)+(x+3)(2x-4)$
$=3x^2-2x-10$
$\therefore\ f'(1)=3-2-10=-9$

예제 9.2.6 $\lim\limits_{x\to1}\dfrac{x^{100}-1}{x-1}$의 값을 구하여라.

풀이 $f(x)=x^{100}$으로 하면 $f(1)=1$이므로 준 식은

$$\lim_{x\to1}\frac{x^{100}-1}{x-1}=\lim_{x\to1}\frac{f(x)-f(1)}{x-1}=f'(1)$$

이 된다. 여기에서

$$f'(x)=100x^{100-1}=100x^{99}$$

이므로 $f'(1)=100$이다. 따라서 준 식의 값은 100이다.

9.2.3 함수 $y=\{f(x)\}^n$의 미분법

$y=\{f(x)\}^n$ (n은 자연수)일 때 $y'=n\{f(x)\}^{n-1}\cdot f'(x)$

증명 $z=f(x)$로 하면 $\dfrac{dz}{dx}=f'(x)$이고 $y=z^n$이므로

$$y'=\frac{dy}{dx}=\frac{dy}{dz}\cdot\frac{dz}{dx}=nz^{n-1}\cdot f'(x)=n\{f(x)\}^{n-1}\cdot f'(x)$$

◎ n이 실수일 때도 [**9.2.3**]이 성립한다. 예를 들어 $y=\sqrt{x+1}=(x+1)^{1/2}$의 미분은 다음과 같다.

$$y'=\frac{1}{2}(x+1)^{\frac{1}{2}-1}\cdot(x+1)'=\frac{1}{2\sqrt{x+1}}$$

◎ $y=\sqrt{f(x)}$ 의 도함수는 $y'=\dfrac{f'(x)}{2\sqrt{f(x)}}$ 이다.

예제 9.2.7 다음 함수를 미분하여라.

(1) $y=(x^2+1)^5$　　　　(2) $y=(2x^3+x^2-4)^7$

풀이 (1) $f(x)=x^2+1$ 로 하면 $y=\{f(x)\}^5$

$$\therefore\ y'=5\{f(x)\}^{5-1}\cdot f'(x)=5(x^2+1)^4\cdot(2x)$$
$$=10x(x^2+1)^4$$

(2) $f(x)=2x^3+x^2-4$ 로 하면 $y=\{f(x)\}^7$

$$\therefore\ y'=7\{f(x)\}^{7-1}\cdot f'(x)=7(2x^3+x^2-4)^6\cdot(6x^2+2x)$$
$$=14x(3x+1)(2x^3+x^2-4)^6$$

연습문제 9.2

1. 다음 함수를 미분하여라.

(1) $y=\dfrac{2}{7}$ (2) $y=\dfrac{5}{\sqrt{3}-1}$

(3) $y=\dfrac{1}{4}x^8$ (4) $y=\dfrac{1}{2}(x^4+3x^2+5)$

(5) $y=-\dfrac{2}{3}x^3+\dfrac{1}{2}x^2+4x-5$ (6) $y=x^7+2x^4+3$

(7) $y=(x^4+2x)(x^3-3)$ (8) $y=(2x+3)(x^4+x^2+1)$

2. 곡선 $y=4x^3-x^2-3x+2$ 위의 점 $(1,2)$에서의 접선의 방정식을 구하여라.

3. 직선 $y=2x+1$에 평행하고 곡선 $y=x^2-4x+5$에 접하는 직선의 방정식을 구하여라.

4. $f(x)=x^4-3x^2+1$일 때 극한값 $\lim_{h\to 0}\dfrac{f(1+h)-f(1-h)}{h}$를 구하여라.

5. 미분을 이용하여 극한값 $\lim_{x\to 0}\dfrac{x^6-64}{x-2}$을 구하여라.

6. $f(1)=2,\ g(1)=3,\ f'(1)=4,\ g'(1)=5$일 때 다음 값을 구하여라.

(1) $(2f+g)'(1)$ (2) $4f'(1)-2g'(1)$

(3) $3f(1)g'(1)$ (4) $(fg)'(1)$

7. $f(x)=x^2g(x)$ 이고 $g(1)=1,\ g'(1)=2$ 일 때 $f'(1)$의 값을 구하여라.

8. 곡선 $y=x^3-x+3$ 위의 점 $(1,3)$을 지나고, 이 점에서의 접선에 수직인 직선의 방정식을 구하여라.

◉ 기울기 m인 직선에 수직인 직선의 기울기가 n이면 기울기의 곱 $mn=-1$이다.

9.3 함수의 증가와 감소

9.3.1 증가함수와 감소함수

(1) 증가함수 : 함수 $f(x)$가 어떤 구간의 임의의 두 수 a, b에 대하여 $a<b$이면 $f(a)<f(b)$일 때, 함수 $f(x)$는 그 구간에서 증가한다고 하고, 그 구간에서 증가함수라 한다.

(2) 감소함수 : 함수 $f(x)$가 어떤 구간의 임의의 두 수 a, b에 대하여 $a<b$이면 $f(a)>f(b)$일 때, 함수 $f(x)$는 그 구간에서 감소한다고 하고, 그 구간에서 감소함수라 한다.

9.3.2 함수의 증가와 감소의 판정

함수 $f(x)$가 어떤 구간에서 미분가능하고, 그 구간의 모든 x에 대하여

(1) $f'(x)>0$이면 함수 $f(x)$는 그 구간에서 증가함수이다.

(2) $f'(x)<0$이면 함수 $f(x)$는 그 구간에서 감소함수이다.

증명 미분계수의 정의에 의하여 함수 $f(x)$의 임의의 점 α에서의 미분계수

$$f'(\alpha)=\lim_{\Delta x\to 0}\frac{f(\alpha+\Delta x)-f(\alpha)}{\Delta x}$$

이므로 $\Delta x\to 0$이면 $f'(\alpha)\approx\dfrac{f(\alpha+\Delta x)-f(\alpha)}{\Delta x}$이다.

(1) $f'(\alpha)>0$일 때 : $\Delta x>0$이면 $\alpha+\Delta x>\alpha$이고 $f(\alpha+\Delta x)>f(\alpha)$이다. $\Delta x<0$이면 $\alpha+\Delta x<\alpha$이고 $f(\alpha+\Delta x)<f(\alpha)$이다. 따라서 함수 $f(x)$는 $x=\alpha$에서 증가상태에 있다.

(2) $f'(\alpha)<0$일 때 : $\Delta x>0$이면 $\alpha+\Delta x>\alpha$이고 $f(\alpha+\Delta x)<f(\alpha)$이다. $\Delta x<0$이면 $\alpha+\Delta x<\alpha$이고 $f(\alpha+\Delta x)>f(\alpha)$이다. 따라서 함수 $f(x)$는 $x=\alpha$에서 감소상태에 있다.

예제 9.3.1 다음 함수가 주어진 x 값에서 증가상태에 있는지 감소상태에 있는지 조사하여라.

(1) $f(x)=x^3+7x^2-5x+4,\quad x=0$

(2) $f(x)=-x^3+3x^2+4x-2,\quad x=1$

풀이 주어진 $x=a$에 대해 $f'(a)$의 부호를 조사한다.

(1) $f(x)=x^3+7x^2-5x+4$ 를 미분하면

$$f'(x)=3x^2+14x-5$$

$f'(x)$에 $x=0$을 대입하면

$$f'(0)=-5<0$$

따라서 함수 $f(x)$는 $x=0$에서 감소상태에 있다.

(2) $f(x)=-x^3+3x^2+4x-2$ 를 미분하면

$$f'(x)=-3x^2+6x+4$$

$f'(x)$에 $x=1$을 대입하면

$$f'(1)=7>0$$

따라서 함수 $f(x)$는 $x=1$에서 증가상태에 있다.

예제 9.3.2 함수 $f(x)=x^3-3x^2+2$의 증가와 감소를 조사하여라.

풀이 $f'(x)=3x^2-6x=3x(x-2)$이므로 $f'(x)=0$에서 $x=0, 2$이다. 이때 함수 $f(x)$의 증가와 감소를 조사하면 다음과 같다.

x	$\cdots$	0	$\cdots$	2	$\cdots$
$f'(x)$	+	0	−	0	+
$f(x)$	↗	2	↘	−2	↗

따라서 $f(x)$는 $x<0$, $x>2$에서 증가하고 $0<x<2$에서 감소한다.

◎ 위의 표와 같이 함수의 증가와 감소를 나타내는 표를 증감표라 한다. 여기에서 ↗는 함수 $f(x)$의 증가, ↘는 함수 $f(x)$의 감소를 나타낸다.

예제 9.3.3 함수 $f(x)=2x^3-9x^2+12x-7$이 감소하는 구간을 구하여라.

풀이 $f'(x)=6x^2-18x+12=6(x-1)(x-2)$이므로 $f'(x)=0$에서 $x=1, 2$이

다. 이때 함수 $f(x)$의 증가와 감소를 조사하면 다음과 같다.

x	$\cdots$	1	$\cdots$	2	$\cdots$
$f'(x)$	$+$	0	$-$	0	$+$
$f(x)$	$\nearrow$	-2	$\searrow$	-3	$\nearrow$

따라서 $f(x)$가 감소하는 구간은 $1 < x < 2$이다.

◎ 함수 $f(x)$가 감소하는 구간에서 기울기 $f'(x) < 0$이다. 따라서 [예제 **9.3.3**]의 구간은 다음과 같이 구할 수 있다.

$$f'(x) = 6x^2 - 18x + 12 = 6(x-1)(x-2) < 0$$
$$\therefore\ 1 < x < 2$$

예제 9.3.4 함수 $f(x) = -x^3 + ax + 5$가 $x = 2$에서 증가상태일 때 상수 a 값의 범위를 구하여라.

풀이 함수 $f(x)$가 $x = \alpha$에서 증가상태일 때 $f'(\alpha) > 0$이다.

$$f'(x) = -3x^2 + a$$
$$\therefore\ f'(2) = -3 \cdot 2^2 + a > 0$$
$$\therefore\ a > 12$$

◎ 함수 $f(x)$가 $x = \alpha$에서 미분 가능할 때, $f'(\alpha) > 0$이면 $f(x)$는 $x = \alpha$에서 증가상태에 있고, $f'(\alpha) < 0$이면 $f(x)$는 $x = \alpha$에서 감소상태에 있다

예제 9.3.5 함수 $f(x) = 3x^4 - 8x^3 - 6x^2 + 24x + 5$가 증가하는 구간과 감소하는 구간을 각각 구하여라.

풀이 $f'(x) = 12x^3 - 24x^2 - 12x + 24 = 12(x+1)(x-1)(x-2)$이므로

$$f'(x) > 0 \iff -1 < x < 1,\ x > 2$$
$$f'(x) < 0 \iff x < -1,\ 1 < x < 2$$

이다. 따라서 $-1 < x < 1$, $x > 2$에서 증가하고, $x < -1$, $1 < x < 2$에서 감소한다.

◎ $f(x)=(x-\alpha)(x-\beta)(x-\gamma)$는 $\alpha<x<\beta$, $x>\gamma$에서 $f(x)>0$이고, $x<\alpha$, $\beta<x<\gamma$에서 $f(x)<0$이다. 단, $\alpha<\beta<\gamma$.

9.3.3 함수의 극값

(1) 극댓값 : x가 증가할 때 $x=\alpha$를 경계로 하여 $f(x)$가 증가상태에서 감소상태로 변하면 $f(x)$는 $x=\alpha$에서 극대라 하고 $f(\alpha)$를 극댓값이라 한다.

(2) 극솟값 : x가 증가할 때 $x=\beta$를 경계로 하여 $f(x)$가 감소상태에서 증가상태로 변하면 $f(x)$는 $x=\beta$에서 극소라 하고 $f(\beta)$를 극솟값이라 한다.

(3) 극값 : 극댓값과 극솟값을 통틀어 극값이라 한다.

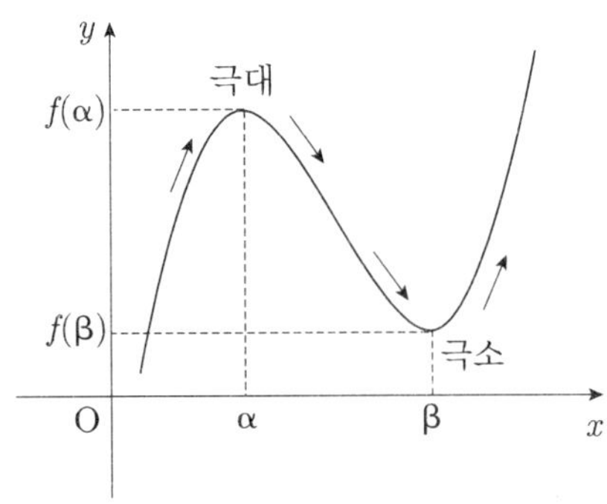

9.3.4 극값의 판정

함수 $f(x)$가 $x=a$에서 극값을 가지고 $f'(a)$가 존재하면 $f'(a)=0$이다.

증명 함수 $f(x)$가 $x=\alpha$에서 극댓값을 갖는다고 하면 $x=\alpha$에 가까운 x에 대하여 $f(\alpha)>f(x)$이므로 충분히 작은 h에 대하여 $f(\alpha)>f(\alpha+h)$이다. 따라서 $f(\alpha+h)-f(\alpha)<0$이므로 $h>0$이면

$$\frac{f(\alpha+h)-f(\alpha)}{h}\leq 0$$

이고, $h<0$이면

$$\frac{f(\alpha+h)-f(\alpha)}{h}\geq 0.$$

여기에서 $h\to 0$의 극한을 취하면

$$\lim_{h\to 0+}\frac{f(\alpha+h)-f(\alpha)}{h} \le 0 \le \lim_{h\to 0-}\frac{f(\alpha+h)-f(\alpha)}{h}$$

의 부등식이 성립한다. 따라서

$$f'(\alpha)=\lim_{h\to 0}\frac{f(\alpha+h)-f(\alpha)}{h}=0$$

이다.

$f(x)$가 $x=\beta$에서 극솟값을 갖는 경우도 같은 방법으로 증명된다.

9.3.5 극대 • 극소 판정법

$f'(a)=0$이고, $x=a$의 좌우에서 $f'(a)$의 부호가

(1) $+$에서 $-$로 변하면 $f(x)$는 $x=a$에서 극대이고, 극댓값은 $f(a)$이다.

(2) $-$에서 $+$로 변하면 $f(x)$는 $x=a$에서 극소이고, 극솟값은 $f(a)$이다.

설명 일반적으로 [**9.3.4**]의 역은 성립하지 않는다. 즉, $f'(a)=0$을 만족하는 $x=a$에서 $f(x)$가 반드시 극값을 갖는 것은 아니다. $f'(a)=0$는 $x=a$에서 극값을 가지기 위한 필요조건이지만 충분조건은 아니다. 예를 들어 $f(x)=x^3$은 $f'(x)=2x^2$이므로 $f'(0)=0$이다. 그러나 $f'(x)$의 부호가 $x=0$를 경계로 하여 바뀌지 않고 $x\neq 0$인 모든 x에 대하여 $f'(x)>0$이므로 $x=0$에서 극값을 가지지 않는다.

극값의 정의에 의해 함수가 증가 상태에서 감소상태로, 혹은 감소상태에서 증가상태로의 변화가 있어야 하므로 $f'(a)=0$가 되는 $x=a$의 좌우에서 $f'(a)$의 부호가 바뀔 때 극값을 갖는다.

예제 9.3.6 다음 함수의 극값을 구하여라.

(1) $f(x)=x^2-4x+1$

(2) $f(x)=x^3+3x^2-9x+1$

풀이 (1) $f'(x)=2x-4=2(x-2)$이므로 $f'(x)=0$에서 $x=2$이다. 이때 $f(x)$의 증감표는 다음과 같다.

x	$\cdots$	2	$\cdots$
$f'(x)$	$+$	0	$-$
$f(x)$	↘	(극소) -3	↗

따라서 극솟값은 $f(2)=-3$이고, 극댓값은 없다.

(2) $f'(x)=3x^2+6x-9=3(x-1)(x+3)$

$f'(x)=0$에서 $x=-3,1$이고 함수 $f(x)$의 증감표는 다음과 같다.

x	$\cdots$	-3	$\cdots$	1	$\cdots$
$f'(x)$	$+$	0	$-$	0	$+$
$f(x)$	↗	(극대) 28	↘	(극소) -4	↗

따라서 $x=-3$에서 극댓값 28, $x=1$에서 극솟값 -4를 갖는다.

예제 9.3.7 함수 $f(x)=x^3+3x^2+3x+2$의 극값이 있는지 판별하여라.

풀이 $f'(x)=3x^2+6x+3=3(x+1)^2$이므로 $f'(x)=0$에서 $x=-1$이다. 그런데 $x\neq-1$일 때 $f'(x)=3(x+1)^2>0$이다. 즉 $x=-1$에서 $f'(x)=0$이지만 $x=-1$ 의 좌우에서 $f'(x)$의 부호가 바뀌지 않고 항상 양(+)이다. 따라서 함수 $f(x)$는 극값을 가지지 않는다.

◎ 다항함수 $f(x)$의 도함수 $f'(x)$에 대해 방정식 $f'(x)=0$이 $x=\alpha$를 중근(이중근)으로 가지면 $f(x)$는 $x=\alpha$에서 극값을 가지지 않는다. 또한 $f'(x)=0$이 허근을 가질 때도 극값을 갖지 않는다.

◎ 다항함수 $f(x)$에 대해 방정식 $f'(x)=0$이 $x=\alpha$를 삼중근으로 가지면 $f(x)$는 $x=\alpha$에서 극값을 가진다. 예를 들어 $f(x)=x^4$은 $x=0$에서 극솟값을 가진다.
즉, 극값을 가지기 위해서는 $x=\alpha$의 좌우에서 $f'(x)$의 부호가 바뀌어야 한다.

예제 9.3.8 함수 $f(x)=x^3+ax^2+3x+5$가 극값을 갖도록 상수 a값의 범위를 구하여라.

풀이 $f'(x)=3x^2+2ax+3=0$가 서로 다른 두 실근을 가져야 하므로

$$D/4 = a^2 - 3 \cdot 3 > 0$$
$$(a-3)(a+3) > 0$$
$$\therefore \quad a < -3, \quad a > 3$$

◎ 삼차함수 $f(x) = ax^3 + bx^2 + cx + d$에 대해 이차방정식 $f'(x) = 0$가 서로 다른 두 실근을 가질 때 $f(x)$는 극값을 갖는다. $f'(x) = 0$가 중근 또는 허근을 가지면 극값을 갖지 않는다.

연습문제 9.3

1. 다음 함수가 증가하는 구간과 감소하는 구간을 각각 구하여라.

(1) $f(x)=-x^2+4x+3$ (2) $f(x)=x^3-6x^2+9x+2$

(3) $f(x)=-x^3+3x+4$ (4) $f(x)=x^3-3x^2-45x+4$

2. 함수 $f(x)=-\frac{1}{3}x^3+\frac{1}{2}ax^2+bx+5$가 증가하는 구간이 $(3,\ 4)$일 때 상수 a, b의 값을 구하여라.

3. 함수 $f(x)=2x^3+3ax^2+6bx+1$이 감소하는 구간이 $(2,\ 3)$일 때 상수 a, b의 값을 구하여라.

4. 함수 $f(x)=-2x^3+ax+3$이 $x=1$에서 증가상태일 때 상수 a 값의 범위를 구하여라.

5. 다음 함수의 극값을 구하여라.

(1) $f(x)=x^2+6x-3$ (2) $f(x)=2x^3-9x^2+12x-2$

(3) $f(x)=-x^3+3x^2+9x+4$ (4) $f(x)=x^3-6x^2+9x$

6. 함수 $f(x)=2x^3-6x^2+a$가 $x=b$에서 극솟값 4를 가질 때 상수 a, b와 극댓값을 구하여라.

7. 함수 $f(x)=2x^3-15x^2+6ax+4$가 감소하는 구간이 $2<x<3$일 때 상수 a의 값을 구하여라.

8. 함수 $f(x)=x^3-3a^2x\ (a>0)$가 극댓값과 극솟값을 가지고, 그 값의 차이가 32일 때 상수 a의 값을 구하여라.

9. 함수 $f(x)=x^3+ax^2+ax+4$가 극값을 가지지 않을 때 상수 a 값의 범위를 구하여라.

9.4 함수의 최댓값과 최솟값

9.4.1 함수의 최댓값과 최솟값

함수 $f(x)$가 폐구간 $[a, b]$에서 정의되고 $a \le \alpha \le b$일 때,

(1) 주어진 구간에 있는 모든 x에 대하여 $f(\alpha) \ge f(x)$, 즉 $f(\alpha)$가 $f(x)$에서 가장 큰 값이면 $f(x)$는 $x = \alpha$에서 최대라 하고, $f(\alpha)$를 함수 $f(x)$의 최댓값이라고 한다.

(2) 주어진 구간에 있는 모든 x에 대하여 $f(\alpha) \le f(x)$, 즉 $f(\alpha)$가 $f(x)$에서 가장 작은 값이면 $f(x)$는 $x = \alpha$에서 최소라 하고, $f(\alpha)$를 함수 $f(x)$의 최솟값이라고 한다.

9.4.2 최댓값과 최솟값을 구하는 방법[19)]

연속함수 $f(x)$의 폐구간 $[a, b]$에서의 최댓값과 최솟값은 이 구간에서의 $f(x)$의 극댓값, 극솟값, $f(a)$, $f(b)$ 중에서 가장 큰 값이 최댓값, 가장 작은 값이 최솟값이 된다.

(1) $y = f(x)$의 극댓값과 극솟값을 모두 구한다.
(2) 주어진 범위의 양 끝점에서의 함숫값 $f(a)$, $f(b)$를 구한다.
(3) 극댓값, 극솟값, $f(a)$, $f(b)$ 중에서

$$\begin{cases} \text{가장 큰 값이 최댓값} \\ \text{가장 작은 값이 최솟값} \end{cases} \text{이 된다.}$$

◎ 이차함수의 최댓값 • 최솟값 ⇒ 식 $y = a(x-m)^2 + n$을 이용한다.
◎ 삼차함수 이상의 최댓값 • 최솟값 ⇒ 미분을 이용한다.
◎ 구간이 닫힌구간이 아닐 때는 최댓값 또는 최솟값이 존재하지 않을 수 있다.

예제 9.4.1 다음 함수의 극값을 구하고 그래프를 그려라.

(1) $f(x) = x^3 - 3x - 3$

(2) $f(x) = 3x^4 + 4x^3 - 12x^2 + 20$

풀이 (1) $f'(x) = 3x^2 - 3 = 3(x-1)(x+1)$

$f'(x) = 0$에서 $x = -1, 1$이고 함수 $f(x)$의 증감표는 다음과 같다.

19) 함수의 증감표를 이용하여 그래프를 그려보면 최댓값, 최솟값을 쉽게 알 수 있다.

x	$-\infty$	$\cdots$	-1	$\cdots$	1	$\cdots$	$+\infty$
$f'(x)$		$+$	0	$-$	0	$+$	
$f(x)$	$-\infty$	↗	(극대) -1	↘	(극소) -5	↗	$+\infty$

따라서 $x=-1$에서 극댓값 -1, $x=1$에서 극솟값 -5를 갖는다. 그래프는 그림과 같다.

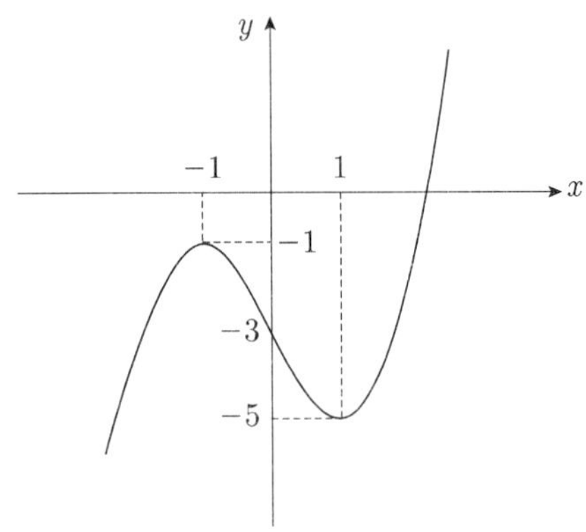

(2) $f'(x)=12x^3+12x^2-24x=12x(x+2)(x-1)$

$f'(x)=0$에서 $x=-2, 0, 1$이고 함수 $f(x)$의 증감표는 다음과 같다.

x	$-\infty$	$\cdots$	-2	$\cdots$	0	$\cdots$	1	$\cdots$	$+\infty$
$f'(x)$		$-$	0	$+$	0	$-$	0	$+$	
$f(x)$	$+\infty$	↘	(극소) -12	↗	(극대) 20	↘	(극소) 15	↗	$+\infty$

$x=-2$에서 극솟값 $f(-2)=-12$

$x=0$에서 극댓값 $f(0)=20$

$x=1$에서 극솟값 $f(1)=15$ 를 갖는다. 그래프는 그림과 같다.

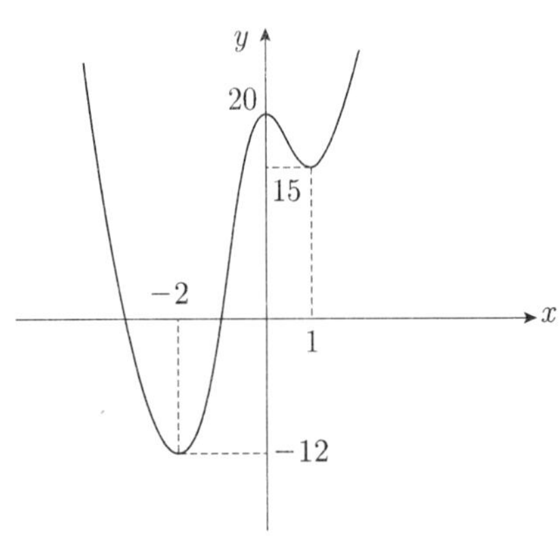

예제 9.4.2 구간 $[-2, 3]$에서 함수 $f(x) = -x^3 + 3x^2 + 4$의 최댓값과 최솟값을 구하여라.

풀이 (1) $f'(x) = -3x^2 + 6x = -3x(x-2)$

$f'(x) = 0$에서 $x = 0, 2$이고 함수 $f(x)$의 증감표는 다음과 같다.

x	-2	$\cdots$	0	$\cdots$	2	$\cdots$	3
$f'(x)$		$+$	0	$-$	0	$+$	
$f(x)$	24	↗	(극대) 4	↘	(극소) 8	↗	4

따라서 양 끝값과 극값을 비교하면

$x = -2$에서 최댓값 $f(-2) = 20$,
$x = 0$ 또는 $x = 3$에서 최솟값 $f(0) = f(3) = 4$

를 갖는다.

예제 9.4.3 구간 $(-\infty, \infty)$에서 함수 $f(x) = 3x^4 - 4x^3 - 12x^2 + 10$의 최댓값과 최솟값을 구하여라.

풀이 $f'(x) = 12x^3 - 12x^2 - 24x = 12x(x+1)(x-2)$

$f'(x) = 0$에서 $x = -1, 0, 2$이고 함수 $f(x)$의 증감표는 다음과 같다.

x	$\cdots$	-1	$\cdots$	0	$\cdots$	2	$\cdots$
$f'(x)$	$-$	0	$+$	0	$-$	0	$+$
$f(x)$	↘	(극소) 5	↗	(극대) 10	↘	-22	↗

따라서 $x = 2$에서 최솟값 -22를 갖고 최댓값은 없다.

◉ 사차함수는 구간 $(-\infty, \infty)$에서 최댓값 또는 최솟값 중 하나를 갖는다. 이차함수와 마찬가지로 최고차항의 계수가 양이면 최솟값, 음이면 최댓값을 갖는다.

예제 9.4.4 함수 $y=\cos^3 x+3\sin^2 x\ (0\le x\le\pi)$의 최댓값과 최솟값을 구하여라.

t	-1	$\cdots$	0	$\cdots$	1
$f'(t)$	$+$	$+$	0	$-$	$-$
$y=f(t)$	-1	↗	3	↘	1

풀이 $\sin^2 x+\cos^2 x=1$을 이용하여 $\cos x=t$로 통일한 후 계산한다.

$$y=\cos^3 x+3\sin^2 x=\cos^3 x+3(1-\cos^2 x)$$
$$=t^3-3t^2+3$$

이고, $(0\le x\le\pi)$이므로 $-1\le t\le 1$이다.

따라서 이 문제는 $f(t)=t^3-3t^2+3\ (-1\le t\le 1)$의 최댓값과 최솟값을 구하는 문제가 된다.

$$f'(t)=3t^2-6t=3t(t-2)=0$$

에서 $t=0,2$이다. 고려하는 구간이 $-1\le t\le 1$이므로 $t=-1,0,1$에서 최댓값 또는 최솟값을 가진다. ($t=2$는 구간 밖에 있다.)

$$f(-1)=-1,\quad f(0)=3,\quad f(1)=1$$

따라서 최솟값은 $y_{\min}=-1$, 최댓값 $y_{\max}=3$이다.

예제 9.4.5 곡선 $y=9-x^2$과 x축으로 둘러싸인 부분에 내접하고 한 변이 x축 위에 있는 직사각형의 넓이의 최댓값을 구하여라.

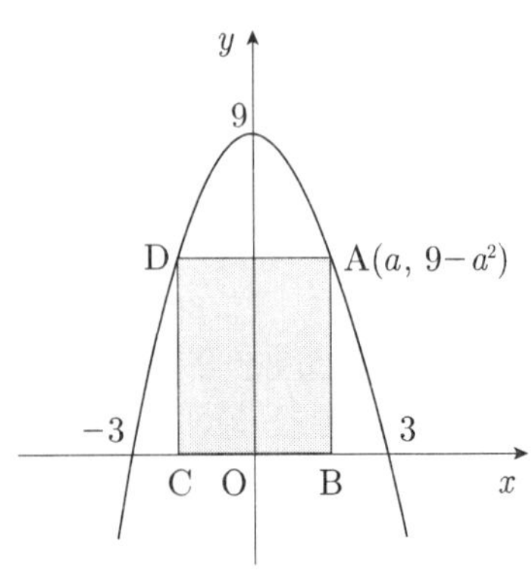

풀이 그림과 같이 직사각형 ABCD의 꼭짓점 A의 x좌표를 $a(a>0)$로 하면 점 A는 곡선 위에 있으므로 점 A의 y좌표는 $9-a^2$이다. 따라서 직사각형 ABCD는 밑변의 길이가 $2a$이고 높이가 $9-a^2$이므로 넓이 $S(a)$는 다음과 같다.

$$S(a)=2a(9-a^2)=18a-2a^3$$

한편 포물선이 x축과 만나는 점은

$$y=9-x^2=0$$
$$(3-x)(3+x)=0$$
$$\therefore\ x=-3,\ 3$$

이다. 이에 따라 주어진 문제는 $S(a)=18a-2a^3\ (0<a<3)$의 최댓값을 구하는 문제가 된다.

$$S'(a)=18-6a^2=6(3-a^2)=0$$
$$\therefore\ a=\sqrt{3}\ (\because\ 0<a<3)$$

이고 $0<a<3$에서 $S(a)$의 증감표는 그림과 같다.

a	(0)	$\cdots$	$\sqrt{3}$	$\cdots$	(3)
$S'(a)$		$+$	0	$-$	
$S(a)$		↗	$12\sqrt{3}$	↘	

따라서 $S(a)$는 $a=\sqrt{3}$에서 최댓값

$$S(\sqrt{3})=18\sqrt{3}-2(\sqrt{3})^3=12\sqrt{3}$$

을 가지므로 직사각형의 넓이의 최댓값은 $12\sqrt{3}$이다.

◎ 여기에서 $S'(a)$는 변수 a에 대한 미분 $S'(a)=\dfrac{dS}{da}$을 나타낸다.

예제 9.4.6 그림과 같이 가로와 세로의 길이가 각각 16, 10인 직사각형 모양의 종이가 있다. 이 종이의 네 모서리에서 한 변의 길이가 x인 정사각형을 잘라내고 남은 부분으로 직육면체 모양의 상자를 만들 때 상자의 부피 $f(x)$의 최댓값을 구하여라. 단, 상자의 윗면은 열려있다.

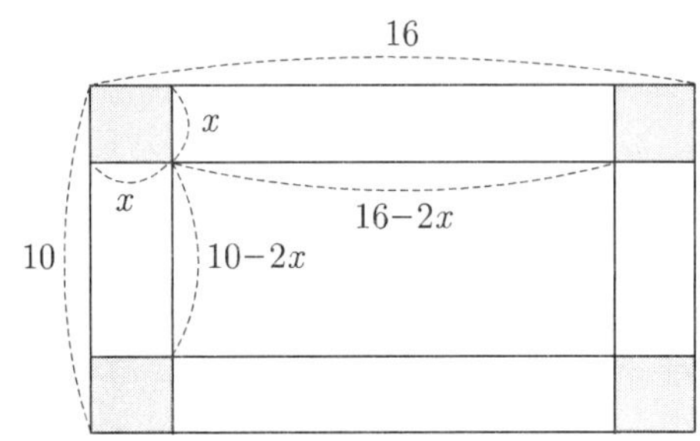

풀이 네 모서리에서 정사각형을 잘라내고 윗면이 열린 직육면체 모양의 상자를 만들면 상자의 가로, 세로, 높이는 각각 $16-2x$, $10-2x$, x가 된다. 따라서 변의 길이

$$16-2x>0,\ 10-2x>0,\ x>0$$

에서 x의 범위는

$$0<x<5$$

이다. 상자의 부피

$$\begin{aligned} f(x) &= x(16-2x)(10-2x) = 4x(8-x)(5-x) \\ &= 4(x^3-13x^2+40x) \end{aligned}$$

이므로

$$f'(x)=4(3x^2-26x+40)=3(x-2)(3x-20)$$

이다. $f'(x)=0$에서 $x=2,\ \dfrac{20}{3}$인데 $0<x<5$이므로 $x=\dfrac{20}{3}$은 부적당한 값이다.

x	(0)	$\cdots$	2	$\cdots$	(5)	$\frac{20}{3}$
$f'(x)$		$+$	0	$-$		0
$f(x)$	0	$\nearrow$	(극대) 144 (최댓값)	$\searrow$	0	(극소)

$f(x)$의 증감표를 만들어 보면 $x=2$에서 극대이고 이때 $f(x)$의 최댓값은

$$f(2)=2(16-4)(10-4)=144$$

이다.

연습문제 9.4

1. 다음 함수의 극값을 구하고 그래프를 그려라.

(1) $f(x) = x^3 - 3x^2 - 9x + 7$

(2) $f(x) = 3x^4 - 8x^3 - 6x^2 + 24x + 4$

2. 다음 함수의 주어진 구간에서의 최댓값과 최솟값을 구하여라.

(1) $f(x) = x^3 - 3x^2 + 4,\ -1 \le x \le 3$

(2) $f(x) = -x^3 + 3x^2 + 9x - 10,\ -2 \le x \le 2$

(3) $f(x) = 3x^4 - 4x^3 - 12x^2 + 1,\ \ -2 \le x \le 3$

(4) $f(x) = x^4 - 4x^3 + 4x^2,\ -2 \le x \le 2$

3. 밑면의 반지름이 R 이고 높이가 h 인 원뿔에 내접하는 원기둥의 최대 부피를 구하여라.

4. 똑바로 위로 던진 물체의 시각 t(sec)에서의 높이 $h(t) = 9.8t - 4.9t^2$ (m)이다. 초기 속도(m/s)와 물체가 도달할 수 있는 최대 높이(m)를 구하여라.

5. 함수 $f(x) = -2\sin x \cos^2 x - 3\sin^2 x + 2\sin x$ $(0 \le x \le 2\pi)$의 최댓값과 최솟값을 구하여라.

6. $y = (\log x)^3 + 3(\log x)^2 - 9\log x$ $(1 \le x \le 100)$의 최댓값과 최솟값을 구하여라.

7. $y = 2^{3x+1} - 3 \cdot 4^x - 3 \cdot 2^{x+2} + 10$의 최댓값과 최솟값을 구하여라.

8. 밑변이 x축 위에 있고 두 꼭짓점이 곡선 $y = -x^2 + 3$ 위에 있는 직사각형의 최대 넓이를 구하여라.

9. $y = x^3 - 12x + a$ $(1 \le x \le 3)$의 최솟값이 -12일 때 상수 a 값과 y의 최댓값을 구하여라.

제 10 장 적분

10.1 부정적분

10.1.1 부정적분의 뜻

(1) 원시함수 : 함수 $F(x)$의 도함수가 $f(x)$일 때, 즉 $F'(x)=f(x)$가 되는 $F(x)$를 $f(x)$의 원시함수 또는 역도함수라 한다.

(2) 부정적분 : 함수 $f(x)$의 모든 원시함수를 $\int f(x)dx$로 나타내고 $f(x)$를 피적분 함수, $\int f(x)dx$를 $f(x)$의 부정적분이라 한다.

(3) 적분상수 : $F(x)$가 $f(x)$의 부정적분 중 하나일 때

$$\int f(x)dx = F(x) + C$$

이다. 여기에서 x를 적분변수, C를 적분상수라 한다.

(4) 적분법 : 함수 $f(x)$의 부정적분을 구하는 것을 $f(x)$를 적분한다고 하고 그 계산법을 적분법이라 한다.

10.1.2 부정적분과 미분

적분법은 미분법의 역연산이다.

(1) 부정적분

$$F'(x) = f(x) \quad \Leftrightarrow \quad \int f(x)dx = F(x) + C \quad (C\text{는 적분상수})$$

(2) 부정적분과 미분의 관계

$$\frac{d}{dx}\int f(x)dx = f(x)$$

$$\int \frac{d}{dx}f(x)dx = f(x) + C \quad (C\text{는 적분상수})$$

증명 (1) $\int f(x)dx = F(x) + C$를 x에 대해 미분하면

$$\frac{d}{dx}\int f(x)dx = \frac{d}{dx}\{F(x) + C\} = \frac{d}{dx}F(x) = f(x) \quad (\leftarrow \text{적분의 정의})$$

$$\therefore \quad \frac{d}{dx}\int f(x)dx = f(x)$$

(2) $\int \left\{\frac{d}{dx}f(x)\right\}dx = F(x)$로 하면 적분의 정의에 의해

$$\frac{d}{dx}F(x) = \frac{d}{dx}f(x)$$

$$\frac{d}{dx}\{F(x) - f(x)\} = 0$$

$$\therefore \quad F(x) - f(x) = C \ (C\text{는 상수})$$

이다. 따라서 다음 식이 성립한다.

$$F(x) = f(x) + C$$

$$\therefore \quad \int \left\{\frac{d}{dx}f(x)\right\}dx = f(x) + C$$

예제 10.1.1 다음 부정적분을 구하여라.

(1) $\int 4dx$ (2) $\int 2xdx$ (3) $\int 5x^4$

풀이 (1) $(4x)' = 4 \quad \therefore \int 4dx = 4x + C$

(2) $(x^2)' = 2x \quad \therefore \int 2xdx = x^2 + C$

(3) $(x^5)' = 5x^4 \quad \therefore \int 5x^4dx = x^5 + C$

예제 10.1.2 다음 등식을 만족하는 $f(x)$를 구하여라.

(1) $\int f(x)dx = 3x^2 + 4x + C$

(2) $\int f(x)dx = -x^3 + 5x^2 - 7x + C$

(3) $\int f(x)dx = \frac{1}{4}x^4 + x^3 - \frac{1}{2}x^2 + 3x + C$

풀이 $\int f(x)dx = F(x) + C$이면 $F'(x) = f(x)$이므로,

(1) $f(x) = (3x^2 + 4x + C)' = 6x + 4$

(2) $f(x) = (-x^3 + 5x^2 - 7x + C)' = -3x^2 + 10x - 7$

(3) $f(x)=\left(\frac{1}{4}x^4+x^3-\frac{1}{2}x^2+3x+C\right)'=x^3+3x^2-x+3$

10.1.3 x^n의 부정적분[20)]

n이 0 또는 자연수일 때 x^n의 부정적분은 다음과 같다.

$$\int x^n dx=\frac{1}{n+1}x^{n+1}+C$$

설명 적분은 미분의 역연산이므로 앞에서 공부한 미분법의 공식으로부터 부정적분의 공식을 얻을 수 있다. $\int x^n dx$의 적분공식은 다음과 같이 얻어진다.

미분법에 의해 $\frac{d}{dx}(x^{n+1})=(n+1)x^n$이므로

$$\frac{d}{dx}\left(\frac{1}{n+1}x^{n+1}\right)=x^n$$

이다. 따라서 적분의 정의에 의해 다음 식이 성립한다.

$$\int x^n dx=\frac{1}{n+1}x^{n+1}+C \quad (C\text{는 적분상수})$$

◎ 실수 지수 k에 대하여 $\int x^k dx=\frac{1}{k+1}x^{k+1}+C$ $(k\neq -1)$이 성립한다.
$k=-1$인 경우 $\int \frac{1}{x}dx=\ln x+C$ (C는 적분상수)이다.

예제 10.1.3 다음 부정적분을 구하여라.

(1) $\int x^3 dx$ (2) $\int x^7 dx$ (3) $\int x^{20}$

풀이 (1) $\int x^3 dx=\frac{1}{3+1}x^{3+1}+C=\frac{1}{4}x^4+C$

(2) $\int x^7 dx=\frac{1}{7+1}x^{7+1}+C=\frac{1}{8}x^8+C$

(3) $\int x^{20} dx=\frac{1}{20+1}x^{20+1}+C=\frac{1}{21}x^{21}+C$

---

20) 이 식은 적분에서 가장 기본적인 공식이다.

10.1.4 부정적분의 성질

함수 $f(x)$, $g(x)$의 부정적분이 존재할 때

(1) $\int kf(x)dx = k\int f(x)dx$ (k는 상수)

(2) $\int \{f(x)+g(x)\}dx = \int f(x)dx + \int g(x)dx$

(3) $\int \{f(x)-g(x)\}dx = \int f(x)dx - \int g(x)dx$

설명 미분법을 역으로 생각하면 위의 성질을 증명할 수 있다. 두 함수 $f(x)$, $g(x)$의 부정적분을 각각 $F(x)$, $G(x)$라 하면, 즉

$$F(x) = \int f(x)dx, \quad G(x) = \int g(x)dx$$
$$F'(x) = f(x), \quad G'(x) = g(x)$$

이면 상수 k에 대하여

$$\{kF(x)\}' = kF'(x) = kf(x)$$

이므로

$$\int kf(x)dx = kF(x) = k\int f(x)dx \quad \cdots\cdots(1)$$

이다. 그리고

$$\{F(x)+G(x)\}' = F'(x)+G'(x) = f(x)+g(x)$$

이므로

$$\int \{f(x)+g(x)\}dx = F(x)+G(x) = \int f(x)dx + \int g(x)dx \quad \cdots\cdots(2)$$

가 성립한다. 또한

$$\{F(x)-G(x)\}' = F'(x)-G'(x) = f(x)-g(x)$$

이므로 다음 식이 성립한다.

$$\int \{f(x)-g(x)\}dx = F(x)-G(x) = \int f(x)dx - \int g(x)dx \quad \cdots\cdots(3)$$

예제 10.1.4 다음 부정적분을 구하여라.

(1) $\int (2x+3)dx$ (2) $\int (3x^2-4x+5)dx$

풀이 (1) $\int (2x+3)dx = 2\int xdx + 3\int dx$

$$= 2 \cdot \frac{1}{2}x^2 + 3 \cdot x + C$$

$$= x^2 + 3x + C$$

(2) $\int (3x^2-4x+5)dx = 3\int x^2dx - 4\int xdx + 5\int dx$

$$= 3 \cdot \frac{1}{3}x^3 - 4 \cdot \frac{1}{2}x^2 + 5 \cdot x + C$$

$$= x^3 - 2x^2 + 5x + C$$

예제 10.1.5 다음 부정적분을 구하여라.

(1) $\int \frac{x^3-1}{x-1}dx$

(2) $\int \frac{x^2}{x-1}dx + \int \frac{1}{1-x}dx$

풀이 (1) $\int \frac{x^3-1}{x-1}dx = \int \frac{(x-1)(x^2+x+1)}{x-1}dx$

$$= \int (x^2+x+1)dx$$

$$= \frac{1}{3}x^3 + \frac{1}{2}x^2 + x + C$$

(2) $\int \frac{x^2}{x-1}dx + \int \frac{1}{1-x}dx = \int \left(\frac{x^2}{x-1} + \frac{1}{1-x}\right)dx$

$$= \int \frac{x^2-1}{x-1}dx = \int (x+1)dx$$

$$= \frac{1}{2}x^2 + x + C$$

10.1.5 $(ax+b)^n$의 부정적분

$$\int (ax+b)^n dx = \frac{1}{a(n+1)}(ax+b)^{n+1} + C \quad (a \neq 0,\ n \neq -1)$$

증명 준 식의 우변을 x에 대하여 미분하면

$$\frac{d}{dx}\left[\frac{1}{a(n+1)}(ax+b)^{n+1}+C\right]=\frac{1}{a(n+1)}\cdot(n+1)(ax+b)^{n}\cdot(ax+b)'$$
$$=(ax+b)^{n}$$

◎ $n=-1$일 때는 $\int\frac{1}{ax+b}dx=\frac{1}{a}\ln|ax+b|+C$가 된다.

예제 10.1.6 다음 부정적분을 구하여라.

(1) $\int(x+1)^{7}dx$　　　　(2) $\int(3x+4)^{9}dx$

풀이 (1) $\int(x+1)^{7}dx=\frac{1}{7+1}(x+1)^{7+1}+C$
$$=\frac{1}{8}(x+1)^{8}+C$$

(2) $\int(3x+4)^{9}dx=\frac{1}{3\cdot(9+1)}(3x+4)^{9+1}+C$
$$=\frac{1}{30}(3x+4)^{10}+C$$

연습문제 10.1

1. 다음 부정적분을 구하여라.

(1) $\int 7dx$

(2) $\int x^8 dx$

(3) $\int 2x^4 dx$

(4) $\int 24x^{11} dx$

(5) $\int (4x^5 + 3x + 5)dx$

(6) $\int (2x+1)(3x+2)dx$

(7) $\int x(x+1)(x-1)dx$

(8) $\int \frac{x^3+1}{x+1}dx$

(9) $\int \frac{x^3-8}{x-2}dx$

(10) $\int \frac{x^2+5x+6}{x+2}dx$

(11) $\int (4x-3)^3 dx$

(12) $\int (7x+2)^5$

(13) $\int (3y^2+2y)dy$

(14) $\int (5t+4)dt$

(15) $\int (4v^3+2v+3)dv$

(16) $\int (2T-5)dT$

◎ 미분이나 적분에서 변수가 x가 아닐 때도 x에 대해 미분하거나 적분하는 것과 같은 방법으로 하면 된다. 실제 문제에 있어서는 다양한 변수(t, v, a, $s\cdots$)에 대해 미분이나 적분을 하게 된다.

2. $f'(x) = 3x^2 + 4x$이고 $f(1) = 6$일 때 $f(x)$를 구하여라.

3. $\int f(x)dx = \frac{1}{3}x^3 - \frac{3}{2}x^2 + 2x + C$일 때 함수 $f(x)$의 극댓값을 구하여라.

4. 미분 가능한 두 함수 $f(x)$, $g(x)$가 $f'(x) = g'(x)$이고 $f(1) = g(1) + \sqrt{5}$일 때 $f(3) - g(3)$의 값을 구하여라.

5. $\int (x^2+1)f(x)dx = 4x^5 - 10x^2 + 8x + C$일 때 $f(1)$의 값을 구하여라.

10.2 정적분

10.2.1 정적분 21)

(1) 정적분 : 함수 $f(x)$가 폐구간 $[a, b]$에서 연속일 때 극한값 $\lim_{n\to\infty}\sum_{k=1}^{n} f(x_k)\Delta x$ 를 $\int_a^b f(x)dx$로 나타내고 이 극한값을 함수 $f(x)$의 a에서 b까지의 정적분이라 한다. $\Delta x = \dfrac{b-a}{n}$, $x_k = a + k\Delta x$이다.

$$\int_a^b f(x)dx = \lim_{n\to\infty}\sum_{k=1}^{n} f(x_k)\Delta x$$

(2) $\int_a^b f(x)dx$: $f(x)$를 피적분함수, x를 적분변수라 하고, a를 정적분의 아래끝, b를 정적분의 위끝, 구간 $[a, b]$를 적분구간이라고 한다.

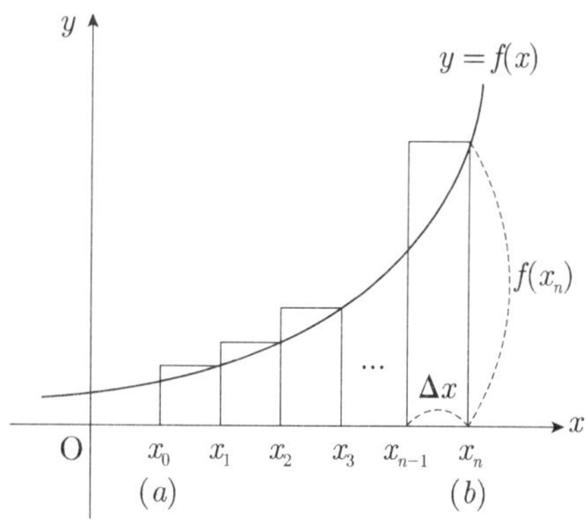

설명 그림과 같이 함수 $f(x)$가 폐구간 $[a, b]$에서 연속이고 $f(x) \geq 0$일 때, 구간 $[a, b]$를 n등분하여 분점과 양 끝점을 차례로 $x_0(=a)$, x_1, x_2, $\cdots$, x_{n-1}, $x_n(=b)$이라 하고 각 소구간의 길이를 $\Delta x = (b-a)/n$이라 하면 n 개의 직사각형의 넓이의 합은 다음과 같다.

21) 정적분의 정의와 정적분의 정리에 대한 증명은 참고로 하고 예제를 통하여 정적분을 계산하는 방법을 익히면 된다.

$$S_n = f(x_1)\Delta x + f(x_2)\Delta x + \cdots + f(x_{n-1})\Delta x + f(x_n)\Delta x = \sum_{k=1}^{n} f(x_k)\Delta x$$

여기에서 $\Delta x \to 0$, 즉 $n \to \infty$ 이면 S_n은 곡선 $y = f(x)$와 x축 및 직선 $x = a$, $x = b$로 둘러싸인 도형의 넓이 S에 한없이 가까워지므로 이것을 극한으로 나타내면 다음과 같이 된다.

$$S = \lim_{n \to \infty} S_n = \lim_{n \to \infty} \sum_{k=1}^{n} f(\Delta x_k)\Delta x$$

함수 $f(x)$가 폐구간 $[a, b]$에서 연속이고 $f(x) < 0$일 때는 $f(x_k)\Delta x < 0$이므로

$$\lim_{n \to \infty} S_n = \lim_{n \to \infty} \sum_{k=1}^{n} f(\Delta x_k)\Delta x = -S$$

가 된다. 일반적으로 함수 $f(x)$가 폐구간 $[a, b]$에서 연속일 때 극한값 $\lim_{n \to \infty} \sum_{k=1}^{n} f(\Delta x_k)\Delta x$가 존재하고, 이 극한값을 함수 $f(x)$의 a에서 b 까지의 정적분이라 하고 기호로는 $\int_a^b f(x)dx$로 나타낸다.

◎ 위와 같이 주어진 도형을 아주 작은 n 개의 기본 도형으로 나누어 이 기본 도형들의 넓이 또는 부피의 합을 S_n이라 할 때 S_n의 극한값($\lim_{n \to \infty} S_n$)을 구하여 그 도형의 넓이 또는 부피를 구하는 방법을 구분구적법이라 한다.

10.2.2 미적분학의 기본정리 [22)]

(1) 연속함수 $f(x)$에 대하여 다음 식이 성립한다.

$$\frac{d}{dx}\int_a^x f(t)dt = f(x)$$

(2) 함수 $f(x)$가 구간 $[a, b]$에서 연속이고 $\frac{d}{dx}F(x) = f(x)$ 이면

---

22) 적분공식에 대한 증명은 참고로 하고 예제를 통해 정적분 값을 구하는 방법만 알면 된다. 고등학교 미적분에서는 '정적분의 기본정리'라고 한다.

$$\int_a^b f(x)dx = [F(x)]_a^b = F(b) - F(a)$$

설명

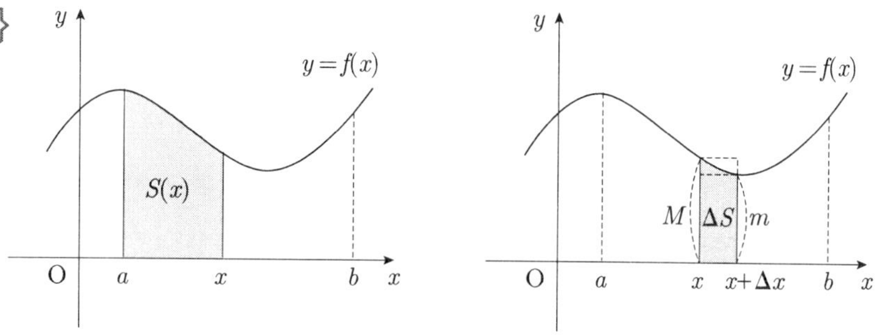

(1) 그림과 같이 폐구간 $[a, b]$에서 연속이고 $f(x) \geq 0$일 때, 구간 $[a, b]$에 속하는 임의의 x까지의 넓이

$$S(x) = \int_a^x f(t)dt$$

이고, x의 증분 Δx에 대한 $S(x)$의 증분

$$\Delta S = S(x + \Delta x) - S(x)$$

이다. 미소구간 $[x, x + \Delta x]$에서 함수 $f(x)$는 연속이므로 최댓값(M)과 최솟값(m)을 갖는다. $\Delta x > 0$일 때는 그림과 같이 $m\Delta x \leq \Delta S \leq M\Delta x$이고 $\Delta x < 0$일 때는 $M\Delta x \leq \Delta S \leq m\Delta x$가 된다. 그러므로 Δx의 부호에 관계없이 부등식을 Δx로 나누면

$$m \leq \frac{\Delta S}{\Delta x} \leq M$$

이 성립한다. 따라서 $\Delta x \to 0$이면 $m \to f(x)$, $M \to f(x)$이므로

$$\lim_{\Delta x \to 0} \frac{\Delta S}{\Delta x} = f(x)$$

$$\therefore \ \frac{dS}{dx} = f(x)$$

가 되며 $f(x) < 0$일 때도 이 식이 성립한다. 따라서

$$S(x) = \int_a^x f(t)dt$$

이므로 $\dfrac{d}{dx}\displaystyle\int_a^x f(t)dt = f(x)$이다.

(2) (1)에서 $S(x) = \displaystyle\int_a^x f(t)dt$이면 $\dfrac{d}{dx}S(x) = f(x)$이므로 부정적분의 정의에 의해 $S(x)$는 $f(x)$의 부정적분이고, $f(x)$의 다른 부정적분을 $F(x)$라 하면

$$S(x) = F(x) + C \ (C\text{는 적분상수})$$

로 나타낼 수 있다. 여기에서

$$S(a) = \int_a^a f(t)dt = 0$$

이므로 적분상수

$$C = -F(a)$$

$$\therefore \int_a^x f(t)dt = F(x) - F(a)$$

이다. 이때 $x = b$이면

$$\int_a^b f(t)dt = F(b) - F(a)$$

이다. 미적분학의 기본정리에서 $F(b) - F(a) = [F(x)]_a^b$로 나타낸다.

예제 10.2.1 다음 정적분 값을 구하여라.

(1) $\displaystyle\int_0^1 x\,dx$ (2) $\displaystyle\int_1^2 (3x^2+1)dx$

(3) $\displaystyle\int_1^2 (x^2+1)dx$ (4) $\displaystyle\int_{-1}^2 (4x^3+1)dx$

풀이 (1) $\displaystyle\int_0^1 x\,dx = \left[\frac{1}{2}x^2\right]_0^1 = \left(\frac{1}{2}\right) - (0) = \frac{1}{2}$

(2) $\int_1^2 (3x^2+1)dx = [x^3+x]_1^2 = (8+2)-(1+1) = 8$

(3) $\int_1^2 (x^2+1)dx = \left[\frac{1}{3}x^3+x\right]_1^2 = \left(\frac{8}{3}+2\right)-\left(\frac{1}{3}+1\right) = \frac{10}{3}$

(4) $\int_{-1}^2 (4x^3+1)dx = [x^4+x]_{-1}^2 = (16+2)-(1-1) = 18$

◎ 정적분 계산 : 먼저 부정적분을 구하고 계산하되 적분상수를 고려하지 않는다.

10.2.3 정적분의 계산공식

함수 $f(x)$, $g(x)$가 구간 $[a, b]$에서 연속일 때 다음이 성립한다.

(1) $\int_a^a f(x)dx = 0$

(2) $\int_a^b f(x)dx = -\int_b^a f(x)dx$

(3) $\int_a^b kf(x)dx = k\int_a^b f(x)dx$ (단, k는 상수)

(4) $\int_a^b \{f(x)+g(x)\}dx = \int_a^b f(x)dx + \int_a^b g(x)dx$

(5) $\int_a^b \{f(x)-g(x)\}dx = \int_a^b f(x)dx - \int_a^b g(x)dx$

(6) $\int_a^b f(x)dx = \int_a^c f(x)dx + \int_c^b f(x)dx$

증명 정적분의 정의에 의해 위의 관계식들이 성립한다. 예를 들어 $f(x)$의 부정적분을 $F(x)$라 하면

$$\int_a^b kf(x)dx = [kF(x)]_a^b = k\{F(b)-F(a)\} = k\int_a^b f(x)dx$$

이다.

예제 10.2.2 **정적분 계산 공식** 다음 정적분 값을 구하여라.

(1) $\int_1^2 (2x^3-x+3)dx$

(2) $\int_{1}^{2}(x^2+2x+4)dx-\int_{1}^{2}(x^2-4x-1)dx$

(3) $\int_{-2}^{3}(2x-7)dx+\int_{3}^{4}(2x-7)dx$

(4) $\int_{0}^{1}\frac{1}{y+1}dy+\int_{0}^{1}\frac{t^3}{t+1}dt$

풀이 (1) $\int_{1}^{2}(2x^3-x+3)dx=\left[\frac{1}{2}x^4-\frac{1}{2}x^2+3x\right]_1^2$

$$=(8-2+6)-\left(\frac{1}{2}-\frac{1}{2}+3\right)=9$$

(2) $\int_{1}^{2}(x^2+2x+4)dx-\int_{1}^{2}(x^2-4x-1)dx$

$$=\int_{1}^{2}\{(x^2+2x+4)-(x^2-4x-1)\}dx$$

$$=\int_{1}^{2}(6x+5)dx=[3x^2+5x]_1^2$$

$$=(12+10)-(3+5)$$

$$=14$$

(3) $\int_{-2}^{3}(2x-7)dx+\int_{3}^{4}(2x-7)dx=\int_{-2}^{4}(2x-7)dx$

$$=[x^2-7x]_{-2}^{4}=(16-28)-(4+14)$$

$$=-30$$

(4) $\int_{0}^{1}\frac{1}{y+1}dy+\int_{0}^{1}\frac{t^3}{t+1}dt$

$$=\int_{0}^{1}\frac{1}{x+1}dx+\int_{0}^{1}\frac{x^3}{x+1}dx$$

$$=\int_{0}^{1}\frac{x^3+1}{x+1}dx$$

$$=\int_{0}^{1}(x^2-x+1)dx$$

$$=\left[\frac{1}{3}x^3-\frac{1}{2}x^2+x\right]_0^1=\left(\frac{1}{3}-\frac{1}{2}+1\right)-(0)$$

$$=\frac{5}{6}$$

◉ 정적분 $\int_a^b f(x)dx$는 함수 $f(x)$와 아래끝 a, 위끝 b에 의해서 결정되는 값이므로 적분변수 $(x,\ y,\ t)$와는 관계가 없다. 즉,

$$\int_a^b f(x)dx = \int_a^b f(y)dy = \int_a^b f(t)dt$$

이다. 그러나 부정적분은 함수를 나타내므로

$$\int f(x)dx \neq \int f(y)dy \neq \int f(t)dt$$

이다.

예제 10.2.3 $\int_0^k (2t+1)dt = -\frac{1}{4}$일 때 상수 k 값을 구하여라.

풀이 $\int_0^k (2t+1)dt = \left[t^2+t\right]_0^k = k^2+k$

$$\therefore\ k^2+k=-\frac{1}{4}$$

$$4k^2+4k+1=0$$

$$(2k+1)^2=0$$

$$\therefore\ k=-\frac{1}{2}$$

10.2.4 우함수와 기함수의 정적분

함수 $f(x)$가 폐구간 $[-a, a]$에서 연속일 때

(1) $f(x)$가 우함수이면 $\int_{-a}^a f(x)dx = 2\int_0^a f(x)dx$

(2) $f(x)$가 기함수이면 $\int_{-a}^a f(x)dx = 0$

설명 모든 실수 x에 대하여 $f(-x)=f(x)$인 함수를 우함수, $f(-x)=-f(x)$인 함수를 기함수라 한다. 우함수의 그래프는 y 축에 대하여 대칭이고, 기함수의 그래프는 원점에 대하여 대칭이다.

예를 들어 $f(x)=x^2,\ 2x^2+3,\ x^4$ 등은 우함수이고, $f(x)=x,\ x^3+2x,\ x^5-2x^3+4x$ 등은 기함수이다. 삼각함수 중에서 $\cos kx$는 우함수이고

$\sin kx$, $\tan kx$는 기함수이다.

증명 (1) $f(x)$가 우함수이면 $f(-x)=f(x)$이다.

$$\int_{-a}^{a} f(x)dx = \int_{-a}^{0} f(x)dx + \int_{0}^{a} f(x)dx$$

여기에서 $x=-t$로 하면, $dx=-dt$이므로

$$\int_{-a}^{0} f(x)dx = \int_{a}^{0} f(-t)(-dt)$$

$$= -\int_{a}^{0} f(t)dt = \int_{0}^{a} f(t)dt$$

$$\therefore \int_{-a}^{a} f(x)dx = 2\int_{0}^{a} f(x)dx$$

(2) $f(x)$가 우함수이면 $f(-x)=-f(x)$이다.

$$\int_{-a}^{a} f(x)dx = \int_{-a}^{0} f(x)dx + \int_{0}^{a} f(x)dx$$

$x=-t$로 하면, $dx=-dt$이므로

$$\int_{-a}^{0} f(x)dx = \int_{a}^{0} f(-t)(-dt)$$

$$= \int_{a}^{0} \{-f(t)\}(-dt) = \int_{a}^{0} f(t)dt$$

$$= -\int_{0}^{a} f(t)dt$$

$$\therefore \int_{-a}^{a} f(x)dx = 0$$

예제 10.2.4 우함수와 기함수의 성질 다음 정적분 값을 구하여라.

(1) $\int_{-2}^{2} (4x^3 - 5x + 7)dx$

(2) $\int_{-2}^{2} (x^7 - 8x^5 + 4x^3 + 3x^2 + 4)dx$

(3) $\int_{-3}^{3}(\sin 2x - \tan 3x + 3x^2 - 5)dx$

풀이 (1) $\int_{-2}^{2}(4x^3 - 5x + 7)dx = \int_{-2}^{2}(4x^3 - 5x)dx + \int_{-2}^{2} 7dx$

$$= 0 + 2 \cdot 7\int_{0}^{2} dx = 14[x]_0^2$$

$$= 14 \cdot 2 = 28$$

(2) $\int_{-2}^{2}(x^7 - 8x^5 + 4x^3 + 3x^2 + 4)dx$

$$= \int_{-2}^{2}(x^7 - 8x^5 + 4x^3)dx + \int_{-2}^{2}(3x^2 + 4)dx$$

$$= 0 + 2\int_{0}^{2}(3x^2 + 4)dx$$

$$= 2[x^3 + 4x]_0^2 = 2 \cdot (8 + 8)$$

$$= 32$$

(3) $\int_{-3}^{3}(\sin 2x - \tan 3x + 3x^2 - 5)dx$

$$= \int_{-3}^{3}(\sin 2x - \tan 3x)dx + \int_{-3}^{3}(3x^2 - 5)dx$$

$$= 0 + 2\int_{0}^{3}(3x^2 - 5)dx$$

$$= 2[x^3 - 5x]_0^3 = 2 \cdot (27 - 15)$$

$$= 24$$

10.2.5 절댓값 기호가 포함된 함수의 정적분

절댓값의 정의는 다음과 같다.

$$|x - a| = \begin{cases} x - a & (x \geq a) \\ -x + a & (x < a) \end{cases}$$

절댓값 기호가 포함된 함수의 정적분 $\int_{a}^{b}|f(x)|dx$는 적분 구간을 나누어 절댓값 기호를 없앤 후 계산한다.

설명 절댓값의 예를 들면 $f(x)=|x-4|$일 때

$$f(1)=|1-4|=|-3|=3$$
$$f(5)=|5-4|=|1|=1$$

이다. 따라서 절댓값 기호가 있는 경우 기호 안의 값의 부호가 중요하므로 이 값의 부호가 양수(+)인가, 음수(−)인가를 판정하여 먼저 절댓값 기호를 없앤다. 예를 들어 $f(x)=|x|$일 때

(i) 구간 $0 \le x \le a \ (a>0)$에서 $f(x)=|x|=x$이므로

$$\int_0^a |x|dx=\int_0^a xdx=\frac{1}{2}a^2$$

이다.

(ii) 구간 $-a \le x \le 0 \ (a>0)$에서 $f(x)=|x|=-x$이므로

$$\int_{-a}^0 |x|dx=\int_{-a}^0 (-x)dx=\frac{1}{2}a^2$$

이다.

(iii) 적분 구간이 $-1 \le x \le 2$인 경우 $x=0$을 경계로 하여 절댓값 기호 안의 값의 부호가 바뀌므로 적분 구간을 $-1 \le x \le 0$와 $0 \le x \le 2$로 나누어 적분한다.

$$\begin{aligned}\int_{-1}^2 |x|dx &= \int_{-1}^0 |x|dx+\int_0^2 |x|dx \\ &= \int_{-1}^0 (-x)dx+\int_0^2 xdx \\ &= \frac{1}{2}+2 \\ &= \frac{5}{2}\end{aligned}$$

예제 10.2.5 **절댓값 정적분** 다음 정적분의 값을 구하여라.

(1) $\displaystyle\int_0^2 |x-2|dx$　　　　(2) $\displaystyle\int_0^4 |x-2|dx$

풀이 $f(x)=(x-2)$는 $x=2$를 경계로 하여 값의 부호가 바뀐다.

(1) $\displaystyle\int_0^2 |x-2|dx = \int_0^2 [-(x-2)]dx$

$$= \left[-\frac{1}{2}x^2 + 2x\right]_0^2$$

$$= -2 + 4$$

$$= 2$$

(2) $\displaystyle\int_0^4 |x-2|dx = \int_0^2 |x-2|dx + \int_2^4 |x-2|dx$

$$= \int_0^2 \{-(x-2)\}dx + \int_2^4 (x-2)dx$$

$$= \left[-\frac{1}{2}x^2 + 2x\right]_0^2 + \left[\frac{1}{2}x^2 - 2x\right]_2^4$$

$$= 2 + 2$$

$$= 4$$

◎ [예제 10.2.5]의 정적분 값들은 각각 아래 그림의 음영 부분의 넓이를 나타낸다. 이와 같이 평면상에서 곡선과 곡선 또는 곡선과 x축, y축 등으로 둘러싸인 부분의 넓이를 구할 때 절댓값 기호가 포함된 함수의 적분이 사용된다[10.3절].

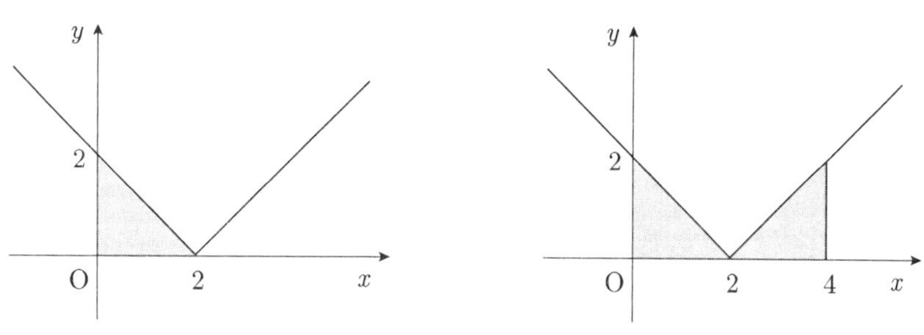

(1) (2)

예제 10.2.6 **절댓값 정적분** $\displaystyle\int_0^2 |x^2 + x - 2|dx$의 값을 구하여라.

풀이 $y = |f(x)| = |x^2 + x - 2|$로 하면

$$f(x) = x^2 + x - 2 = (x-1)(x+2)$$

이므로

$$-2 < x < 1 \text{에서 } f(x) < 0 \text{이고 } y = -f(x)$$
$$x \le -2,\ x \ge 1 \text{에서 } f(x) \ge 0 \text{이고 } y = f(x)$$

이다. 따라서

$$\begin{aligned}
(\text{주어진 식}) &= -\int_0^1 f(x)dx + \int_1^2 f(x)dx \\
&= -\int_0^1 (x^2+x-2)dx + \int_1^2 (x^2+x-2)dx \\
&= -\left[\frac{1}{3}x^3 + \frac{1}{2}x^2 - 2x\right]_0^1 + \left[\frac{1}{3}x^3 + \frac{1}{2}x^2 - 2x\right]_1^2 \\
&= \frac{7}{6} + \frac{11}{6} = 3
\end{aligned}$$

여기에서 구한 정적분 값은 아래 그림의 음영 부분의 넓이를 나타낸다. 절댓값 기호가 포함된 함수의 정적분을 구할 때는 그래프를 그려보는 것이 편리하다. 그래프를 보면 나누어야 할 적분 구간을 쉽게 알 수 있기 때문이다. 예를 들어

$$\begin{aligned}
\int_{-3}^4 |f(x)|dx &= \int_{-3}^4 |x^2+x-2|dx \\
&= \int_{-3}^{-2} f(x)dx + \int_{-2}^1 \{-f(x)\}dx + \int_1^4 f(x)dx
\end{aligned}$$

가 된다.

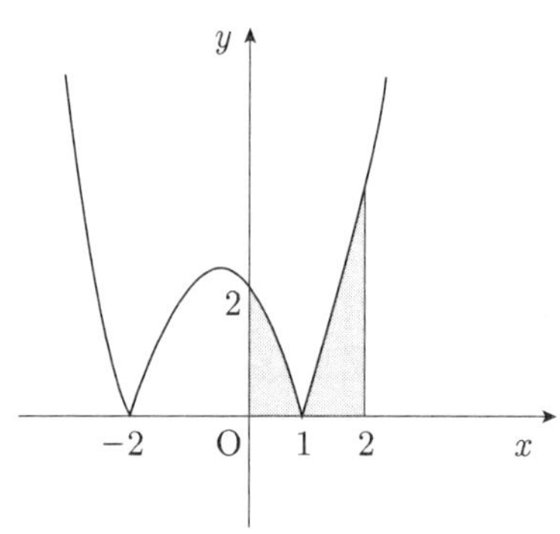

연습문제 10.2

1. 다음 정적분 값을 구하여라.

(1) $\int_{0}^{4} 5dx$

(2) $\int_{-1}^{2} x^3 dx$

(3) $\int_{2}^{5} (2x+3)dx$

(4) $\int_{2}^{0} (4x^3-2x)dx$

(5) $\int_{0}^{2} (x^3-x+1)dx$

(6) $\int_{1}^{2} (4x^3-3x^2+1)dx$

(7) $\int_{-2}^{2} (x+1)(3x-2)dx$

(8) $\int_{1}^{2} (3x-4)^4$

(9) $\int_{3}^{2} \frac{1}{t-1}dt + \int_{2}^{3} \frac{y^3}{y-1}dy$

(10) $\int_{-2}^{2} (x^2+\sin 4x)dx$

2. **절댓값으로 표현된 함수의 적분** 다음 정적분 값을 구하여라.

(1) $\int_{0}^{4} |x-1|dx$

(2) $\int_{1}^{3} |x^2-2x|dx$

3. 기함수와 우함수의 성질을 이용하여 다음 적분 값을 구하여라.

$$\int_{-2}^{2} (2x^7-5x^5+4x^3+3x^2+7x+1)dx$$

4. $h=\int_{0}^{t}(v_0+gt)dt$을 구하여라. v_0, g는 상수이다. 이 식은 $t=0$에서의 초기속도 v_0이고 중력 가속도가 g일 때 t 시간 동안 낙하한 거리를 나타낸다.

5. 다음 등식이 성립함을 증명하여라. 여기에서 a, α, β는 상수이다.

$$S=\int_{\alpha}^{\beta} a(x-\alpha)(x-\beta)dx=-\frac{a(\beta-\alpha)^3}{6}$$

6. 5의 결과를 이용하여 다음 정적분 값을 구하여라.

(1) $\int_{2}^{3} (x^2-5x+6)dx$

(2) $\int_{-1}^{2} (-3x^2+3x+6)dx$

10.3 정적분의 활용

10.3.1 넓이 I [23)]

함수 $f(x)$가 폐구간 $[a, b]$에서 연속일 때 곡선 $y=f(x)$와 x축 및 두 직선 $x=a$, $x=b$로 둘러싸인 도형의 넓이(S)는 다음과 같다.

$$S=\int_a^b |f(x)|dx$$

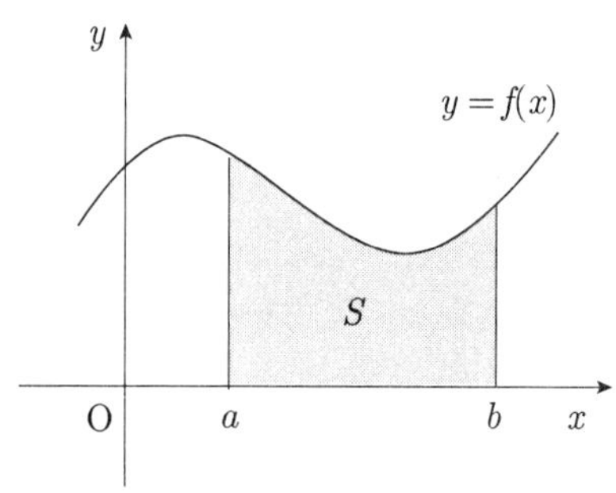

설명 정적분의 정의에 의해 폐구간 $[a, b]$에서 $f(x) \geq 0$ 이면 곡선 $y=f(x)$와 x축 및 두 직선 $x=a$, $x=b$로 둘러싸인 도형의 넓이(S)

$$S=\int_a^b f(x)dx$$

이다.

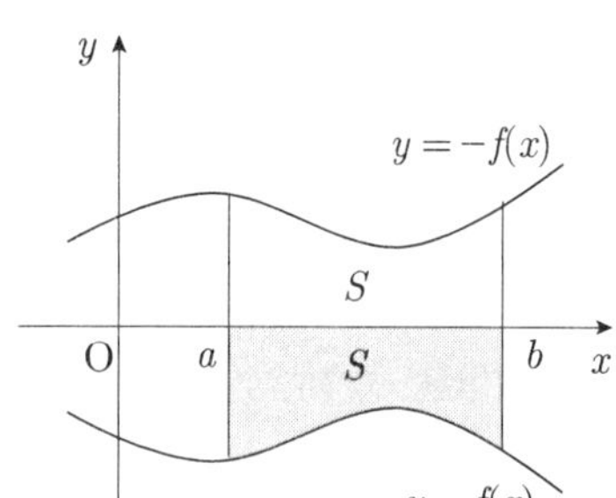

폐구간 $[a, b]$에서 $y=f(x) \leq 0$ 이면 도형의 넓이 S는 $y=f(x)$와 x축에

23) 공식의 증명은 참고로 하고 예제를 통하여 면적을 구하는 방법을 이해하면 된다. 적분을 이용하면 면적을 쉽게 구할 수 있다.

대해 대칭인 $y=-f(x)$와 x축 및 두 직선 $x=a$, $x=b$로 둘러싸인 도형의 넓이와 같으므로 $S=\int_a^b\{-f(x)\}dx$이다. 따라서 일반적으로 곡선 $y=f(x)$와 x축 및 두 직선 $x=a$, $x=b$로 둘러싸인 도형의 넓이

$$S=\int_a^b|f(x)|dx$$

가 된다.

예제 10.3.1 곡선 $y=-x^2+4x$ 와 x축 및 두 직선 $x=1$, $x=2$ 로 둘러싸인 도형의 넓이(S)를 구하여라.

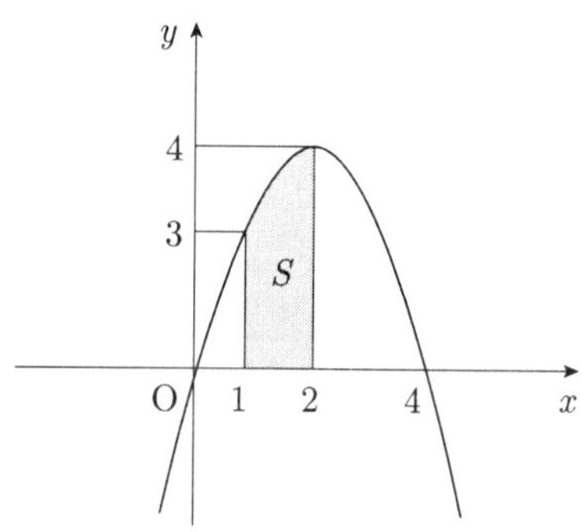

풀이 $y=-x^2+4x=-x(x-4)$는 $0<x<4$에서 $y>0$다. 따라서 적분구간 $1\le x\le 2$에서 $-x^2+4x\ge 0$이므로 넓이(S)는 다음과 같다.

$$\begin{aligned}S=\int_1^2|-x^2+4x|dx&=\int_1^2(-x^2+4x)dx\\&=\left[-\frac{1}{3}x^3+2x^2\right]_1^2\\&=\left(-\frac{8}{3}+8\right)-\left(-\frac{1}{3}+2\right)\\&=\frac{11}{3}\end{aligned}$$

10.3.2 넓이 II

두 함수 $f(x)$, $g(x)$가 폐구간 $[a,b]$에서 연속일 때 두 곡선 $y=f(x)$, $y=g(x)$ 및 두 직선 $x=a$, $x=b$로 둘러싸인 도형의 넓이

$$S=\int_a^b |f(x)-g(x)|dx$$

이다.

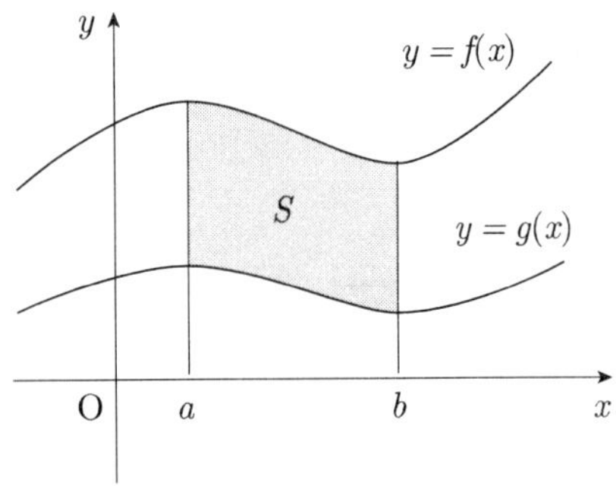

설명

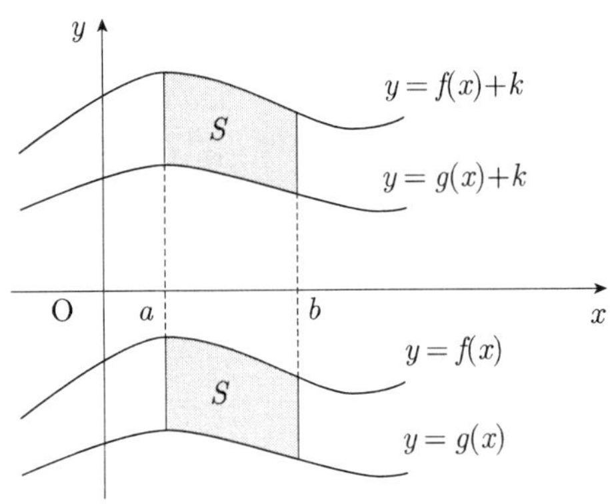

(1) 폐구간 $[a, b]$에서 $f(x) \geq g(x) \geq 0$ 인 경우 : 넓이 S는 곡선 $y=f(x)$와 x축 사이의 넓이에서 곡선 $y=g(x)$와 x축 사이의 넓이를 뺀 것과 같으므로

$$S=\int_a^b \{f(x)-g(x)\}dx$$

이다.

(2) $f(x) \geq g(x)$이고 $f(x)$ 또는 $g(x)$가 음의 값을 가질 경우 : 넓이 S는 두 그래프를 각각 y축의 양의 방향으로 k만큼 평행 이동한 두 곡선

$$y=f_1(x)=f(x)+k\,,\quad y=g_1(x)=f(x)+k$$

사이의 넓이와 같다. 적분구간 $[a, b]$에서 $f(x)+k \geq g(x)+k \geq 0$가 되게 k를 잡으면

$$
\begin{aligned}
S &= \int_a^b \{f(x)+k\}dx - \int_a^b \{g(x)+k\}dx \\
&= \int_a^b [\{f(x)+k\} - \{g(x)+k\}]dx \\
&= \int_a^b \{f(x)-g(x)\}dx
\end{aligned}
$$

이다. 마찬가지로 $f(x) \leq g(x)$인 경우

$$S = \int_a^b \{g(x)-f(x)\}dx$$

가 된다. (1), (2)를 종합하여 나타내면 $S = \int_a^b |f(x)-g(x)|dx$이다.

◎ 한편 곡선의 방정식이 x가 y의 함수로 주어졌을 때도 [10.3.2]와 같은 방법으로 면적을 구할 수 있다. 즉, 두 함수 $x=f(y)$, $x=g(y)$가 폐구간 $[c, d]$에서 연속일 때 두 곡선 $x=f(y)$, $x=g(y)$ 및 두 직선 $y=c$, $y=d$로 둘러싸인 도형의 넓이는

$$S = \int_c^d |f(y)-g(y)|dy$$

이다. 이때는 적분변수가 y가 된다.

예제 10.3.2 두 직선 $y=f(x)=\frac{1}{2}x+1$, $y=g(x)=x$와 $x=0$ 및 $x=1$로 둘러싸인 도형의 넓이를 구하여라.

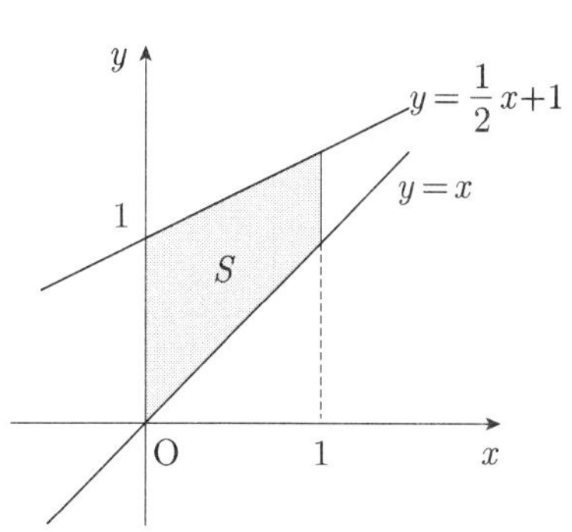

풀이 구간 $0 \le x \le 1$ 에서 $f(x) > g(x)$이다.

$$\begin{aligned} \therefore\ S &= \int_0^1 |f(x)-g(x)|dx = \int_0^1 \left\{\left(\frac{1}{2}x+1\right)-x\right\}dx \\ &= \int_0^1 \left(-\frac{1}{2}x+1\right)dx \\ &= \left[-\frac{1}{4}x^2+x\right]_0^1 \\ &= -\frac{1}{4}+1 \\ &= \frac{3}{4} \end{aligned}$$

예제 10.3.3 곡선 $y=x^2$ 과 직선 $y=x+2$ 로 둘러싸인 도형의 넓이를 구하여라.

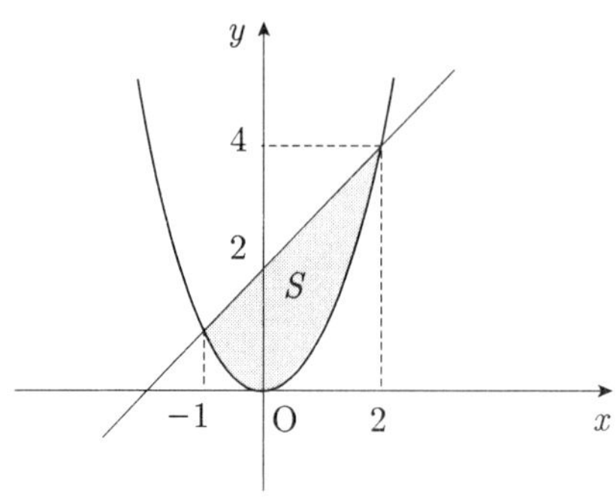

풀이 곡선 $y=x^2$ 과 직선 $y=x+2$ 가 만나는 점의 x좌표는

$$\begin{gathered} x^2 = x+2 \\ (x+1)(x-2)=0 \\ \therefore\ x=-1,\ 2 \end{gathered}$$

이므로 도형의 넓이

$$S = \int_{-1}^{2} |x^2-(x+2)|dx$$

이다. 적분구간 $[-1,\ 2]$에서

$$(x+2) \geq x^2$$
$$\therefore \ |x^2-(x+2)| = (x+2)-x^2$$

이다. 따라서 넓이는 다음과 같다.

$$S = \int_{-1}^{2} \{(x+2)-x^2\}dx = \left[\frac{1}{2}x^2+2x-\frac{1}{3}x^3\right]_{-1}^{2}$$
$$= \left(2+4-\frac{8}{3}\right)-\left(\frac{1}{2}-2+\frac{1}{3}\right)$$
$$= \frac{9}{2}$$

예제 10.3.4 곡선 $x=-y^2+4$와 직선 $y=x-2$ 로 둘러싸인 도형의 넓이를 구하여라.

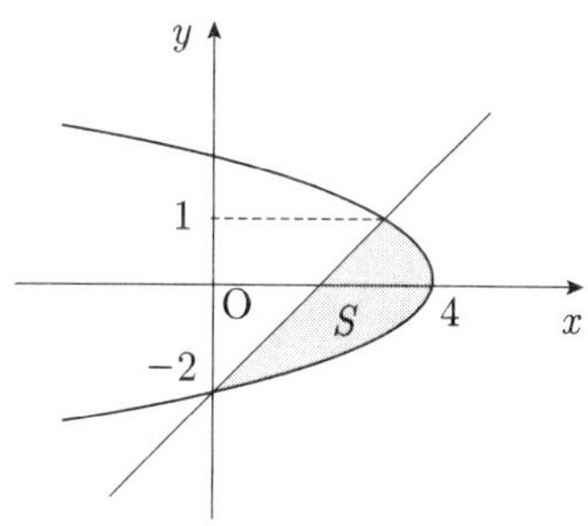

풀이 먼저 곡선 $x=-y^2+4$와 직선 $y=x-2$ (즉, $x=y+2$)가 만나는 점의 y 좌표를 구한다.

$$-y^2+4 = y+2$$
$$(y+2)(y-1) = 0$$
$$\therefore \ y = -2, 1$$

따라서 도형의 넓이

$$S = \int_{-2}^{1} |(-y^2+4)-(y+2)|dy$$

이다. 적분구간 $-2 \leq y \leq 1$에서 $(-y^2+4) \geq y+2$ 이므로 넓이는 다음과 같이 구해진다.

$$S = \int_{-2}^{1} |(-y^2+4)-(y+2)|dy$$
$$= \int_{-2}^{1} \{(-y^2+4)-(y+2)\}dy$$
$$= \int_{-2}^{1} (-y^2-y+2)dy$$
$$= \left[-\frac{1}{3}y^3-\frac{1}{2}y^2+2y\right]_{-2}^{1}$$
$$= \left(-\frac{1}{3}-\frac{1}{2}+2\right)-\left(\frac{8}{3}-2-4\right)$$
$$= \frac{9}{2}$$

10.3.3 부피

한 입체가 두 평면 $x=a$와 $x=b$ 사이에 있고, $a \le x \le b$ 인 x에서 x축에 수직인 평면으로 자른 입체의 단면의 넓이가 $S(x)$이면 입체의 부피 V는 다음과 같다.

$$V = \int_{a}^{b} S(x)dx$$

설명

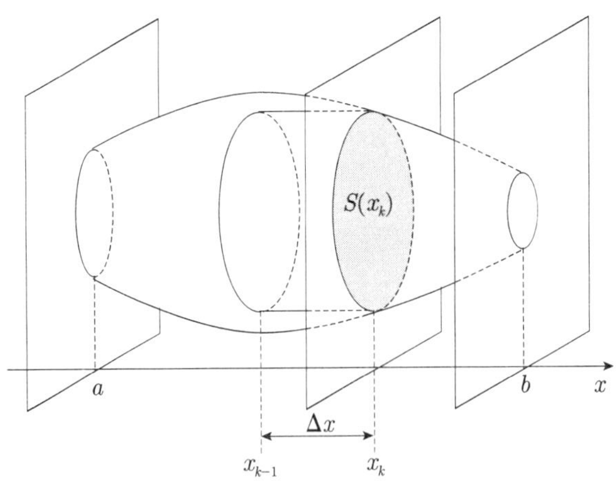

그림과 같이 x축을 잡고 임의의 점 x에서 x축에 수직인 평면으로 입체를 잘랐을 때 자른 단면의 넓이를 $S(x)$라 한다. 구간 $[a, b]$ 사이의 입체의 부피를 구하기 위하여 x축을 n등분하여 분점과 양 끝점을 차례로 $x_0(=a)$,

$x_1,\ x_2,\ \cdots,\ x_{n-1},\ x_n(=b)$이라 하고, 각 분점에서 x축에 수직인 평면으로 입체를 자르면 잘린 각 부분은 한쪽 단면을 밑면으로 하고 높이가 $\Delta x = \dfrac{b-a}{n}$인 기둥 모양의 입체로 근사시킬 수 있다. 이들의 부피의 합을 V_n이라 하면

$$V_n = S(x_1)\Delta x + S(x_2)\Delta x + \cdots + S(x_{n-1})\Delta x + S(x_n)\Delta x = \sum_{k=1}^{n} S(x_k)\Delta x$$

여기에서 $\Delta x \to 0$, 즉 $n \to \infty$이면 V_n은 입체의 부피에 수렴한다. 이것을 극한으로 나타내면 정적분의 정의에 의해 다음과 같이 된다.

$$V = \lim_{n\to\infty} V_n = \lim_{n\to\infty}\sum_{k=1}^{n} S(\Delta x_k)\Delta x = \int_a^b S(x)dx$$

10.3.4 회전체의 부피 24)

(1) 폐구간 $[a, b]$에서 곡선 $y = f(x)$와 x축 및 두 직선 $x = a$, $x = b$로 둘러싸인 도형을 x축을 회전축으로 하여 회전할 때 생기는 회전체의 부피

$$V = \pi\int_a^b y^2 dx = \pi\int_a^b \{f(x)\}^2 dx$$

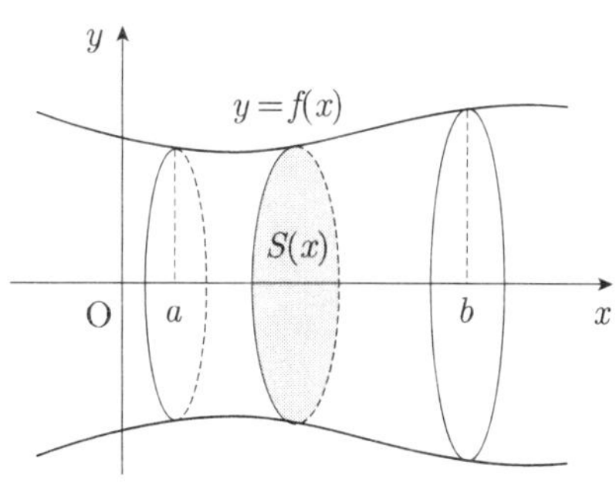

(2) 폐구간 $[c, d]$에서 곡선 $x = g(y)$, y축 및 두 직선 $y = c$, $y = d$로 둘러싸인 도형을 y축을 회전축으로 하여 회전할 때 생기는 회전체의 부피

$$V = \pi\int_c^d x^2 dy = \pi\int_c^d \{g(y)\}^2 dy$$

---

24) x축 또는 y축을 회전축으로 하였을 때 반지름이 y 또는 x가 된다는 것을 알면 회전체의 부피를 쉽게 이해할 수 있다.

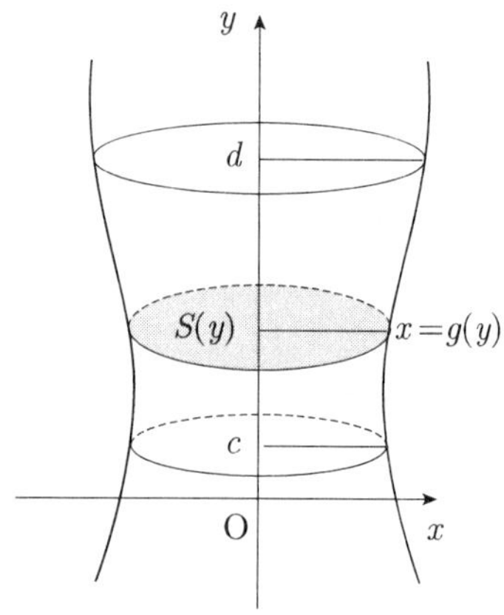

설명 구간 $[a, b]$ 내의 x를 지나고 x축에 수직인 평면으로 자른 회전체의 단면은 반지름의 길이가 $|y|=|f(x)|$인 원이므로 x에서의 단면의 넓이

$$S(x)=\pi y^2=\pi\{f(x)\}^2$$

이고, 부피는 다음과 같다.

$$V=\int_a^b S(x)dx=\pi\int_a^b y^2dx=\pi\int_a^b\{f(x)\}^2dx$$

마찬가지로 폐구간 $[c, d]$에서 곡선 $x=g(y)$, y축 및 두 직선 $y=c$, $y=d$로 둘러싸인 도형을 y축을 회전축으로 하여 회전할 때 생기는 회전체의 부피는

$$V=\pi\int_c^d x^2dy=\pi\int_c^d\{g(y)\}^2dy$$

이다.

한편 폐구간 $[a, b]$에서 $f(x)\geq g(x)$일 때 곡선 $y=f(x)$와 $y=g(x)$ 및 두 직선 $x=a$, $x=b$로 둘러싸인 도형을 x축을 회전축으로 하여 회전할 때 생기는 회전체의 부피

$$V=\pi\int_a^b\{f(x)\}^2dx-\pi\int_a^b\{g(x)\}^2dx=\pi\int_a^b\left[\{f(x)\}^2-\{g(x)\}^2\right]dx$$

이다.

예제 10.3.5 곡선 $y=\sqrt{x}$와 x축 및 $x=2$로 둘러싸인 영역을 x축 둘레로 회전했을 때 생기는 회전체의 부피(V)를 구하여라.

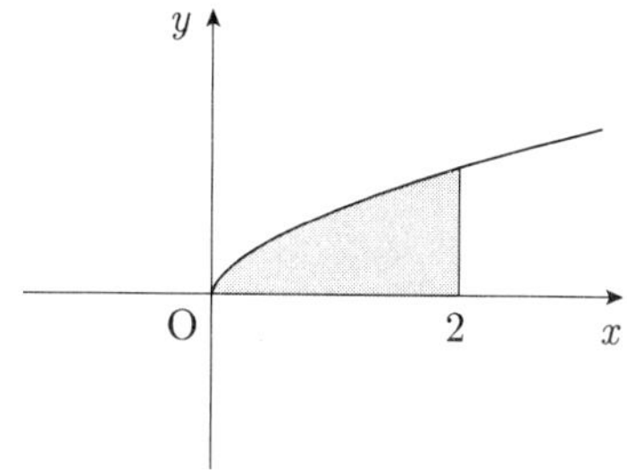

풀이 적분변수는 x, 적분구간은 $0 \le x \le 2$이다.

$$\begin{aligned} \therefore \quad V &= \pi \int_0^2 y^2 dx = \pi \int_0^2 (\sqrt{x})^2 dx \\ &= \pi \int_0^2 x dx \\ &= \pi \left[\frac{1}{2} x^2 \right]_0^2 \\ &= 2\pi \end{aligned}$$

예제 10.3.6 곡선 $y=x^2$과 y축 및 $y=1$, $y=3$으로 둘러싸인 영역을 y축 둘레로 회전했을 때 생기는 회전체의 부피(V)를 구하여라.

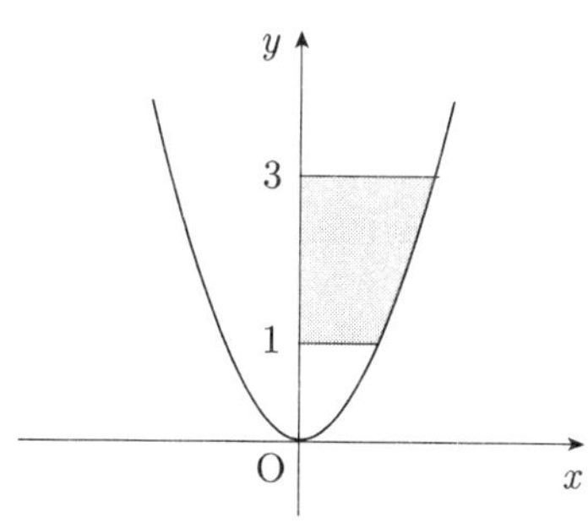

풀이 적분변수는 y, 적분구간은 $1 \le y \le 3$이며 $x^2=y$이다.

$$\therefore \quad V = \pi \int_1^3 x^2 dy = \pi \int_1^3 y dy$$

$$= \pi\left[\frac{1}{2}y^2\right]_1^3$$

$$= \pi\left(\frac{9}{2} - \frac{1}{2}\right)$$

$$= 4\pi$$

예제 10.3.7 곡선 $y = -x^2 + 4x$ 와 직선 $y = x$ 로 둘러싸인 영역을 x축 둘레로 회전했을 때 생기는 회전체의 부피(V)를 구하여라.

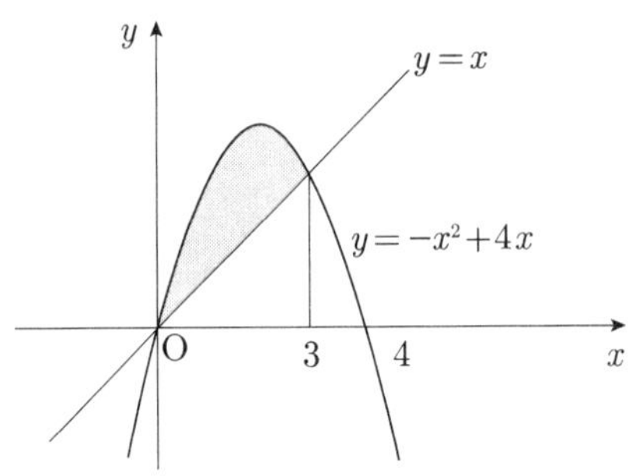

풀이 먼저 $y = -x^2 + 4x$와 $y = x$를 연립하여 교점의 x좌표를 구한다.

$$-x^2 + 4x = x$$
$$-x(x-3) = 0$$
$$\therefore\ x = 0,\ 3$$

따라서 적분변수 x의 적분구간은 $0 \le x \le 3$이다. 이 구간에서

$$-x^2 + 4x \ge x$$

이므로 구하는 회전체의 부피(V)는 다음과 같다.

$$V = \pi\int_0^3 \{(-x^2+4x)^2 - x^2\}dx = \pi\int_0^3 (x^4 - 8x^3 + 15x^2)dx$$

$$= \pi\left[\frac{1}{5}x^5 - 2x^4 + 5x^3\right]_0^3$$

$$= \pi\left[\left(\frac{3^5}{5} - 2 \cdot 3^4 + 5 \cdot 3^3\right) - 0\right]$$

$$= \pi \cdot 3^3 \cdot \left(\frac{3^2}{5} - 2 \cdot 3 + 5\right)$$

$$= \frac{108\pi}{5}$$

예제 10.3.8 원의 방정식 $x^2 + y^2 = R^2$ 을 이용하여 반지름이 R 인 구의 부피를 구하여라.

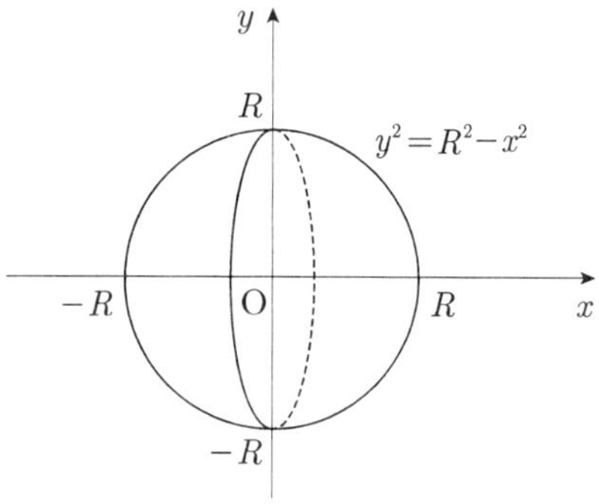

풀이 원 $x^2 + y^2 = R^2$을 x축(혹은 y축)을 회전축으로 하여 회전시키면 구가 된다. 여기에서 x축을 축으로 하여 회전하였을 때의 회전체의 부피(V)를 구하면 다음과 같다.

$$V = \int_{-R}^{R} \pi y^2 dx = \pi \int_{-R}^{R} (R^2 - x^2) dx$$

$$= 2\pi \int_{0}^{R} (R^2 - x^2) dx$$

$$= 2\pi \left[R^2 x - \frac{1}{3}x^3\right]_0^R$$

$$= 2\pi \left(R^3 - \frac{1}{3}R^3\right)$$

$$= \frac{4\pi}{3} R^3$$

10.3.5 속도와 거리

직선 위를 움직이는 점 P의 시각 t에서의 속도가 $v(t)$일 때, 점 P가 $t = a$에서부터 $t = b$까지 움직이면

$$\text{점 } P\text{의 위치 변화량} = \int_a^b v(t)dt$$

$$\text{점 } P\text{가 움직인 거리} = \int_a^b |v(t)|dt$$

이다.

설명 수직선 위를 움직이는 점 P의 시각 t에서의 위치가 $x = f(t)$이고 시각이 t에서 $t + \Delta t$까지 변할 때 점 $P(x)$에서 점 $Q(x + \Delta x)$까지 직선운동을 하였다면

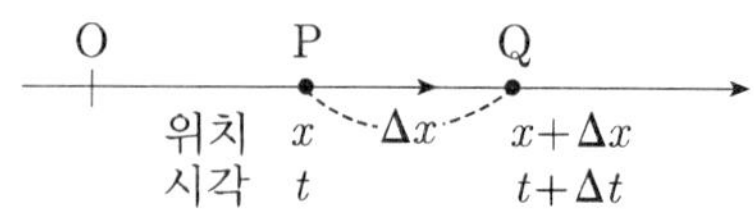

시각 t에서의 점 P의 속도 $v(t)$는

$$v(t) = \frac{dx}{dt}$$

이고, 속도의 크기 $|v(t)|$를 속력이라 한다. 점 P는 $v(t) > 0$일 때 양의 방향으로, $v(t) < 0$일 때 음의 방향으로 움직인다. 따라서 점 P가 $t = a$에서부터 $t = b$까지 움직이면

$$\text{점 } P\text{의 위치 변화량 } \Delta x = \int_a^b v(t)dt$$

$$\text{점 } P\text{가 움직인 거리} = \int_a^b |v(t)|dt$$

이다.

예제 10.3.9 수직선 위에서 움직이는 점 P의 t초에서의 속도 $v(t) = 4 - t$ (m/s)일 때, $t = 1$초에서 $t = 6$초까지에서 다음을 구하여라.

(1) 점 P의 위치 변화량 (2) 점 P가 움직인 거리

풀이 (1) 점 P의 위치 변화량 $= \int_a^b v(t)dt = \int_1^6 (4 - t)dt$

$$= \left[4t - \frac{1}{2}t^2\right]_1^6$$

$$= (24-18) - \left(4 - \frac{1}{2}\right)$$

$$= \frac{5}{2}\ \text{(m)}$$

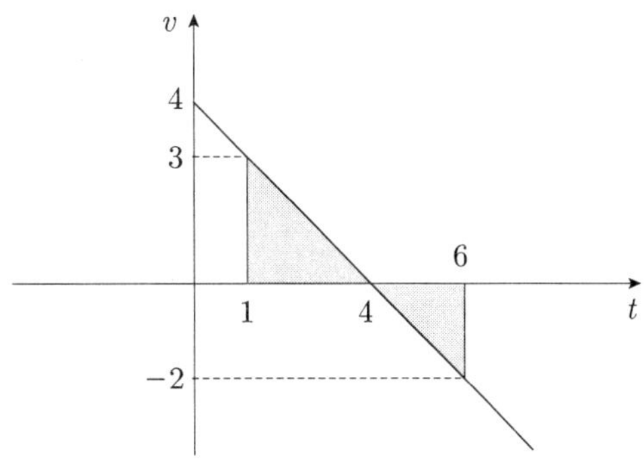

(2) $1 \le t \le 4$에서 $v(t) \ge 0$, $4 \le t \le 6$에서 $v(t) \le 0$이다.

$\therefore$ 점 P가 움직인 거리 $= \int_a^b |v(t)|dt$

$$= \int_1^4 (4-t)dt + \int_4^6 \{-(4-t)\}dt$$

$$= \left[4t - \frac{1}{2}t^2\right]_1^4 + \left[-4t + \frac{1}{2}t^2\right]_4^6$$

$$= (16-8) - \left(4 - \frac{1}{2}\right) + (-24+18) - (-16+8)$$

$$= \frac{13}{2}\ \text{(m)}$$

오른쪽을 양(+)의 방향으로 잡으면 점 P는 시간 $0 < t < 4$에서는 오른쪽으로 움직이고 $t > 4$에서는 왼쪽으로 움직인다. 즉, $t > 4$에서는 원점으로 되돌아온다.

◎ $v-t$(속도−시간) 그래프에서 t축과 그래프로 둘러싸인 면적은 운동거리(움직인 거리)를 나타낸다.

연습문제 10.3

1. 다음 곡선과 x축으로 둘러싸인 도형의 넓이를 구하여라.

(1) $y=-x^2+4x$　　(2) $y=x^3-3x^2+2x$

2. 다음 곡선 또는 직선으로 둘러싸인 도형의 넓이를 구하여라.

(1) $y=x^2,\ y=x+2$　　(2) $y=-x^2+4,\ y=x-2$

(3) $y=x^2-1,\ y=-x^2+2x+3$　　(4) $y=x^2-4x+3,\ y=-x^2+6x-5$

(5) $y^2=x,\ y=2,\ x=0$　　(6) $x=-y^2,\ x=3y-4$

◎ 이차함수와 일차함수, 또는 두 이차함수로 둘러싸인 영역의 넓이는 다음 식을 사용하여 쉽게 구할 수 있다.

$$\int_\alpha^\beta a(x-\alpha)(x-\beta)dx=-\frac{a(\beta-\alpha)^3}{6}$$

3. 곡선 $x=y^2-4$와 y축 및 $y=4$로 둘러싸인 도형의 넓이를 구하여라.

4. 곡선 $y=x^2$과 직선 $y=x$로 둘러싸인 영역을 (1) x축 둘레로 회전했을 때, (2) y축 둘레로 회전했을 때 생기는 회전체의 부피(V)를 각각 구하여라.

5. 곡선 $y=\sqrt{x+1}$과 x축, y축으로 둘러싸인 영역을 x축 둘레로 회전했을 때 생기는 회전체의 부피(V)를 구하여라.

6. 곡선 $y=-x^2+1$과 직선 $y=x+1$로 둘러싸인 영역을 x축 둘레로 회전했을 때 생기는 회전체의 부피(V)를 구하여라.

7. 달리는 차에 브레이크를 걸었을 때 t초 후의 차의 속도 $v(t)=40-2t$ (m/s)이다. 브레이크를 건 후 차가 정지할 때까지 걸린 시간과 미끄러져 이동한 거리를 구하여라.

◎ 차가 정지하였을 때 $v(t)=0$이다.

연습문제풀이 및 정답

제1장

1.1 일차식 계산

1. (1) x (2) $-6x+3$ (3) $x-1$

   (4) $13x-13y$ (5) $-16x+44y-19$ (6) $7x-4$

   (7) $-30x-6$ (8) $10x-6y+13$ (9) $-8x+10y$

2. $(\ )=-x-5$

3. $A=-6x-5,\quad B=4x+6,\quad C=5x,\quad D=x-1$

4. $$-\frac{2}{3}(4x-y+6)+\frac{1}{2}(5x-3y+8)=\left(-\frac{8}{3}+\frac{5}{2}\right)x+\left(\frac{2}{3}-\frac{3}{2}\right)y+(-4+4)$$
   $$=-\frac{1}{6}x-\frac{5}{6}y$$
   $$=-\frac{1}{6}\times 3-\frac{5}{6}\times\left(-\frac{1}{5}\right)=-\frac{1}{3}$$

5. $$2(A-B)-3(A-2B)-5B=(2-3)A+(-2+6-5)B=-A-B$$
   $$=-2x-3y+x+2y=-x-y$$

1.2 일차방정식

1. (1) 1 (2) $\frac{3}{2}$ (3) $-\frac{2}{3}$ (4) $-\frac{5}{3}$

   (5) $a\neq 1$이면 $x=\frac{2}{3}$, $a=1$이면 모든 수 (부정)

2. (1) $x=y=-2$ (2) $x=3,\ y=0$

   (3) $x=3,\ y=-2$ (4) $x=2,\ y=-4$

   (5) $x=-4,\ y=3$ (6) $x=3,\ y=1$

3. 세로 길이를 x라 하면 가로의 길이는 $x+3$이므로
   둘레의 길이 $2x+2(x+3)=14,\ 4x=8,\quad \therefore x=2\,(\mathrm{m})$

4. 세 수를 각각 $n-2,\ n,\ n+2$로 하면
   $$(n-2)+n+(n+2)=45,\quad 3n=45,\quad \therefore n=15$$
   이므로 세 수는 13, 15, 17이다.

5. $F=ma=m\times\dfrac{v-v_0}{t}=10\times\dfrac{15-5}{5}=20\,(\mathrm{N})$

6. 큰 수를 x, 작은 수를 y라 하면
   $$x+y=56$$
   $$x-y=14$$
   $$\therefore\ x=35,\ y=21$$

7. 큰 수를 x, 작은 수를 y라 하면

$$x+y=32$$
$$x=5y+2$$
$$\therefore\ x=27,\ y=5$$

8. 십의 자리수를 x, 일의 자리수를 y라고 한다.
각 자리 숫자의 합은 11이므로

$$x+y=8 \quad \cdots\cdots ①$$

이다. 이 수의 십의 자리와 일의 자리를 바꾼 숫자($10y+x$)는 처음 수($10x+y$)의 2배보다 17이 더 작으므로

$$10y+x=2(10x+y)-17$$
$$\therefore\ 19x-8y=17 \quad \cdots\cdots ②$$

이다. ①, ②를 연립하여 풀면 $x=3$, $y=5$이므로 구하고자 하는 처음 수는 35이다.

9. 올라간 거리를 x라 하면 내려간 거리는 $x+3$이고, $t=\frac{s}{v}$이므로 올라갈 때와 내려갈 때 걸린 시간은 각각 $x/3$, $(x+3)/4$이다.

$$\frac{x}{3}+\frac{x+3}{4}=6,\quad 4x+3(x+3)=6\times 12,\ 7x=63,\ \therefore\ x=9\ (\text{km})$$

10. 두 지점 A, B 사이의 거리를 x(km)라 하면

$$\frac{x}{60}=\frac{x}{70}+\frac{5}{60},\quad 7x=6x+5\times 7,\quad \therefore\ x=35\ (\text{km})$$

11. 처음 속도 $v_0=126\,\text{km/h}=\frac{126\times 1000\text{m}}{3600\text{s}}=35\text{m/s}$ 이므로 다음과 같이 자동차가 정지할 때까지 걸린 시간이 구해진다.

$$0=v_0+at$$
$$\therefore\ t=-\frac{v_0}{a}=-\frac{35\text{m/s}}{(-3.5\text{m/s}^2)}=10\,\text{s}$$

12. 소금의 양은 일정하다. 더 넣은 물의 양을 x라 하면

$$500\times\frac{10}{100}=(500+x)\times\frac{8}{100}$$
$$5000=4000+8x$$
$$\therefore\ x=125\,(\text{g})$$

13. 늘어난 길이를 x (m)라 한다.
처음넓이$=5\times 7=35\ (\text{m}^2)$, 나중넓이$=(5+2)\times(7+x)\ (\text{m}^2)$
이므로 x는 다음과 같다.

$$(5+2)\times(7+x)=2\times 35$$
$$49+7x=70$$
$$\therefore\ x=3\ (\text{m})$$

14. 회원 수를 x라 한다. 500원씩 모으면 1500원이 모자라므로 필요한 금액은 $500x+1500$이고, 600원씩 모으면 2000원이 남으므로 필요한 금액은 $600x-2000$이다. 따라서 x는 다음과 같다.

$$500x+1500=600x-2000 \quad \therefore\ x=27(\text{명})$$

1.3 다항식 연산

1. (1) $8x^2-2x-15$ (2) $-6x^2+11xy-4y^2$

(3) $x^2-y^2-z^2-2yz$ (4) $x^2-4xy+4y^2-1$

2. 준 식은 다음과 같다.

$$(7+6x+5x^2+4x^3+3x^4+2x^5+x^6)\times(7+6x+5x^2+4x^3+3x^4+2x^5+x^6)$$

이 식을 전개하였을 때 x^3은 (상수$\times x^3$) 또는 $(x\times x^2)$으로 만들어지므로

x^3의 계수는 $7\times4+6\times5+5\times6+4\times7=116$이다.

3. $x^2-3x+1=0$의 양변을 x로 나누면 $x-3+\dfrac{1}{x}=0 \quad \therefore\ x+\dfrac{1}{x}=3$

$$\therefore\ x^2+\frac{1}{x^2}=\left(x+\frac{1}{x}\right)^2-2=3^3-2=7$$

$$x^3+\frac{1}{x^3}=\left(x+\frac{1}{x}\right)^3-3\left(x+\frac{1}{x}\right)=3^3-3\times3=18$$

$$\therefore\ x^3+x^2+x+\frac{1}{x}+\frac{1}{x^2}+\frac{1}{x^3}=18+7+3=28$$

4. x^2 항의 계수 $2a-1=7$에서 $a=4$이다. 따라서 상수항은 $-a=-7$이다.

5. $x=y=z=1$을 대입하면 계수의 총합은

$(2-3+4-5)(-5+4-3+2)=(-2)\times(-2)=4$이다.

6. 몫은 $3x^2+4x+9$, 나머지는 19

7. $x+y=4,\quad xy=(2+\sqrt{3})(2-\sqrt{3})=4-3=1$

(1) $x^2+y^2=(x+y)^2-2xy=4^2-2\times1=14$

(2) $\dfrac{y}{x}+\dfrac{x}{y}=\dfrac{y^2+x^2}{xy}=\dfrac{14}{1}=14$

8. $x+y=2,\ xy=(1+\sqrt{2})(1-\sqrt{2})=1-2=-1$

$\therefore\ x^2+y^2=(x+y)^2-2xy=2^2-2\times(-1)=6$

$\therefore\ x^4+y^4=(x^2+y^2)^2-2(xy)^2=6^2-2\times(-1)^2=34$

9. (1) $x^2-4xy+y^2=(x+y)^2-6xy=3^2-6\times5=-21$

(2) $\dfrac{y^2}{x}+\dfrac{x^2}{y}=\dfrac{x^3+y^3}{xy}=\dfrac{(x+y)^3-3xy(x+y)}{xy}=\dfrac{3^3-3\times5\times3}{5}=-\dfrac{18}{5}$

10. 조건식 $\frac{1}{x}+\frac{1}{y}=6$에서 $\frac{x+y}{xy}=6$이므로 $x+y=6xy$이다.

$$\therefore \frac{x+y}{x-2xy+y}=\frac{x+y}{(x+y)-2xy}=\frac{6xy}{6xy-2xy}=\frac{3}{2}$$

1.4 항등식과 미정계수법

1. (1) $a=1,\ b=1$ (2) $a=1,\ b=-2,\ c=4$
(3) $a=-1,\ b=2,\ c=2$ (4) $a=1,\ b=2,\ c=3$
(5) $a=1,\ b=-1,\ c=-2$

2. (1) $a=3,\ b=-1,\ c=5$ (2) $a=3,\ b=-5,\ c=4$

3. $ax(x-1)+bx(x-2)+c(x-1)(x-2)=2x^2-x-2$
준 식에 $x=0,\ x=1,\ x=2$를 대입하면 $a=2, b=1, c=-1$가 구해진다.

4. $(2x+1)(-x-2)(3x+2)(-5x-4)=Ax^4+Bx^3+Cx^2+Dx+E$
좌변에서 x^4의 계수는 $2\times(-1)\times3\times(-5)=A$이므로 $A=30$이고,
상수항은 $1\times(-2)\times2\times(-4)=E$이므로 $E=16$이다.
그리고 준 식의 양변에 $x=-1$을 대입하면

$$(-1)\times(-1)\times(-1)\times1=A-B+C-D+E$$

이다. 따라서 $B-C+D=A+E+1=30+16+1=47$이다.

5. $\frac{x+4}{(x-2)(x+2)}=\frac{a}{x+2}+\frac{b}{x-2}=\frac{a(x-2)+b(x+2)}{(x+2)(x-2)}$
첫 번째 식과 마지막 식의 분자를 비교하면

$$x+4=a(x-2)+b(x+2)$$

가 된다. 이 식에 $x=2$를 대입하면 $b=\frac{3}{2}$, $x=-2$을 대입하면 $c=-\frac{1}{2}$가 구해진다.

6. $\frac{3x+1}{x(x+1)^2}=\frac{a}{x}+\frac{b}{x+1}+\frac{c}{(x+1)^2}=\frac{a(x+1)^2+bx(x+1)+cx}{x(x+1)^2}$
첫 번째 식과 마지막 식의 분자를 비교하면

$$3x+1=a(x+1)^2+bx(x+1)+cx$$

가 된다. 이 식에 $x=0$을 대입하면 $a=1$, $x=-1$을 대입하면 $c=2$가 구해진다.
그리고 우변에서 2차 항(x^2)의 계수 $a+b=0$이 되어야 하므로 $b=-a=-1$이다.

7. 준 식 $(x-1)(x^2-2)f(x)=x^4+ax^2+b$에서 $x=1,\ x^2=2$를 대입하면

$$0=1+a+b,\ 0=2^2+2a+b$$

의 관계식이 얻어진다. 이 식으로부터 $a=-3,\ b=2$가 구해진다.

1.5 인수분해

1. (1) $(a-2)(b-1)$ (2) $(a-b)(x-y)$

(3) $(x-a)(x-1)$ (4) $(3x-4y)^2$

(5) $(2x-3)(6x+7)$ (6) $(x+2y)(2x-3y)$

2. (1) $(x-1)(x+1)(x^2+1)(x^4+1)$ (2) $(a+4)(a^2-4a+16)$

(3) $(x-y-z)(x+y-z)$ (4) $(a-b)(a+c)$

(5) $(x-y+2)(x+y-3)$ (6) $(x^2-x-4)(x^2-x-10)$

3. 49

4. -28 : $a^3+b^3=(a+b)(a^2-ab+b^2)$, $a^2+b^2=(a+b)^2-2ab$

5. $a=2027$로 하여 인수분해하면 $A=a-1=2026$

6. 몫: x^3-2x^2+2x-1, 나머지: 6

7. $a=4$, $b=-10$

8. (1) $(x+1)(x^2-x+3)$ (2) $(x+1)(x-2)(x-3)$

9.
$$\begin{aligned} x^2-6xy+5y^2-x-3y-2 &= x^2-x(6y+1)+5y^2-3y-2 \\ &= x^2-x(6y+1)+(5y+2)(y-1) \\ &= [x-(5y+2)][x-(y-1)] \\ &= (x-5y-2)(x-y+1) \end{aligned}$$

10.
$$\begin{aligned} x^4+x^2+1 &= (x^4+2x^2+1)-x^2 \\ &= (x^2+1)^2-x^2 \\ &= (x^2+1-x)(x^2+1+x) \\ &= (x^2-x+1)(x^2+x+1) \end{aligned}$$

제2장

2.1 실수와 복소수

1. (1) $\sqrt{10}-3$ (2) 5 (3) a^2+3a+3 (4) $2-\sqrt{2}$

2. (1) $3\sqrt{3}-3$ (2) $\dfrac{\sqrt{2}}{2}$

3. (1) $-\sqrt{2}-\sqrt{7}$ (2) $\sqrt{3}-1$

4. $a=\dfrac{2}{5},\ b=\dfrac{5}{12}\quad \therefore\ ab=\dfrac{1}{6}$

5. $\sqrt{0.5}+\sqrt{500}=\sqrt{\dfrac{50}{100}}+\sqrt{5\cdot 100}=\dfrac{\sqrt{50}}{10}+10\sqrt{5}=\dfrac{1}{10}b+10a$

$$\therefore\ a=10,\ b=\frac{1}{10}$$

6. $a=4, b=-1$

7. $a=3,\ b=-2$

8. $a=-\dfrac{3}{2},\ b=1$

9. (1) $-4+2i$ (2) 0 (3) -13

(4) 4 (5) $5-5i$ (6) $\dfrac{8}{5}$

10. $\alpha^2\beta+\alpha\beta^2=\alpha\beta(\alpha+\beta)=33-9i$

11. $a=2, b=-3$

12. $a=10, b=-5$

13. $z^2=\left(\dfrac{1+i}{\sqrt{2}}\right)^2=\dfrac{2i}{2}=i\quad \therefore\ z^6=z^4\cdot z^2=-i,\quad z^8=(z^2)^4=1$

$$\therefore\ a=1, b=-1$$

14. $z^2=\left(\dfrac{1-i}{\sqrt{2}}\right)^2=\dfrac{-2i}{2}=-i$ 이므로

$z^4=(-i)^2=-1,\ z^6=z^4\times z^2=(-1)\times(-i)=i$

$\therefore\ z^6+z^4=i-1=a+bi$

$\therefore\ a=-1,\ b=1$

15. $i^2=-1,\ i^3=i^2\cdot i=-i,\ i^4=1$을 이용하여 $i^3,\ i^6,\ i^9$을 계산한다.

$$i^3=-i,\quad i^6=i^4\cdot i^2=i^2=-1,\quad i^9=(i^4)^2\cdot i=i$$

$\therefore\ \dfrac{3}{i^3}+\dfrac{2}{i^6}+\dfrac{7}{i^9}=-\dfrac{3}{i}+\dfrac{2}{-1}+\dfrac{7}{i}$

$=3i-2-7i\qquad \left(\leftarrow i^2=-1,\ \dfrac{1}{i}=-i\ \right)$

$$=-2-4i$$
$$=a+bi$$
$\therefore\ a=-2,\quad b=-4$

16. $\dfrac{1+i}{1-i}=\dfrac{(1+i)^2}{(1-i)(1+i)}=\dfrac{2i}{2}=i$

$\therefore\ f\left(\dfrac{1+i}{1-i}\right)=f(i)=i^6+2i^5+i^4+3i^3+i^2+4i+1$

$$=-1+2i+1-3i-1+4i+1=3i$$
$$=a+bi$$

$\therefore\ a=0,\ b=3$

2.2 이차방정식

1. (1) $-3,\ -5$ (2) $-3,\ 7$

(3) $-\dfrac{5}{4},\ 3$ (4) $\dfrac{1}{6},\ -\dfrac{5}{2}$

(5) $\pm i$ (6) $-2\pm\sqrt{7}$

2. $k=4,\ a=8$

3. (1) $\sqrt{5}$ (2) 7

4. $a=-4,\ b=1$

5. $a=-2,\ b=\dfrac{3}{2}$

6. $a=\dfrac{25}{4}$, 근$=-\dfrac{5}{2}$

7. $k=3$

8. $x^2+4x+1=0$

9. $\alpha=-1,\ \beta=3\ \therefore\ k=1,\ 3$

10. 한 근을 $2m$으로 하면 다른 한 근은 $3m$이고 근과 계수의 관계식을 이용하여 m의 값을 먼저 구한다. $\alpha=\dfrac{2}{3},\ \beta=1\ \therefore\ k=2$

11. $2x^2+4x-1=0$

12. (1) $\alpha\beta(\alpha+\beta)=2$ (2) $\dfrac{\alpha+\beta}{\alpha\beta}=\dfrac{1}{2}$

(3) $(\alpha+\beta)^2-2\alpha\beta=-3$ (4) $(\alpha+\beta)+\alpha\beta+1=4$

13. 두 근은 $-1,\ \beta$이고 근과 계수의 관계식을 이용한다. $k=-3,\ \beta=\dfrac{5}{2}$

14. 처음 정사각형의 한 변의 길이를 $x(\mathrm{m})\ (x>0)$라 하면

$$(x+4)(x-4)=\frac{3}{4}x^2$$

$$x^2 - 16 = \frac{3}{4}x^2$$

$$\frac{1}{4}x^2 = 16 \quad \therefore x = 8\,(\mathrm{m})$$

15. $a=6,\ b=8,\ c=10$

16. $3m = m^2 - 40 \quad \therefore\ m = 8$

17. 12m: 직사각형의 가로와 세로 길이는 각각 12m, 3m이다.

18. $\pi(x+3)^2 = 2\pi x^2,\ x^2 - 6x - 9 = 0\ \ \therefore x = 3 + 3\sqrt{2}\,(\mathrm{m})\ \ (\because\ x > 0)$

반지름 r인 원의 넓이는 πr^2

제3장

3.1 일차부등식

1. (1) $x \geq 2$　　(2) $x \leq 0$

(3) $x > 1$　　(4) $x \leq -0.7$

2. $x < a+2$　$\therefore\ a=1$

3. $2x-(x-5) < 4x+2$의 해는 $x > 1$이고,

$4x+k > 3-2(x-1)$의 해는 $x > \dfrac{5-k}{6}$

$$\therefore\ \frac{5-k}{6}=1 \quad \therefore\ k=-1$$

4. $(k-1)x < -3(k-1)$

여기에서 $k-1<0$이므로 $x>-3$

5. 부등호의 방향이 바뀌었으므로 $a<3$이고 이때 $x < \dfrac{b}{a-3}$가 된다. 그런데 부등식의 해가 $x < \dfrac{1}{4}$이므로 $\dfrac{b}{a-3}=\dfrac{1}{4}$이다.

$b^2=1$이면 $b=1$ 또는 $b=-1$이다.

① $b=1$이면 $\dfrac{1}{a-3}=\dfrac{1}{4}$에서 $a=7$이 되는데 이것은 $a<3$을 만족하지 않으므로 해가 아니다.

② $b=-1$일 때 $\dfrac{-1}{a-3}=\dfrac{1}{4}$에서 $a=-1$이고, 이것은 $a<3$을 만족한다. 따라서 구하는 a의 값은 -1이다.

6. (1) $-4 \leq x \leq 1$　　(2) $x < -5$

7. (1) $3+1 \leq x+y \leq 5+2$　$\therefore\ 4 \leq x+y \leq 7$

(2) $-6 \leq -3y \leq -3$　$\therefore\ 3-6 \leq x-3y \leq 5-3$　$\therefore\ -3 \leq x-3y \leq 2$

8. $ax-2 > bx+3$에서 $(a-b)x > 5$

$$\therefore\ x < \frac{5}{a-b}\ (\because\ a-b<0\text{이므로 부등호의 방향이 바뀐다.})$$

9. $38 < (m-2)+m+(m+2) < 46,\ 38 < 3m < 46$

$$\therefore\ 12.66\cdots < m < 15.33\cdots$$
$$\therefore\ m=14\ (\because\ m\text{은 짝수})$$

따라서 구하는 세 짝수는 12, 14, 16이다.

10. 삼각형이 될 조건은 • (가장 긴 변) < (나머지 두 변의 합)이다.

$$x+7 < x+(x+3) \quad \therefore\ x > 4$$

11. 연속하는 세 정수를 $n-1$, n, $n+1$로 한다.

$$(n-1)+n+(n+1)>23 \quad \therefore \quad n=8, 9, 10, \cdots$$
$$(n-1)+n-(n+1)<7 \quad \therefore \quad n=8, 7, 6, \cdots$$

따라서 $n=8$이므로 구하는 세 수는 7, 8, 9이다.

3.2 이차부등식

1. (1) $x>2$, $x<-2$ (2) $2 \le x \le 4$

(3) $x=-2$

(4) ①의 해는 $x \le 1$ 또는 $x \ge 2$, ②의 해는 $-3<x<4$

$\therefore$ 연립방정식의 해는 $-3<x \le 1$, $2 \le x<4$

2. $\alpha=-2, \beta=3$

3. $a=-2, b=-1$

4. ① $k>3$: $x>k$, $x<3$

② $k=3$: $x \ne 3$인 모든 수

③ $k<3$: $x>3$, $x<k$

5. $-4 \le k \le 4$

6. $-1-\sqrt{5}<x<-1+\sqrt{5} \quad \therefore \quad x=-3,\ -2,\ -1,\ 0,\ 1$

7. $D/4=k^2+k(k-3) \ge 0,\ k(2k-3) \ge 0 \quad \therefore \quad k \ge \dfrac{3}{2},\ k \le 0$

8. 가로와 세로의 길이를 각각 x(cm), y(cm)이라 하면 둘레의 길이에서

$$2(x+y)=22 \quad \therefore \quad y=11-x$$

가로(x) 길이가 세로(y) 길이보다 길거나 같으므로

$$x \ge 11-x \quad \therefore \quad x \ge \frac{11}{2}=5.5 \quad \cdots\cdots ①$$

직사각형의 넓이 조건에서

$$x(11-x) \ge 24, \quad (x-3)(x-8) \le 0 \quad \therefore \quad 3 \le x \le 8 \quad \cdots\cdots ②$$

이다. ①, ②를 동시에 만족하는 x의 범위는 $5.5 \le x \le 8$이므로 가로(x) 길이의 최댓값과 최솟값은 각각 8(cm), 5.5(cm)이다.

9. $h=45t-5t^2 \ge 70,\ 5(t^2-9t+14) \le 0,\ 5(t-2)(t-7) \le 0 \quad \therefore \quad 2 \le t \le 7$

즉, $h \ge 70$(m)가 되는 시간은 $2 \le t \le 7$이므로 $7-2=5$(초) 동안 물체가 70m 이상의 높이에 존재한다.

10. 피타고라스 정리 $a^2+b^2=c^2$을 이용한다. 가로와 세로가 각각 $7-x$, $2+x$인 직사각형의 대각선의 길이는 $\sqrt{(7-x)^2+(2+x)^2}$ 이므로

$$(7-x)^2+(2+x)^2 \le [3\sqrt{5}]^2$$
$$x^2-5x+4 \le 0$$

$$(x-1)(x-5) \le 0$$

$$\therefore\ 1 \le x \le 4$$

3.3 절대부등식

1. $(\sqrt{2(a+b)})^2-(\sqrt{a}+\sqrt{b})^2=2(a+b)-(a+2\sqrt{a}\sqrt{b}+b)$

$$=a-2\sqrt{a}\sqrt{b}+b=(\sqrt{a}-\sqrt{b})^2 \ge 0$$

$\therefore\ (\sqrt{2(a+b)})^2 \ge (\sqrt{a}+\sqrt{b})^2$

여기에서 $\sqrt{2(a+b)}>0,\ \sqrt{a}+\sqrt{b}>0$

$\therefore\ \sqrt{2(a+b)} \ge \sqrt{a}+\sqrt{b}$ (단, 등호는 $a=b$일 때 성립한다.)

2. $3^x+3^{-x} \ge 2\sqrt{3^x \times 3^{-x}}=2 \quad \therefore\ y_{\min}=2$

3. $\dfrac{a+b}{2} \ge \sqrt{ab},\quad \dfrac{10}{2} \ge \sqrt{ab} \quad \therefore\ 25 \ge ab$

따라서 ab의 최댓값은 25이다.

4. $a+b \ge 2\sqrt{ab},\quad a+b \ge 2\sqrt{36}=12 \quad \therefore\ a+b \ge 12$

따라서 $a+b$의 최솟값은 12이다.

5. $3a+5b \ge 2\sqrt{3a \cdot 5b}=2\sqrt{3 \cdot 5ab}=2\sqrt{3 \cdot 5 \cdot 3}=6\sqrt{5}$

$$\therefore\ 3a+5b \ge 6\sqrt{5}$$

따라서 $3a+5b$의 최솟값은 $6\sqrt{5}$이다.

6. (1) 최솟값 2 : $a+\dfrac{1}{a} \ge 2\sqrt{a \times \dfrac{1}{a}}=2$

(2) 최솟값 12 :

$$4a+\frac{9}{a} \ge 2\sqrt{(4a)\times\frac{9}{a}}=2\sqrt{4\times 9}=2\sqrt{36}=2\times 6=12$$

(3) 최솟값 4 :

$$(a+b)\left(\frac{1}{a}+\frac{1}{b}\right)=2+\frac{b}{a}+\frac{a}{b}$$

$$\frac{b}{a}+\frac{a}{b} \ge 2\sqrt{\frac{b}{a}\times\frac{a}{b}}=2$$

(4) 최솟값 9 :

$$\left(a+\frac{1}{b}\right)\left(b+\frac{4}{a}\right)=ab+\frac{4}{ab}+5$$

$$ab+\frac{4}{ab} \ge 2\sqrt{ab\times\frac{4}{ab}}=2\sqrt{4}=2\times 2=4$$

7. $\left(\dfrac{b}{a}+\dfrac{d}{c}\right)\left(\dfrac{a}{b}+\dfrac{c}{d}\right)=1+\dfrac{bc}{ad}+\dfrac{ad}{bc}+1$

$$=2+\frac{bc}{ad}+\frac{ad}{bc} \ge 2+2\sqrt{\frac{bc}{ad}\cdot\frac{ad}{bc}}=4$$

$\therefore \left(\frac{b}{a}+\frac{d}{c}\right)\left(\frac{a}{b}+\frac{c}{d}\right)$의 최솟값은 4이다.

8. 최솟값 4 :

$a+\frac{1}{a-2}=a-2+\frac{1}{a-2}+2$

$a-2+\frac{1}{a-2}\geq 2\sqrt{(a-2)\times\frac{1}{a-2}}=2$

9. $x+\frac{1}{x}+\frac{3x}{x^2+1}=\frac{x^2+1}{x}+\frac{3x}{x^2+1}\geq 2\sqrt{\left(\frac{x^2+1}{x}\right)\times\left(\frac{3x}{x^2+1}\right)}\geq 2\sqrt{3}$

$\therefore$ 최솟값은 $2\sqrt{3}$

10. $(3^2+4^2)(x^2+y^2)\geq(3x+4y)^2$, $25\times 9\geq(3x+4y)^2$

$\therefore\ -15\leq 3x+4y\leq 15$

11. $3a+5b\geq 2\sqrt{3a\cdot 5b}$, 여기에서 $3a+5b=10$

$\therefore\ 10\geq 2\sqrt{15ab}$

$\therefore\ (\sqrt{3a}+\sqrt{5b})^2=3a+5b+2\sqrt{15ab}=10+2\sqrt{15ab}\leq 10+10=20$

따라서 $x=\sqrt{3a}+\sqrt{5b}$로 하면

$$x^2\leq 20 \quad \therefore\ -\sqrt{20}\leq x\leq\sqrt{20}$$

여기에서 $x>0$이므로 $0<x\leq\sqrt{20}=2\sqrt{5}$이다. 따라서 $\sqrt{3a}+\sqrt{5b}$의 최댓값은 $2\sqrt{5}$이다.

12. 피타고라스 정리에 의해 $a^2+b^2=6^2=36$이므로

$$a^2+b^2\geq 2\sqrt{a^2\times b^2}=2ab$$

$$36\geq 2ab \quad \therefore\ 18\geq ab$$

$\therefore$ 넓이의 최댓값 $S_{\max}=\frac{1}{2}ab=\frac{1}{2}\times 18=9$

제4장

4.1 함수의 개념

1. (1) $-1 \le y \le 5$ (2) $1 \le y \le 5$

2. (1) $y=x^2+3$ (2) $y=x^2+2x+3$ (3) $y=x^2+4$

3. $x=-2$

4. $\frac{x-1}{2}=X$로 하면 $f(X)=2(2X+1)+3$ $\therefore f(2)=13$

5. $x+3=X$로 하면 $f(X)=(X-3)^2+2(X-3)+3$ $\therefore f(1)=3$

6. (1) $y=-2x+6$ (3) $y=x^2-2$

7. $a=1, b=-2$

8. $f^{-1}(x)=x+1,\ g(f^{-1}(1))=g(2)=3$

9. $1-x=X$로 하면 $x=1-X$이고 $f(X)=2(1-X)$ $\therefore f(x)=2(1-x)$

10. $x-1=X$로 하면 $x=1+X$이고 $f(X)=(1+X)^2$ $\therefore f(x)=(1+x)^2$

11. $(f \circ f)(3)=f(3+k)=(3+k)+k=k$ $\therefore k=-3$

4.2 일차함수와 이차함수

1. (1) $y=-2x+1$

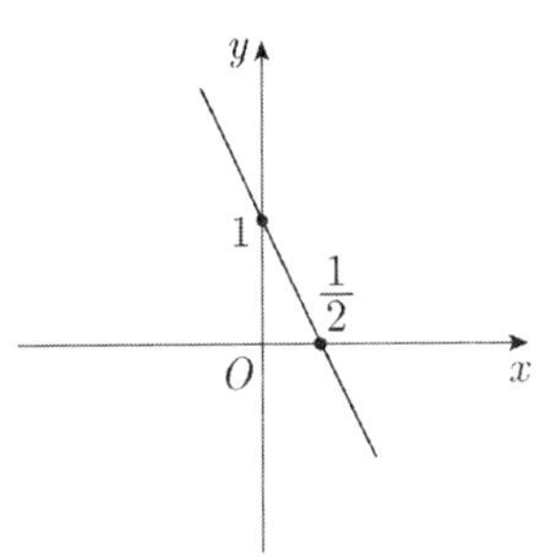

(2) $y=-\frac{3}{2}x+3$

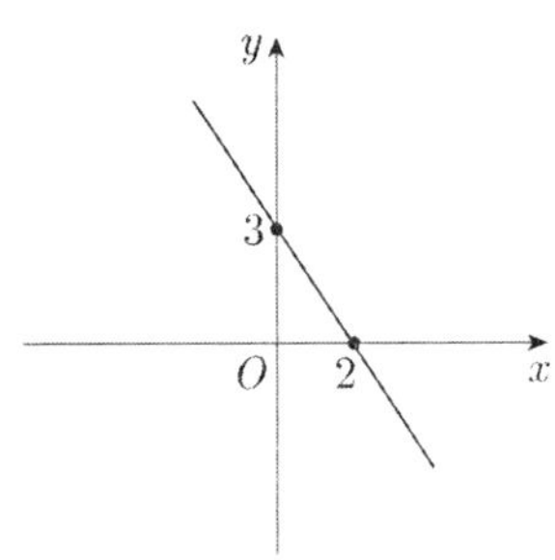

(3) $y=2x-1$

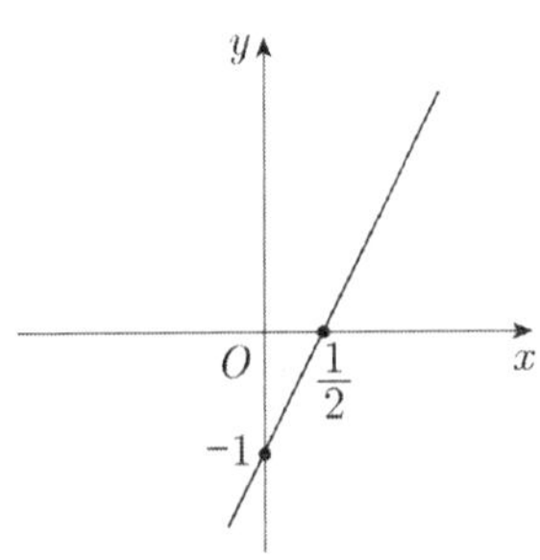

(4) $y=x+3$

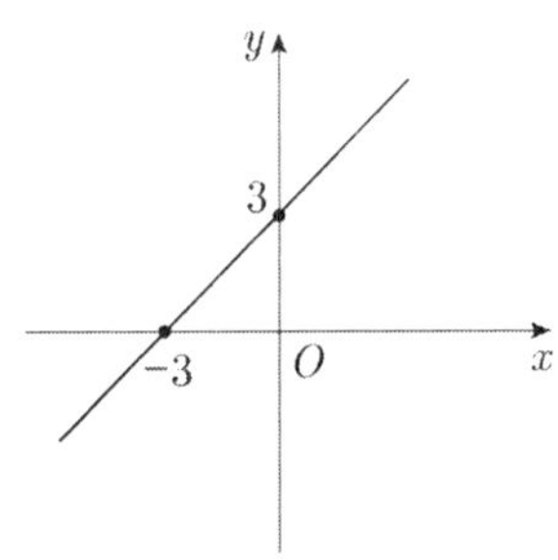

2. (1) 꼭짓점 $(0,-4)$, 대칭축 $x=0$

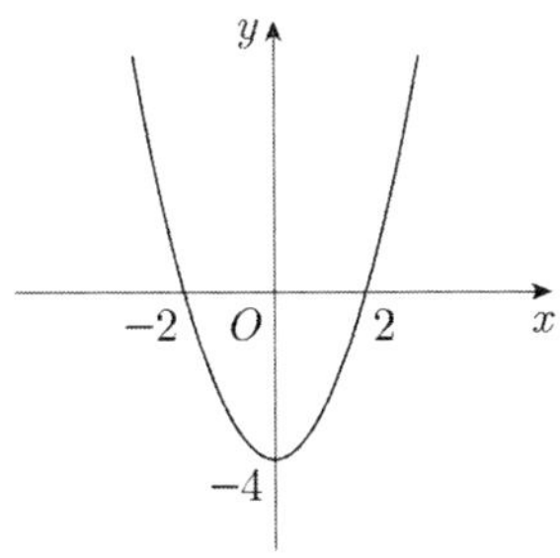

(2) 꼭짓점$(0,9)$, 대칭축 $x=0$

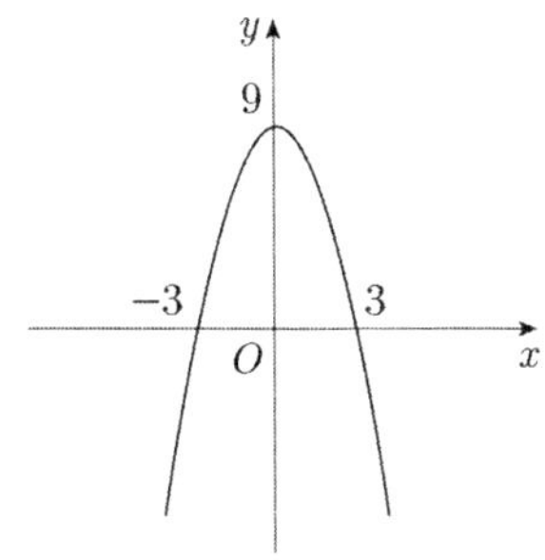

(3) $y=\left(x-\frac{3}{2}\right)^2+\frac{3}{4}$, 꼭짓점$\left(\frac{3}{2},\frac{3}{4}\right)$, 대칭축 $x=\frac{3}{2}$

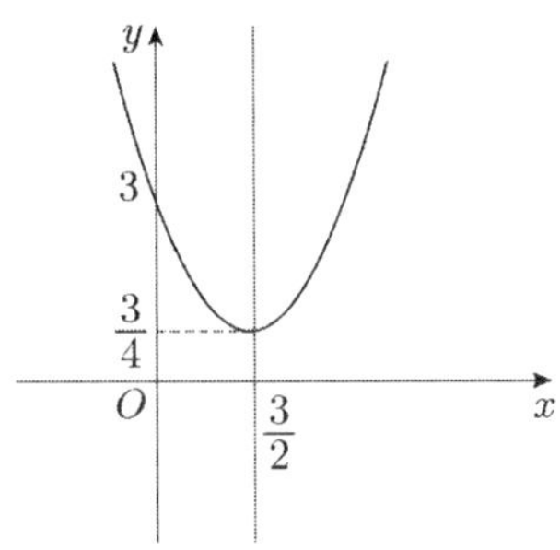

(4) $y=-(x-2)^2-1$, 꼭짓점$(2,-1)$, 대칭축 $x=2$

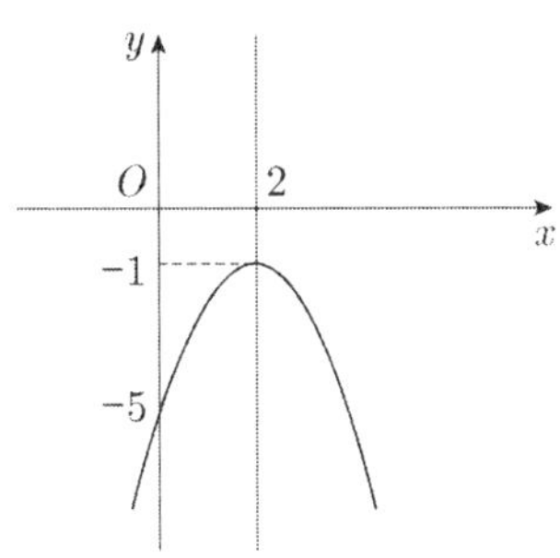

3. (1) 최댓값 4, 최솟값 0 (2) 최댓값 5, 최솟값 1
(3) 최댓값 11, 최솟값 -5

4. $f(x)=x^2+2$

5. $b=6, c=5$

6. $k<0, k>4$

7. $2-2\sqrt{2}<k<2+2\sqrt{2}$

8. $a=1, b=-2$

4.3 유리함수와 무리함수

1. (1) $y=\dfrac{1}{3x-2}+2$ (2) $y=-\dfrac{1}{2x-1}+3$

점근선 $x=\dfrac{2}{3}$, $y=2$ 점근선 $x=\dfrac{1}{2}$, $y=3$

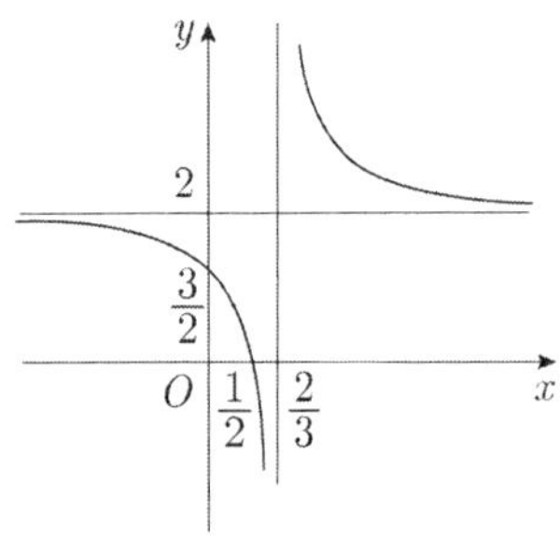

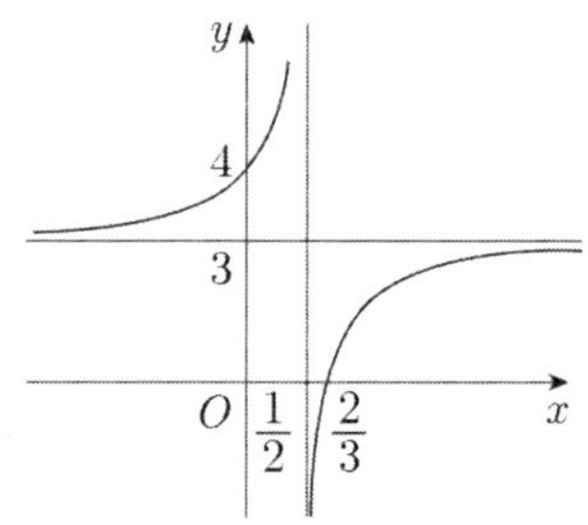

2. (1) $y=\dfrac{-x+4}{5x-3}$ (2) $y=\dfrac{-x+3}{2x-2}$

3. (1) $y=\sqrt{(x-3)}+2$ (2) $y=-\sqrt{2(x-2)}+1$

$x \geq 3, y \geq 2$ $x \geq 2, y \leq 1$

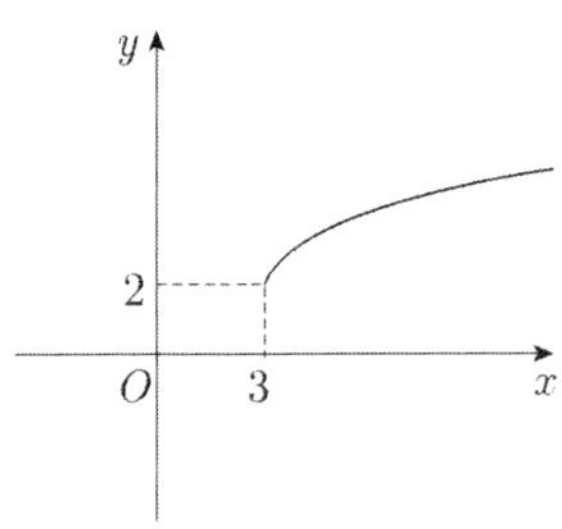

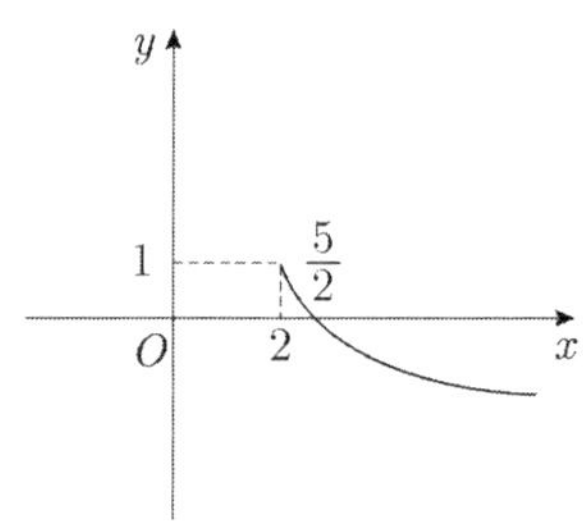

4. (1) $y=x^2+2,\ x \geq 0, y \geq 2$ (2) $y=x^2-2x-1,\ x \geq 1, y \geq -2$

5. $k=1$: $\dfrac{k}{\left(\dfrac{k}{x+1}\right)+1}=\dfrac{x+1}{x+2}$

6. $k<-2$: $y=\sqrt{-x+2}$와 $y=x+k$의 그래프를 그려본다. $y=x+k$의 그래프는 기울기 1, x절편 $-k$, y절편 k이다.

7. $k=\dfrac{9}{4}$: $y=\sqrt{x+2}$와 $y=x+k$의 그래프를 그리고, $(\sqrt{x+2})^2=(x+k)^2$ 에서 판별식을 이용한다.

8. $x=0$에서 최솟값이므로 $k=1$, $x=-3$에서 최댓값 3.

9. $\sqrt{x-2}=x+k$, 양변을 제곱하면 $x-2=(x+k)^2$

$$x^2+(2k-1)x+k^2+2=0$$

$$\therefore\ D=(2k-1)^2-4(k^2+2)=-4k-7=0$$

$$\therefore\ k=-\frac{7}{4}$$

직선 $y=x+k$가 점 $(2,0)$를 지날 때 $k=-2$

$$\therefore \text{ 구하는 } k\text{의 값의 범위는 } -2 \le k < -\frac{7}{4}$$

4.4 원의 방정식

1. (1) $(x+2)^2+(y-3)^2=16$ (2) $x^2+y^2=r^2$

2. $(x-2)^2+(y-1)^2=1$

3. $(x-2)^2+(y-1)^2=2^2$

◙ 2, 3번 문제는 그래프를 그려보면 반지름을 알 수 있다.

4. $(x-2)^2+(y-3)^2=13$

5. (1) $(x-1)^2+(y+2)^2=5$, 중심 $(1,-2)$, 반지름 $\sqrt{5}$

(2) $x^2+y^2+4x-2y+\frac{1}{2}=0$, $(x+2)^2+(y-1)^2=\frac{9}{2}$

$\therefore$ 중심 $(-2,1)$, 반지름 $\frac{3}{\sqrt{2}}$

6. $(x-1)^2+(y+2)^2=4^2$

전개하여 계수를 비교하면 $A=-2$, $B=4$, $C=-11$

7. $(x+2)^2+(y-3)^2=10$

8. $(x-3)^2+(y-1)^2=5$

9. 중심이 x축 위에 있는 원의 방정식은 $(x-a)^2+y^2=r^2$으로 쓸 수 있다. 점 $(0,1)$, $(2,-3)$을 지나므로 대입하면 $a^2+1=r^2\cdots$①, $(2-a)^2+9=r^2\cdots$②. ①-②에서 a를 구하고 다음에 r을 구한다. $a=3$, $r^2=10$이고, 구하는 원의 방정식은 $(x-3)^2+y^2=10$.

10. 주어진 방정식 $x^2+y^2+2ax-4ay+4a^2+4a-3=0$에서

$$(x+a)^2+(y-2a)^2=a^2+4a^2-(4a^2+4a-3)=a^2-4a+3$$

따라서 주어진 식이 원의 방정식이 되기 위해서는

$$r^2=a^2-4a+3=(a-1)(a-3)>0$$
$$\therefore\ a>3 \text{ 또는 } a<1$$

11. 중심이 $(0,0)$이고 반지름이 5인 원의 방정식은 $x^2+y^2=25$이다. 따라서 교점의 좌표는 다음 두 연립 방정식을 풀어서 구할 수 있다.

$$y=x+1 \cdots\cdots ①$$
$$x^2+y^2=25 \cdots\cdots ②$$

①을 ②에 대입하여 x를 구한 후 y값을 구한다.
교점의 좌표는 $(3,4)$, $(-4,-3)$이다.

제5장

5.1 삼각비

1. (1) Ⅱ (2) Ⅲ (3) Ⅰ (4) Ⅰ

2. (1) $\frac{3\pi}{4}$ (2) 3π (3) $210°$ (4) $300°$

3. (①, ⑤, ⑥), (②, ③, ④)

4. (1) $l=10\pi(\text{cm})$, $S=60\pi(\text{cm}^2)$ (2) $l=3\pi(\text{cm})$, $S=\frac{45}{2}\pi(\text{cm}^2)$

5. $S=5\pi(\text{cm}^2)$

6. $r=3(\text{cm})$, $\theta=\frac{4\pi}{3}$

7. $S=\frac{25}{16}(\text{cm}^2)$, $r=\frac{5}{4}(\text{cm})$, $\theta=2(\text{rad})$

8. $\frac{2\pi}{3}-2$

9. $S=\frac{1}{2}r(L-2r)$는 $r=\frac{L}{4}$일 때 최대, 이때 $l=\frac{L}{2}$ $\therefore \theta=2\,\text{rad}$

10. $\frac{\pi}{4}D^2=\frac{1}{2}r^2\theta=\frac{1}{2}\times 6^2\times\frac{\pi}{3}$ $\therefore D=2\sqrt{6}$

11. (1) $\overline{\text{AB}}=\sqrt{6}+\sqrt{2}$, $\overline{\text{BC}}=1$, $\overline{\text{CD}}=\sqrt{3}$

    (2) $\sin 15°=\frac{\sqrt{6}-\sqrt{2}}{4}$, $\cos 15°=\frac{\sqrt{6}+\sqrt{2}}{4}$, $\tan 15°=2-\sqrt{3}$

12. $\tan x=\frac{12}{5}$: △ABC와 △EBD는 ∠B가 공통인 직각삼각형이므로 서로 닮은꼴이다.

13. $\overline{\text{AH}}=h$, $\overline{\text{BH}}=\frac{h}{\tan 60°}=\frac{h}{\sqrt{3}}$ $\therefore \overline{\text{AB}}=h+\frac{h}{\sqrt{3}}=100$

    $\therefore h=\frac{100\sqrt{3}}{\sqrt{3}+1}=\frac{100\sqrt{3}(\sqrt{3}-1)}{(\sqrt{3}+1)(\sqrt{3}-1)}=50(3-\sqrt{3})$

14. $S=\frac{1}{2}ca\sin\text{B}=\frac{1}{2}\times 4\sqrt{5}\times x\times\sin 30°=40$

    $\therefore x=8\sqrt{5}$

15. $\overline{\text{BC}}=2$ $\therefore \sin\text{B}+\cos\text{C}=\frac{1}{2}+\frac{1}{2}=1$

16. 삼각형의 내각의 합은 180°이므로 $\angle\text{BCA}=x$이다. 그리고 피타고라스 정리로부터 변 $\overline{\text{BC}}=10$이므로 $\sin x=\sin\text{C}=\frac{8}{10}=\frac{4}{5}$이다.

17. $\tan\text{A}=\frac{\sqrt{3}}{2}$이므로 $\sin\text{A}=\frac{\sqrt{3}}{\sqrt{7}}$

$$\therefore\ S=\frac{1}{2}bc\sin A=\frac{1}{2}\times 4\times 3\times\frac{\sqrt{3}}{\sqrt{7}}=\frac{6\sqrt{21}}{7}$$

18. 한 근 $\alpha=\cos 30°=\frac{\sqrt{3}}{2}$ 이므로 다른 한 근 $\beta=-\frac{\sqrt{3}}{2}$ 이다. 따라서 근과 계수의 관계로부터

$$\alpha+\beta=-\frac{a}{4}=0\quad\therefore\ a=0$$

$$\alpha\beta=\frac{b}{4}=-\frac{3}{4}\quad\therefore\ b=-3$$

5.2 삼각함수

1. 순서대로 $(\sin\theta, \cos\theta, \tan\theta)$

(1) $\left(\frac{2}{\sqrt{13}}, \frac{3}{\sqrt{13}}, \frac{2}{3}\right)$ (2) $\left(\frac{1}{\sqrt{5}}, -\frac{2}{\sqrt{5}}, -\frac{1}{2}\right)$

(3) $\left(-\frac{1}{\sqrt{5}}, -\frac{2}{\sqrt{5}}, \frac{1}{2}\right)$ (4) $\left(-\frac{3}{\sqrt{13}}, \frac{2}{\sqrt{13}}, -\frac{3}{2}\right)$

2. 순서대로 $(\sin\theta, \cos\theta, \tan\theta)$

(1) $\left(\frac{1}{2}, -\frac{\sqrt{3}}{2}, -\frac{1}{\sqrt{3}}\right)$ (2) $\left(\frac{1}{\sqrt{2}}, \frac{1}{\sqrt{2}}, 1\right)$

(3) $\left(-\frac{\sqrt{3}}{2}, -\frac{1}{2}, \sqrt{3}\right)$ (4) $\left(-\frac{1}{2}, -\frac{\sqrt{3}}{2}, \frac{1}{\sqrt{3}}\right)$

3. $\sin\theta=-\frac{2}{\sqrt{13}},\ \cos\theta=-\frac{3}{\sqrt{13}}$

4. $(\sin\theta+\cos\theta)^2=\sin^2\theta+2\sin\theta\cos\theta+\cos^2\theta=1+2\sin\theta\cos\theta$

$$=1+2\times\frac{1}{4}=\frac{3}{2}$$

$$\therefore\ \sin\theta+\cos\theta=\sqrt{\frac{3}{2}}=\frac{\sqrt{6}}{2}$$

5. $a=-2$

6. (1) $\frac{\pi}{4}$ (2) 0 (3) $\frac{\pi}{3}$ (4) $\frac{\pi}{3}$

7. (1) $\theta\approx 48.59°$ (2) $\theta\approx 66.42°$ (3) $\theta\approx 29.74°$

8. $a^2=b^2+c^2-2bc\cos A=2^2+3^2-2\times 2\times 3\cos\frac{\pi}{3}=7$

$\therefore\ a=\sqrt{7}$ cm

5.3 쌍곡선 함수

1. (1) $\cosh(0)=\frac{e^0+e^{-0}}{2}=\frac{1+1}{2}=1$

(2) $\cosh(\ln 2)=\dfrac{e^{\ln 2}+e^{-\ln 2}}{2}=\dfrac{2+2^{-1}}{2}=\dfrac{1}{2}\times\dfrac{5}{2}=\dfrac{5}{4}$

(3) $\sinh(\ln 2)=\dfrac{e^{\ln 2}-e^{-\ln 2}}{2}=\dfrac{2-2^{-1}}{2}=\dfrac{1}{2}\times\dfrac{3}{2}=\dfrac{3}{4}$

(4) $\tanh(\ln 2)=\dfrac{\sinh(\ln 2)}{\cosh(\ln 2)}=\dfrac{3/4}{5/4}=\dfrac{3}{5}$

2. $\cosh^2\alpha-\sinh^2\alpha=1$ 이므로 $\sinh^2\alpha=\cosh^2\alpha-1=(\sqrt{2})^2-1=1$

$\therefore\ \sinh\alpha=\pm 1,\ \tanh\alpha=\dfrac{\sinh\alpha}{\cosh\alpha}=\pm\dfrac{1}{\sqrt{2}}$

3. $\cosh x\cosh y+\sinh x\sinh y$

$$=\frac{e^x+e^{-x}}{2}\times\frac{e^y+e^{-y}}{2}+\frac{e^x-e^{-x}}{2}\times\frac{e^y-e^{-y}}{2}$$

$$=\frac{e^{x+y}+e^{x-y}+e^{-x+y}+e^{-x-y}}{4}+\frac{e^{x+y}-e^{x-y}-e^{-x+y}+e^{-x-y}}{4}$$

$$=\frac{2e^{x+y}+2e^{-x-y}}{4}=\frac{e^{x+y}-e^{-(x+y)}}{2}=\cosh(x+y)$$

4. $\cosh 2x=\cosh(x+x)=\cosh^2x+\sinh^2x$

$$=\cosh^2x+(\cosh^2x-1)=2\cosh^2x-1$$

$$=(1+\sinh^2x)+\sinh^2x=2\sinh^2x+1$$

5. $2\sinh x\cosh x=2\left(\dfrac{e^x-e^{-x}}{2}\right)\times\left(\dfrac{e^x+e^{-x}}{2}\right)=\dfrac{e^{2x}-e^{-2x}}{2}=\sinh 2x$

6. $\tanh^2x+\operatorname{sech}^2x=\dfrac{\sinh^2x}{\cosh^2x}+\dfrac{1}{\cosh^2x}=\dfrac{\sinh^2x+1}{\cosh^2x}=\dfrac{\cosh^2x}{\cosh^2x}=1$

7. (1) 1.175 (2) 1.543 (3) 0.762 (4) 0.881

(5) 1.317 (6) 0.549

제6장

6.1 지수함수

1. (1) $\frac{1}{\sqrt[6]{2}}$ (2) $2\sqrt{2}$

 (3) $\sqrt[8]{6}$ (4) 1 : $(7-4\sqrt{3}=(2-\sqrt{3})^2)$

 (5) $a^{\frac{17}{24}}$ (6) $a^{\frac{15}{8}}$

 (7) $\sqrt{2}a^{\frac{5}{4}}b^{\frac{5}{6}}$ (8) $a^{\frac{7}{6}}b^{\frac{1}{4}}$

2. $\frac{2}{3}=\frac{1}{4}+\frac{a}{4\times 2}\quad \therefore a=\frac{10}{3}$

3. $\left(\frac{1}{2}\right)^{x-2y}=(2)^{-x+2y}=(2^x)^{-1}\cdot(2^y)^2=3^{-1}\cdot 5^2=\frac{25}{3}$

4. 분모와 분자에 각각 a^{-1}을 곱하면 $\frac{a^2-a^{-4}}{1+a^{-2}}=\frac{2^{-1}-2^2}{1+2}=-\frac{7}{6}$

5. $\pm\frac{8\sqrt{5}}{7}$

6. (1) $x^2+x^{-2}=(x+x^{-1})^2-2=7$ (2) $x^4+x^{-4}=(x^2+x^{-2})^2-2=47$

7. 최댓값 47, 최솟값 -2

6.2 로그함수

1. (1) 12 (2) $\frac{19}{6}$ (3) $\frac{1}{3}$

 (4) $\frac{5}{2}$ (5) $\frac{1}{2}$ (6) $\frac{7}{2}$

2. $\frac{2+a}{3(1+2a)}$

3. $2a+b-2$

4. $\log_6 12=\frac{\log_5 12}{\log_5 6}=\frac{\log_5(2^2\times 3)}{\log_5(2\times 3)}=\frac{2\log_5 2+\log_5 3}{\log_5 2+\log_5 3}=\frac{2a+b}{a+b}$

5. $\frac{2}{3}$

6. 10

7. 0.699

8. $2^{\frac{1}{16}}=\sqrt[16]{2}$

9. $\frac{1}{2}$

10. $2^{\alpha}+2^{-\alpha}=2^{\log_2(\sqrt{5}-2)}+\dfrac{1}{2^{\log_2(\sqrt{5}-2)}}=(\sqrt{5}-2)+\dfrac{1}{(\sqrt{5}-2)}$

$$=\sqrt{5}-2+\frac{(\sqrt{5}+2)}{(\sqrt{5}-2)(\sqrt{5}+2)}=\sqrt{5}-2+(\sqrt{5}+2)=2\sqrt{5}$$

11. $y=\log_3(x+2)-4\ \ (x>-2)$

6.3 지수방정식과 로그방정식

1. (1) $x=-\dfrac{11}{8}$ (2) $x=\dfrac{10}{3}$

(3) $x=\dfrac{1}{2}$ (4) $x=\dfrac{\log 3}{\log 3-\log 2}$

(5) $x=-\dfrac{1}{4}$ (6) $x=-\dfrac{2}{3}$

(7) $x=0, \dfrac{2}{5}$ (8) $x=0, -\dfrac{4}{3}$

(9) $x=2$ (10) $x=1$

2. (1) $x=\dfrac{1}{49}$ (2) $x=2\sqrt{2}$

(3) $x=\dfrac{7}{2}$ (4) $x=2, -7$

(5) $x=\pm\sqrt{3}$ (6) $x=\sqrt{3}$

(7) $x=6$ (8) $x=2+\sqrt{5}$

(9) $x=11$ (10) $x=2, 5$

3. $x=1, -3$: $x^2+2x-2=1$

4. $x=-2$: $3^x=X$로 하면 $X^2+9X-\dfrac{X}{9}-1=0$

$$9X^2+80X-9=0$$
$$(9X-1)(X+9)=0$$
$$\therefore\ X=\frac{1}{9}\ (\because\ X>0)\quad \therefore\ 3^x=\frac{1}{9}\quad \therefore\ x=-2$$

5. $k=2\sqrt{3}$: 두 근을 α, 3α라 하면 $3^{\alpha}=k\alpha$, $3^{3\alpha}=k(3\alpha)$

$$\therefore\ 3^{2\alpha}=3\quad \therefore\ \alpha=\frac{1}{2}$$

6. $\log_3\alpha=54$: $\log_3(\log_9 x)=81^{\frac{1}{4}}=3$, $\log_9 x=3^3=27\quad \therefore\ x=9^{27}=3^{54}$

7. $x=1, 2$, $k=-1$: 두 근을 α, 2α라 하면

$$\log_2\alpha=\alpha+k,\quad \log_2 2\alpha=2\alpha+k$$
$$\therefore\ \alpha=1\qquad \therefore\ k=-1$$

제7장

7.1 등차수열

1. (1) $a=-16$, $d=4$, 일반항 $a_n=4n-20$, 제20항까지의 합

$$S_{20}=\frac{n\{2a+(n-1)d\}}{2}=\frac{20\{2\times(-16)+(20-1)\times 4\}}{2}=440$$

(2) $a=\frac{1}{2}$, $d=\frac{3}{2}$, 일반항 $a_n=\frac{3}{2}n-1$, 제20항까지의 합

$$S_{20}=\frac{n\{2a+(n-1)d\}}{2}=\frac{20\{2\times(1/2)+(20-1)\times(3/2)\}}{2}=295$$

2. 등차중항 $x=\frac{-4+10}{2}=3$, 공차 $d=3-(-4)=7$이므로 $y=10+d=17$

3. (1) $a_2=a+d=-1$, $a_{10}=a+9d=23$ $\therefore$ $a=-4$, $d=3$, $a_n=3n-7$

(2) $a_n=3n-7=293$ $\therefore$ $n=100$

(3) $S_7=\frac{n\{2a+(n-1)d\}}{2}=\frac{7\{2\times(-4)+(7-1)\times 3\}}{2}=35$

$$S_{20}=\frac{n\{2a+(n-1)d\}}{2}=\frac{20\{2\times(-4)+(20-1)\times 3\}}{2}=490$$

$S=S_{20}-S_7=490-35=455$

4. 공차 $d=\log 9-\log 3=\log 3^2-\log 3=2\log 3-\log 3=\log 3$이고, 초항 $a=\log 3$이므로 일반항 $a_n=n\log 3$ $\therefore$ $x=4\log 4$, $y=5\log 3$

합 $S_{20}=\frac{n(a+l)}{2}=\frac{20(\log 3+20\log 3)}{2}=210\log 3$

5. $a_n=3n+198=300$에서 항 수 $n=34$

$\therefore$ $S=201+204+\cdots+300=\frac{34(201+300)}{2}=8517$

6. (1) 일반항 $a_n=-3n+103<0$에서 $n>34.3\cdots$이므로 처음으로 음수가 되는 항은 제35항.

(2) 제35항에서 음수가 되므로 34항까지의 합이 최대가 된다.

$$S_{\max}=S_{34}=\frac{n\{2a+(n-1)d\}}{2}=\frac{34\{2\times 100+(34-1)\times(-3)\}}{2}=1717$$

7. $a_3=a+d=13$, $S_5=\frac{5\{2a+(5-1)d\}}{2}=85$에서 $a+2d=17$

두 식을 연립하면 첫째항 $a=9$, 공차 $d=4$, 일반항 $a_n=4n+5$

8. $a_n=-2n+13$ $(n\geq 1)$

9. 일반항 $a_n=a+(n-1)d$로 놓고 주어진 조건에서 a와 d를 구하면 $a=-4$, $d=3$이다. $\therefore$ $a_{10}=-4+(10-1)\cdot 3=23$

7.2 등비수열

1. (1) $a_n=\frac{1}{8}\cdot 2^{n-1}=\frac{1}{2^3}\cdot 2^{n-1}=2^{n-4}$ (2) $a_n=3\cdot\left(-\frac{1}{3}\right)^{n-1}$

2. $r=\frac{1}{\sqrt{2}}$, $x=4$

3. (1) $S_{10}=\frac{a(1-r^n)}{1-r}=\frac{1\left\{1-\left(\frac{1}{3}\right)^{10}\right\}}{1-1/3}=\frac{3}{2}\left(1-\frac{1}{3^{10}}\right)$

(2) $S_{10}=\frac{a(r^n-1)}{r-1}=\frac{\sqrt{2}\{(\sqrt{2})^{10}-1\}}{\sqrt{2}-1}=\frac{\sqrt{2}(32-1)}{\sqrt{2}-1}=31(2+\sqrt{2})$

4. $x\neq 0$일 때 $S_n=\frac{a(r^n-1)}{r-1}=\frac{1\{(x+1)^n-1\}}{(x+1)-1}=\frac{(x+1)^n-1}{x}$

$x=0$일 때 $S_n=1+1+\cdots+1=n$

5. $S_n=\frac{a(1-r^n)}{1-r}=\frac{a-ar^n}{1-r}=\frac{a-r(ar^{n-1})}{1-r}=\frac{a-rl}{1-r}=\frac{rl-a}{r-1}$

6. $S_n=a(1+r)+a(1+r)^2+\cdots+a(1+r)^{n-1}+a(1+r)^n$

$=\frac{a(1+r)\{(1+r)^n-1\}}{(1+r)-1}=\frac{a(1+r)\{(1+r)^n-1\}}{r}$

◉ a원을 저금하면 1년 후에는 원금+이자$=a+ar=a(1+r)$이고, 2년 후에는 1년 후의 원리합계+1년간의 이자$=a(1+r)+a(1+r)r=a(1+r)^2$이 된다. $\cdots$. 따라서 첫해에 저금한 a원은 n년 말에는 $a(1+r)^n$이 되고, 두 번째 해에 저금한 a원은 $a(1+r)^{n-1}$, $\cdots$, 마지막 해 초에 저금한 a원은 1년 동안 저금한 것이므로 $a(1+r)$이 된다.

7. 등차중항 식에서 $2a=b+8$ ······① 등비중항 식에서 $b^2=36a$ ······②

①을 ②에 대입하면

$$b^2=18(b+8)$$
$$b^2-18b-18\cdot 8=0$$
$$(b-24)(b+6)=0$$
$$\therefore\ b=24\ (\because\ b>0)$$

이고, 이 값을 ①에 대입하면 $a=\frac{24+8}{2}=16$이다.

8. $x^2=3y,\ y^2=8x\ \ \therefore\ x^4=72x\ \ \therefore\ x^3=72$

9. (1) $a=3,\ r=2\ \ \therefore\ S_8=\frac{a(r^n-1)}{r-1}=\frac{3(2^8-1)}{2-1}=765$

(2) $a=\frac{2}{3},\ r=-\frac{1}{2}\ \ \therefore\ S_6=\frac{a(1-r^n)}{1-r}=\frac{\frac{2}{3}\left[1-\left(-\frac{1}{2}\right)^6\right]}{1-(-1/2)}=\frac{7}{16}$

7.3 합의 기호

1. (1) $\sum_{k=1}^{5}3$　　(2) $\sum_{k=1}^{n}2^{k-1}$　　(3) $\sum_{k=1}^{22}(2k+3)$　　(4) $\sum_{k=1}^{n}(2k-1)$

2. (1) -40　　(2) 50

3. (1) 250　　(2) 3135

4. $\sum_{k=1}^{n-1}(k^2-1)=\sum_{k=1}^{n}(k^2-1)-(n^2-1)$이므로

$$\begin{aligned}\sum_{k=1}^{n}(k^2+1)-\sum_{k=1}^{n-1}(k^2-1)&=\sum_{k=1}^{n}(k^2+1)-\left[\sum_{k=1}^{n}(k^2-1)-(n^2-1)\right]\\&=\sum_{k=1}^{n}\{(k^2+1)-(k^2-1)\}+(n^2-1)\\&=\sum_{k=1}^{n}2+(n^2-1)=n^2+2n-1\end{aligned}$$

5. (1) $$\begin{aligned}\sum_{k=1}^{n}\frac{1}{(2k-1)(2k+1)}&=\frac{1}{2}\sum_{k=1}^{n}\left(\frac{1}{2k-1}-\frac{1}{2k+1}\right)\\&=\frac{1}{2}\left(1-\frac{1}{2n+1}\right)=\frac{n}{2n+1}\end{aligned}$$

(2) $$\begin{aligned}\sum_{k=1}^{n}\frac{1}{\sqrt{k}+\sqrt{k+1}}&=\sum_{k=1}^{n}(\sqrt{k+1}-\sqrt{k})\\&=\sqrt{n+1}-1\end{aligned}$$

: $\frac{1}{\sqrt{k+1}+\sqrt{k}}=\frac{(\sqrt{k+1}-\sqrt{k})}{(\sqrt{k+1}+\sqrt{k})(\sqrt{k+1}-\sqrt{k})}=(\sqrt{k+1}-\sqrt{k})$

6. $a_n=\frac{1}{(2n+1)^2-1}=\frac{1}{4n(n+1)}=\frac{1}{4}\left(\frac{1}{n}-\frac{1}{n+1}\right)$

$\therefore\ \sum_{k=1}^{20}a_k=\frac{1}{4}\sum_{k=1}^{20}\left(\frac{1}{k}-\frac{1}{k+1}\right)=\frac{1}{4}\left(1-\frac{1}{20+1}\right)=\frac{5}{21}$

7. 주어진 수열의 일반항 $a_n=1+2+4+\cdots+2^{n-1}=\frac{1\cdot(2^n-1)}{2-1}=2^n-1$

따라서 수열 $\{a_n\}$의 첫째항부터 제8항까지의 합은

$$S_8=\sum_{k=1}^{8}a_k=\sum_{k=1}^{8}(2^k-1)=\sum_{k=1}^{8}(2^k)-\sum_{k=1}^{8}1=\frac{2(2^8-1)}{2-1}-8=502$$

8. $\log A+\log B=\log AB$의 식을 이용한다.

(1) $$\begin{aligned}\sum_{k=2}^{100}\log_{10}\left(1-\frac{1}{k}\right)&=\sum_{k=2}^{100}\log_{10}\left(\frac{k-1}{k}\right)\\&=\log_{10}\left(\frac{1}{2}\right)+\log_{10}\left(\frac{2}{3}\right)+\log_{10}\left(\frac{3}{4}\right)+\cdots+\log_{10}\left(\frac{99}{100}\right)\end{aligned}$$

$$=\log_{10}\left(\frac{1}{2}\cdot\frac{2}{3}\cdot\frac{3}{4}\cdots\cdots\cdot\frac{99}{100}\right)$$

$$=\log_{10}\left(\frac{1}{100}\right)=-2$$

(2) $\sum_{k=1}^{100}\log_{10}\left(1+\frac{1}{k}\right)=\sum_{k=1}^{100}\log_{10}\left(\frac{k+1}{k}\right)$

$$=\log_{10}\left(\frac{2}{1}\right)+\log_{10}\left(\frac{3}{2}\right)+\log_{10}\left(\frac{4}{3}\right)+\cdots+\log_{10}\left(\frac{101}{100}\right)$$

$$=\log_{10}\left(\frac{2}{1}\cdot\frac{3}{2}\cdot\frac{4}{3}\cdots\cdots\cdot\frac{101}{100}\right)$$

$$=\log_{10}(101)$$

7.4 수열의 극한

1. (1) $\frac{5}{3}$ (2) 0 (3) 4

(4) $\frac{1}{\sqrt{n+1}-\sqrt{n}}=\frac{(\sqrt{n+1}+\sqrt{n})}{(\sqrt{n+1}-\sqrt{n})(\sqrt{n+1}+\sqrt{n})}=\sqrt{n+1}+\sqrt{n}$

$\therefore\ \infty$ (발산)

2. (1) $|r|<1 \quad \therefore\ 0$

(2) $\lim_{n\to\infty}\frac{\left(\frac{5}{4}\right)^n}{1+\left(\frac{1}{4}\right)^n}=\frac{\infty}{1+0}=\infty$ (발산)

(3) $\lim_{n\to\infty}\frac{\left(\frac{4}{7}\right)^n-2\cdot 1}{1+\left(\frac{3}{7}\right)^n}=\frac{0-2}{1+0}=-2$

(4) $\lim_{n\to\infty}\frac{3\cdot 1+\left(\frac{2}{3}\right)^n}{\sqrt{1+\left(\frac{1}{9}\right)^n}}=\frac{3+0}{\sqrt{1+0}}=3 \quad (\leftarrow 3^n=\sqrt{9^n}\ )$

3. $\lim_{n\to\infty}a_n=x$로 하면 $\frac{5x+4}{2x-1}=3 \quad \therefore\ \lim_{n\to\infty}a_n=7$

4. (1) $-1<\frac{2x-3}{5}\le 1 \qquad \therefore -1<x\le 4$

(2) $-1<\frac{x^2-x}{2}\le 1 \qquad \therefore -1\le x\le 2$

: 모든 실수 x에 대하여 $x^2-x+2=\left(x-\frac{1}{2}\right)^2+\frac{3}{4}>0$이다.

5. $\lim_{n\to\infty}\frac{1+2+3+\cdots+n}{n^2}=\lim_{n\to\infty}\frac{\frac{n(n+1)}{2}}{n^2}=\lim_{n\to\infty}\frac{1+\frac{1}{n}}{2}=\frac{1}{2}$

6. $\frac{1}{n-\sqrt{n^2-n}}=\frac{n+\sqrt{n^2-n}}{(n-\sqrt{n^2-n})(n+\sqrt{n^2-n})}=\frac{n+\sqrt{n^2-n}}{n}$

$$\therefore\ \lim_{n\to\infty}\frac{1}{n-\sqrt{n^2-n}}=\lim_{n\to\infty}\frac{1+\sqrt{1-\frac{1}{n}}}{1}=2$$

7. $\lim_{n\to\infty}\frac{bn^2+4n}{an^3+3n^2+2}=\lim_{n\to\infty}\frac{b+\frac{4}{n}}{an+3+\frac{2}{n}}=5$

$$\therefore\ a=0,\ b=3\times 5=15$$

8. $\sqrt{3n^2+n}-\sqrt{3n^2-n}=\frac{(\sqrt{3n^2+n}-\sqrt{3n^2-n})(\sqrt{3n^2+n}+\sqrt{3n^2-n})}{\sqrt{3n^2+n}+\sqrt{3n^2-n}}$

$$=\frac{2n}{\sqrt{3n^2+n}+\sqrt{3n^2-n}}=\frac{2}{\sqrt{3+\frac{1}{n}}+\sqrt{3-\frac{1}{n}}}$$

$$\therefore\ \lim_{n\to\infty}(\sqrt{3n^2+n}-\sqrt{3n^2-n})=\frac{2}{\sqrt{3}+\sqrt{3}}=\frac{1}{\sqrt{3}}=\frac{\sqrt{3}}{3}$$

제8장

8.1 함수의 극한

1. (1) -1 (2) 4 (3) $\frac{1}{3}$ (4) 2

2. (1) $+\infty$: 발산 (2) $+\infty$: 발산
(3) $+\infty$: 발산 (4) $\pm\infty$: 발산

3. (1) $+\infty$: 발산 (2) $-\infty$: 발산
(3) $+\infty$: 발산 (4) -2

4. (1) 5 (2) $\frac{5}{8}$ (3) 4 (4) $\frac{3}{4}$
(5) $\frac{1}{2}$ (6) 1 (7) 4 (8) $2\sqrt{2}$

5. $\sqrt[3]{x}=X$로 하면 $\sqrt[3]{8}=X=2$이다.

$$\lim_{x\to 8}\frac{x-8}{\sqrt[3]{x}-2}=\lim_{X\to 2}\frac{X^3-8}{X-2}=\lim_{X\to 2}\frac{(X-2)(X^2+2X+4)}{X-2}$$
$$=\lim_{X\to 2}(X^2+2X+4)=2^2+2\cdot 2+4=12$$

6. $\frac{1}{\sqrt{2}}$

7. $a=2$

8. (1) $a=1,\ b=-1$ (2) $a=1,\ b=-2$

9. $4+2a+6=0\quad\therefore\ a=-5$, 극한값$=-1$

10. $\lim_{x\to 0}\frac{5x^3+6f(x)}{4x^3-3f(x)}=\lim_{x\to 0}\frac{5x^2+6f(x)/x}{4x^2-3f(x)/x}=\frac{0+6a}{0-3a}=-2$

11. $\log(2x+3)-\log x=\log\frac{2x+3}{x}=\log\left(2+\frac{3}{x}\right)$

$\therefore\ \lim_{x\to\infty}\{\log(2x+3)-\log x\}=\lim_{x\to\infty}\left(2+\frac{3}{x}\right)=\log(2+0)=\log 2$

12. $\lim_{x\to\infty}\frac{5^x-4^x}{5^x+4^x}=\lim_{x\to\infty}\frac{1-(4/5)^x}{1+(4/5)^x}=\frac{1-0}{1+0}=1$

13. $x^2+ax+b=(x-3)(x+2)\quad\therefore\ a=-1,\ b=-6$

14. (1) $\lim_{x\to 0}\frac{12x}{\tan 3x}=\lim_{x\to 0}\frac{3x}{\tan 3x}\times 4=4$

(2) $\lim_{x\to 0}\frac{\sin 2x}{\sin 5x}=\lim_{x\to 0}\left(\frac{5x}{\sin 5x}\times\frac{\sin 2x}{2x}\right)\times\frac{2}{5}=\frac{2}{5}$

8.2 함수의 연속

1. (1) $x=-\frac{5}{2}$에서 불연속 (2) $x<\frac{4}{3}$에서 연속

   (3) $x=-1$에서 불연속 (4) $(-\infty, \infty)$에서 연속

2. $-2a-2=2a+3 \quad \therefore\ a=-\frac{5}{4}$

3. $3=1+a+b,\ 1=4+2a+b \quad \therefore\ a=-5,\ b=7$

4. $x=1$일 때 $2=a+2002 \quad \therefore\ a=-2000$

$$\therefore\ f(2)=-2000\times 2+2002=-1998$$

5. $(x-1)(x+1)f(x)=x^4+ax+b$이므로 $x=1,\ -1$을 대입하면

$$0=1+a+b,\ 0=1-a+b \quad \therefore\ a=0,\ b=-1$$

   따라서 준 식은 $(x^2-1)f(x)=x^4-1$이 된다. 여기에서 $x=2$를 대입하면 $f(2)=5$가 구해진다.

6. $f(x)=\log x+x-4$로 하면

$$f(1)=0+1-4=-3<0,\quad f(4)=\log 4+4-4=\log 4>0$$

   $\therefore\ f(1)f(4)<0$ 이므로 $f(x)=0$는 $[1,4]$에서 적어도 하나의 실근을 가진다.

7. $f(x)=4x^{2015}-x-1$로 하면

$$f(0)=0-0-1=-1<0,\quad f(1)=4-1-1=2>0$$

   $\therefore\ f(0)f(1)<0$ 이므로 $f(x)=0$는 $[0,1]$에서 적어도 하나의 실근을 가진다. 즉, 0보다 크고 1보다 작은 실근을 가진다.

제9장

9.1 미분계수와 도함수

1. (1) $\frac{9-1}{2-0}=4$ (2) $\frac{7-(-3)}{1-(-1)}=5$

2. (1) 0 (2) 2 (3) -6 (4) 3

3. (1) $\lim_{h\to 0}\frac{f(a+2h)-f(a)}{2h}\times 2=f'(a)\times 2=2$

   (2) $f(a+2h)-f(a-2h)=f(a+2h)-f(a)-\{f(a-2h)-f(a)\}$

$$\therefore \lim_{h\to 0}\frac{f(a+2h)-f(a-2h)}{h}$$
$$=\lim_{h\to 0}\frac{f(a+2h)-f(a)}{2h}\times 2-\lim_{h\to 0}\frac{f(a-2h)-f(a)}{-2h}\times(-2)$$
$$=2f'(a)-f'(a)\cdot(-2)$$
$$=4f'(a)=4$$

4. $$\lim_{h\to 0}\frac{f(2h)-f(3h)}{h}=\lim_{h\to 0}\frac{f(2h)-f(0)-f(3h)+f(0)}{h}$$
$$=2\lim_{h\to 0}\frac{f(2h)-f(0)}{2h}-3\lim_{h\to 0}\frac{f(3h)-f(0)}{3h}$$
$$=2\lim_{h'\to 0}\frac{f(h')-f(0)}{h'}-3\lim_{h''\to 0}\frac{f(h'')-f(0)}{h''}$$
$(\leftarrow h'=2h,\ h''=3h)$
$$=2f'(0)-3f'(0)=4$$
$\therefore\ f'(0)=-4$

5. $$\lim_{x\to 1}\frac{f(x)-f(1)}{x^2-1}=\lim_{x\to 1}\frac{f(x)-f(1)}{(x-1)(x+1)}=\lim_{x\to 1}\frac{f(x)-f(1)}{x-1}\times\lim_{x\to 1}\frac{1}{x+1}$$
$$=f'(1)\times\frac{1}{2}=\frac{3}{2}$$

6. $y=2(x-1)+1=2x-1$

7. (1) $f'(x)=0$ (2) $f'(x)=2$

   (3) $f'(x)=-8x+3$ (4) $f'(x)=4x+5$

8. $$f'(x)=\lim_{h\to 0}\frac{f(x+h)-f(x)}{h}=\lim_{h\to 0}\frac{\sqrt{x+h}-\sqrt{x}}{h}$$
$$=\lim_{h\to 0}\frac{(\sqrt{x+h}-\sqrt{x})(\sqrt{x+h}+\sqrt{x})}{h(\sqrt{x+h}+\sqrt{x})}$$
$$=\lim_{h\to 0}\frac{(x+h)-x}{h(\sqrt{x+h}+\sqrt{x})}$$
$$=\lim_{h\to 0}\frac{1}{\sqrt{x+h}+\sqrt{x}}$$

$$= \frac{1}{2\sqrt{x}}$$

9.2 다항함수의 미분법

1. (1) $y' = 0$ (2) $y' = 0$
   (3) $y' = 2x^7$ (4) $y' = 2x^3 + 3x$
   (5) $y' = -2x^2 + x + 4$ (6) $y' = 7x^6 + 8x^3$
   (7) $y' = 7x^6 - 4x^3 - 6$ (8) $y' = 10x^4 + 12x^3 + 6x^2 + 6x + 2$
2. $y' = 12x^2 - 2x - 3$이므로 점 $(1, 2)$에서의 기울기 $a = 12 - 2 - 3 = 7$이다. 따라서 접선의 방정식은 $y = 7(x-1) + 2 = 7x - 5$.
3. 직선 $y = 2x + 1$에 평행하므로 구하는 직선의 기울기는 2이다. 따라서 기울기 $y' = 2x - 4 = 2$에서 $x = 3$이고 이때 $y = x^2 - 4x + 5 = 2$이므로 구하는 직선은 기울기가 2이고 점 $(3, 2)$를 지난다. $\therefore\ y = 2(x-3) + 2 = 2x - 4$
4. $f'(x) = 4x^3 - 6x^2$

$$\lim_{h\to 0}\frac{f(1+h)-f(1-h)}{h} = \lim_{h\to 0}\frac{\{f(1+h)-f(1)\}-\{f(1-h)-f(1)\}}{h}$$
$$= \lim_{h\to 0}\frac{\{f(1+h)-f(1)\}}{h} + \lim_{h\to 0}\frac{\{f(1-h)-f(1)\}}{-h}$$
$$= f'(1) + f'(1) = 2f'(1) = 2(4-6) = -4$$

5. $f(x) = x^6$으로 하면 $\lim_{x\to 0}\frac{x^6-64}{x-2} = \lim_{x\to 0}\frac{f(x)-f(2)}{x-2} = f'(2)$

   $\therefore$ 준 식의 값은 $f'(2) = 6 \cdot 2^5 = 192$
6. (1) $(2f+g)'(1) = 2f'(1) + g'(1) = 2 \cdot 4 + 5 = 13$
   (2) $4f'(1) - 2g'(1) = 4 \cdot 4 - 2 \cdot 5 = 6$
   (3) $3f(1)g'(1) = 3 \cdot 2 \cdot 5 = 30$
   (4) $(fg)' = f'g + fg'$

$$\therefore\ (fg)'(1) = f'(1)g(1) + f(1)g'(1) = 4 \cdot 3 + 2 \cdot 5 = 22$$

7. 곱의 미분 공식에 의해 $f'(x) = (x^2)'g(x) + x^2g'(x) = 2xg(x) + x^2g'(x)$

$$\therefore\ f'(1) = 2 \cdot 1 \cdot g(1) + 1^2 \cdot g'(1) = 2g(1) + g'(1) = 2 \cdot 1 + 2 = 4$$

8. $y' = 3x^2 - 1$에 $x = 1$을 대입하면 접선의 기울기 2가 구해진다. 따라서 접선에 수직인 직선의 기울기는 $-\frac{1}{2}$이다. 이 직선이 점 $(1, 3)$를 지나므로 구하는 직선의 방정식은 다음과 같다.

$$y = -\frac{1}{2}(x-1) + 3 = -\frac{1}{2} + \frac{7}{2}$$

9.3 함수의 증가와 감소

1. (1) $x<2$에서 증가, $x>2$에서 감소
   (2) $x<1$, $x>3$에서 증가, $1<x<3$에서 감소
   (3) $-1<x<1$에서 증가, $x<-1$, $x>1$에서 감소
   (4) $x<-3$, $x>5$에서 증가, $-3<x<5$에서 감소
2. $f'(x)=-x^2+ax+b=-(x-3)(x-4)$
$$\therefore\ a=7,\ b=-12$$
3. $f'(x)=6x^2+6ax+6b=6(x^2+ax+6)=6(x-2)(x-3)$
$$\therefore\ a=-5,\ b=6$$
4. 증가상태에서 $f'(x)=-6x^2+a>0$이다.
$$\therefore\ f'(1)=-6+a>0 \quad \therefore\ a>6$$
5. (1) 극솟값 $f(-3)=-12$
   (2) 극댓값 $f(1)=2-9+12-2=3$, 극솟값 $f(2)=16-36+24-2=2$
   (3) 극솟값 $f(-1)=1+3-9+4=-1$,
   극댓값 $f(3)=-27+27+27+4=31$
   (4) 극댓값 $f(1)=1-6+9=4$, 극솟값 $f(3)=27-54+27=0$
6. $f'(x)=6x^2-12x=6x(x-2)=0$에서 $x=0, 2$.
$$\therefore\ f(x)\text{는 } x=0\text{에서 극댓값, } x=2\text{에서 극솟값 4를 갖는다.}$$
따라서 $b=2$이고 $f(2)=16-24+a=4$에서 $a=12$이다.
$$\therefore\ \text{극댓값 } f(0)=a=12$$
7. $f'(x)=6x^2-30x+6ax=6(x^2-5x+a)<0$을 만족하는 x의 범위가
$2<x<3$이므로 $x^2-5x+a=(x-2)(x-3) \quad \therefore\ a=6$
8. $f'(x)=3x^2-3a^2=3(x-a)(x+a)=0$에서 $x=a, -a$
$$\therefore\ f(-a)-f(a)=2a^3-(-2a^3)=32 \quad \therefore\ a=2$$
9. $f'(x)=3x^2+2ax+a=0$
$$D/4=a^2-3a\le 0,\quad a(a-3)\le 0 \quad \therefore\ 0\le a\le 3$$

◉ 삼차함수 $f(x)$에 대해 이차방정식 $f'(x)=0$가 중근 또는 허근을 가지면 극값을 갖지 않는다.

9.4 함수의 최댓값과 최솟값

1. (1) $f'(x)=3x^2-6x-9=3(x-3)(x+1)$
   극댓값 $f(-1)=12$, 극솟값 $f(3)=-20$

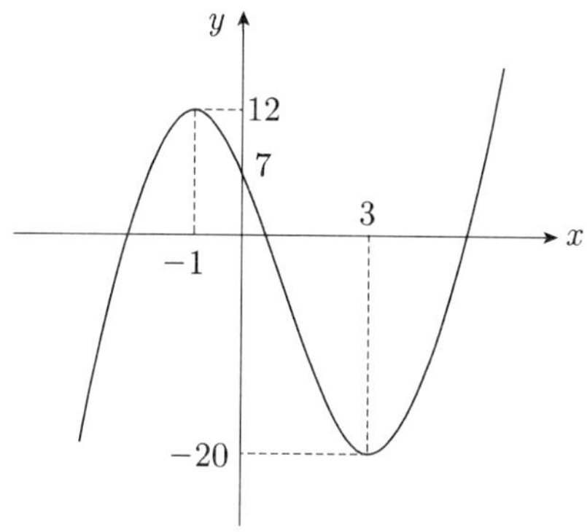

(2) $f'(x)=12x^3-24x^2-12x+24=12(x-1)(x+1)(x-2)$

극댓값 $f(1)=17$, 극솟값 $f(-1)=-15$, 극솟값 $f(2)=12$

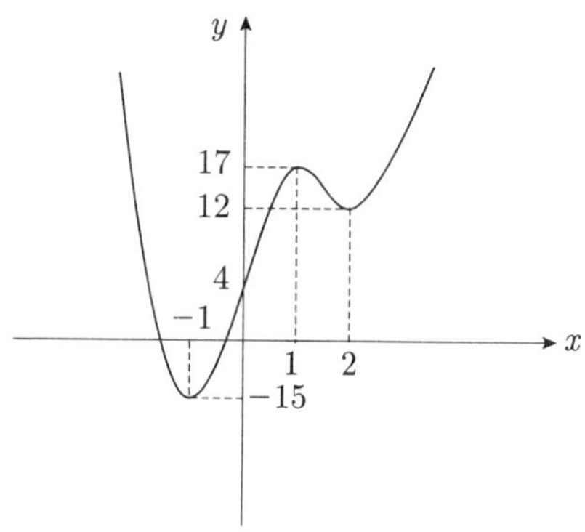

2. (1) 최댓값 4, 최솟값 0 (2) 최댓값 12, 최솟값 −15

(3) 최댓값 33, 최솟값 −31 (4) 최댓값 64, 최솟값 0

3. $V=\dfrac{\pi h}{R}x^2(R-x)$, $0 \le x \le R$, 최대 부피 $\dfrac{4\pi R^2 h}{27}$

4. $v_0=9.8\,\mathrm{m/s}$, $h_{\max}=4.9\,\mathrm{m}$

5. $\cos^2 x=1-\sin^2 x$ 이므로

$f(x)=-2\sin x(1-\sin^2 x)-3\sin^2 x+2\sin x=2\sin^3 x-3\sin^2 x$

$\sin x=t$ $(-1 \le t \le 1)$로 치환하면 $g(t)=2t^3-3t^2$

$g'(t)=6t^2-6t=6t(t-1)$

$g'(t)=0$에서 $t=0, 1$

t	-1	$\cdots$	0	$\cdots$	1
$g'(t)$	$+$	$+$	0	$-$	0
$g(t)=f(x)$	-5	↗	0	↘	-1

$\therefore$ 최솟값 -5, 최댓값 0

6. $\log x = t\ (0 \le t \le 2)$로 하면 $y = t^3 + 3t^2 - 9t$

$$y' = 3t^2 + 6t - 9 = 3(t^2 + 2t - 3) = 3(t+3)(t-1)$$
$$t = 1\text{에서 } y_{\min} = -5,\ t = 2\text{에서 } y_{\max} = 2$$

7. $t = 2^x (t > 0)$로 하면 $y = 2t^3 - 3t^2 - 12t + 10$이다.

$$y' = 6t^2 - 6t - 12 = 6(t-2)(t+1)$$

$t > 0$이므로 $t = 2$에서 최솟값 $y_{\min} = 2 \cdot 2^3 - 3 \cdot 2^2 - 12 \cdot 2 + 10 = -10$ 이고 최댓값은 없다. ($t \to \infty$, $y \to \infty$ 이다.)

8. $S = 2x(-x^2 + 3)$, $0 \le x \le \sqrt{3}$, 최대 넓이 $S_{\max} = 4$

9. $y' = 3x^2 - 12 = 3(x-2)(x+2) = 0$에서 $x = -2, 2$. 구간이 $1 \le x \le 3$이므로 $x = 1, 2, 3$ 의 y값 중에서 최댓값과 최솟값을 가진다.

$$x = 1\text{일 때 } y = -11 + a$$
$$x = 2\text{일 때 } y = -16 + a$$
$$x = 3\text{일 때 } y = -9 + a$$
$$\therefore\ \text{최솟값 } -12 = -16 + a\text{에서 } a = 4$$
$$\therefore\ \text{최댓값 } y_{\max} = -9 + a = -5$$

제10장

10.1 부정적분

1. (1) $7x+C$

(2) $\frac{1}{9}x^9+C$

(3) $\frac{2}{5}x^5+C$

(4) $2x^{12}+C$

(5) $\frac{2}{3}x^6+\frac{3}{2}x^2+5x+C$

(6) $2x^3+\frac{7}{2}x^2+2x+C$

(7) $\frac{1}{4}x^4-\frac{1}{2}x^2+C$

(8) $\frac{1}{3}x^3-\frac{1}{2}x^2+x+C$

(9) $\frac{1}{3}x^3+x^2+4x+C$

(10) $\frac{1}{2}x^2+3x+C$

(11) $\frac{1}{16}(4x-3)^4+C$

(12) $\frac{1}{42}(7x+2)^6+C$

(13) y^3+y^2+C

(14) $\frac{5}{2}t^2+4t+C$

(15) v^4+v^2+3v+C

(16) T^2-5T+C

2. $f(x)=x^3+2x^2+C$, $f(1)=6$에서 $C=3$

$\therefore\ f(x)=x^3+2x^2+3$

3. $f(x)=\frac{d}{dx}\left(\frac{1}{3}x^3-\frac{3}{2}x^2+2x+C\right)=x^2-3x+2$

$$\therefore\ f'(x)=2x-3=0\text{에서 } x=\frac{3}{2}\text{이고 극솟값 } f\left(\frac{3}{2}\right)=-\frac{1}{4}$$

4. $f'(x)=g'(x)$을 적분하면 $f(x)=g(x)+C$이므로 $f(x)-g(x)=C$로 일정.

$$\therefore\ f(3)-g(3)=f(1)-g(1)=\sqrt{5}$$

5. $(x^2+1)f(x)=\frac{d}{dx}(4x^5-10x^2+8x+C)=20x^4-20x+8$

양변에 $x=1$을 대입하면,

$$(1+1)f(1)=20-20+8 \quad \therefore\ f(1)=4$$

10.2 정적분

1. (1) 20

(2) $\frac{15}{4}$

(3) 30

(4) -12

(5) 4

(6) 9

(7) 8

(8) $\left[\frac{1}{15}(3x-4)^5\right]_1^2=\frac{33}{15}$

(9) (준 식)$=\int_2^3 \frac{x^3-1}{x-1}dx=\int_2^3 (x^2+x+1)dx=\left[\frac{1}{3}x^3+\frac{1}{2}x^2+x\right]_2^3$

$=\left(9+\frac{9}{2}+3\right)-\left(\frac{8}{3}+2+2\right)=\frac{59}{6}$

(10) (준 식)$=\int_{-2}^2 x^2dx+\int_{-2}^2 \sin 4x dx=2\int_0^2 x^2dx+0$

$=2\left[\frac{1}{3}x^3\right]_0^2=\frac{16}{3}$

◉ $\sin kx$는 원점에 대해 대칭인 기함수이다. $\sin(-kx)=-\sin(kx)$

2. (1) (준 식)$=\int_0^1 (1-x)dx+\int_1^4 (x-1)dx=\frac{1}{2}+\frac{9}{2}=5$

(2) (준 식)$=\int_1^2 (2x-x^2)dx+\int_2^3 (x^2-2x)dx=\frac{2}{3}+\frac{4}{3}=2$

← $x^2-2x=x(x-2)$는 $1<x<2$에서는 0보다 작고, $2<x<3$에서는 0보다 크다.

3. (준 식)$=\int_{-2}^2 (2x^7-5x^5+4x^3+7x)dx+\int_{-2}^2 (3x^2+1)dx$

$=0+2\int_0^2 (3x^2+1)dx=2\left[x^3+x\right]_0^2=2\cdot(8+2)=20$

4. $h=v_0t+\frac{1}{2}gt^2$

5. $S=\int_\alpha^\beta a(x-\alpha)(x-\beta)dx$

$=a\int_\alpha^\beta [x^2-(\alpha+\beta)x+\alpha\beta]dx$

$=a\left[\frac{1}{3}x^3-\frac{1}{2}(\alpha+\beta)x^2+\alpha\beta x\right]_\alpha^\beta$

$=a\left[\frac{1}{3}(\beta^3-\alpha^3)-\frac{1}{2}(\alpha+\beta)(\beta^2-\alpha^2)+\alpha\beta(\beta-\alpha)\right]$

$=\frac{a}{6}(\beta-\alpha)\left[2(\beta^2+\alpha\beta+\alpha^2)-3(\alpha+\beta)^2+6\alpha\beta\right]$

$=\frac{a}{6}(\beta-\alpha)(-\beta^2+2\alpha\beta-\alpha^2)$

$=-\frac{a(\beta-\alpha)^3}{6}$

◉ $a^3-b^3=(a-b)(a^2+ab+b^2)$

◉ $|S|=\left|\frac{a(\beta-\alpha)^3}{6}\right|$은 포물선 $y=a(x-\alpha)(x-\beta)$와 x축으로 둘러싸인 도형의 넓이를 나타낸다.

6. (1) $x^2-5x+6=(x-2)(x-3)$ $\therefore$ $a=1,\ \alpha=2,\ \beta=3$

$$\therefore\ -\frac{(1)(3-2)^3}{6}=-\frac{1}{6}$$

(2) $-3x^2+3x+6=-3(x+1)(x-2)$ $\therefore$ $a=-3,\ \alpha=-1,\ \beta=2$

$$\therefore\ -\frac{(-3)(2+1)^3}{6}=\frac{27}{2}$$

10.3 정적분의 활용

1. (1) $\displaystyle\int_0^4(-x^2+4x)dx=\frac{32}{3}$

(2) $\displaystyle\int_0^1(x^3-3x^2+2x)dx+\int_1^2(-x^3+3x^2-2x)dx=\frac{1}{4}+\frac{1}{4}=\frac{1}{2}$

2. (1) $\displaystyle\int_{-1}^2\{(x+2)-(x^2)\}dx=\frac{9}{2}$

(2) $\displaystyle\int_{-3}^2\{(-x^2+4)-(x-2)\}dx=\frac{125}{6}$

(3) $\displaystyle\int_{-1}^2\{(-x^2+2x+3)-(x^2-1)\}dx=9$

(4) $\displaystyle\int_1^4\{(-x^2+6x-5)-(x^2-4x+3)\}dx=9$

(5) $\displaystyle\int_0^2 xdy=\int_0^2 y^2dy=\frac{8}{3}$

(6) $\displaystyle\int_{-4}^1\{(3y-4)-(-y^2)\}dy=\frac{125}{6}$

3. $-2\le y\le 2$에서 $y^2-4\le 0$, $2\le x\le 4$에서 $y^2-4\ge 0$

$\therefore$ $\displaystyle S=\int_{-2}^4|f(y)|dy=\int_{-2}^2(4-y^2)dy+\int_2^4(y^2-4)dy=\frac{64}{3}$

4. (1) $\displaystyle V=\pi\int_0^1(x^2-x^4)dx=\frac{2\pi}{15}$ (2) $\displaystyle V=\pi\int_0^1(y-y^2)dy=\frac{\pi}{6}$

5. $\displaystyle V=\pi\int_{-1}^0 y^2dx=\pi\int_{-1}^0(\sqrt{x+1})^2dx=\pi\int_{-1}^0(x+1)dx=\frac{\pi}{2}$

6. $\displaystyle V=\pi\int_{-1}^0\{(-x^2+1)^2-(x+1)^2\}dx=\pi\int_{-1}^0(x^4-3x^2-2x)dx=\frac{\pi}{5}$

7. 차가 정지하였을 때 $v(t)=40-2t=0$에서 $t=20$.

$\therefore$ 차는 $t=20$초 후에 정지한다.

$\therefore$ 정지할 때까지 이동한 거리 $\displaystyle=\int_0^{20}(40-2t)dt=\left[40t-t^2\right]_0^{20}=400(\mathrm{m})$

공식

1. 삼각함수

■ 1.1 기본 공식

1. $\sin(-\theta) = -\sin\theta$
2. $\cos(-\theta) = \cos\theta$
3. $\tan(-\theta) = -\tan\theta$
4. $\cos\left(\frac{\pi}{2}-\theta\right) = \sin\theta$
5. $\sin\left(\frac{\pi}{2}-\theta\right) = \cos\theta$
6. $\csc\theta = \frac{1}{\sin\theta}$
7. $\sec\theta = \frac{1}{\cos\theta}$
8. $\cot\theta = \frac{1}{\tan\theta}$
9. $\tan\theta = \frac{\sin\theta}{\cos\theta}$
10. $\cot\theta = \frac{\cos\theta}{\sin\theta}$
11. $\sin^2\theta + \cos^2\theta = 1$
12. $1+\tan^2\theta = \sec^2\theta$
13. $1+\cot^2\theta = \csc^2\theta$

■ 1.2 덧셈 정리

1. $\sin(x+y) = \sin x\cos y + \cos x\sin y$
2. $\sin(x-y) = \sin x\cos y - \cos x\sin y$
3. $\cos(x+y) = \cos x\cos y - \sin x\sin y$
4. $\cos(x-y) = \cos x\cos y + \sin x\sin y$
5. $\tan(x+y) = \frac{\tan x + \tan y}{1-\tan x\tan y}$
6. $\tan(x-y) = \frac{\tan x - \tan y}{1+\tan x\tan y}$

■ 1.3 배각 공식

1. $\sin 2x = 2\sin x\cos x$
2. $\cos 2x = \cos^2 x - \sin^2 x = 1-2\sin^2 x = 2\cos^2 x - 1$
3. $\tan 2x = \frac{2\tan x}{1-\tan^2 x}$
4. $\sin 3x = 3\sin x - 4\sin^3 x$
5. $\cos 3x = -3\cos x + 4\cos^3 x$

■ 1.4 반각 공식

1. $\sin^2\frac{x}{2} = \frac{1-\cos x}{2}$
2. $\cos^2\frac{x}{2} = \frac{1+\cos x}{2}$
3. $\tan^2\frac{x}{2} = \frac{1-\cos x}{1+\cos x}$

■ 1.5 곱을 합으로 고치는 공식

1. $\sin x\cos y = \frac{1}{2}[\sin(x+y)+\sin(x-y)]$
2. $\cos x\sin y = \frac{1}{2}[\sin(x+y)-\sin(x-y)]$
3. $\cos x\cos y = \frac{1}{2}[\cos(x+y)+\cos(x-y)]$
4. $\sin x\sin y = -\frac{1}{2}[\cos(x+y)-\cos(x-y)]$

■ 1.6 합을 곱으로 고치는 공식

1. $\sin x+\sin y = 2\sin\frac{x+y}{2}\cos\frac{x-y}{2}$
2. $\sin x-\sin y = 2\cos\frac{x+y}{2}\sin\frac{x-y}{2}$
3. $\cos x+\cos y = 2\cos\frac{x+y}{2}\cos\frac{x-y}{2}$
4. $\cos x-\cos y = -2\sin\frac{x+y}{2}\sin\frac{x-y}{2}$

■ 1.7 삼각함수 합성

1. $A\cos x+B\sin x = \sqrt{A^2+B^2}\sin(x\pm\delta), \quad \tan\delta=\pm\frac{A}{B}$ (복호 동순)
2. $A\cos x+B\sin x = \sqrt{A^2+B^2}\cos(x\pm\delta), \quad \tan\delta=\mp\frac{B}{A}$ (복호 동순)

2. 미분

■ 2.1 일반 공식

1. $\frac{d}{dx}(C)=0$ (C는 상수)
2. $\frac{d}{dx}(x^p)=px^{p-1}$ (p는 실수)
3. $\frac{d}{dx}[Cf(x)]=Cf'(x)$ (C는 상수)
4. $\frac{d}{dx}[f(x)\pm g(x)]=f'(x)\pm g'(x)$ (복호동순)
5. $\frac{d}{dx}[f(x)g(x)]=f'(x)g(x)+f(x)g'(x)$
6. $\frac{d}{dx}\left[\frac{f(x)}{g(x)}\right]=\frac{f'(x)g(x)-f(x)g'(x)}{[g(x)]^2}$

7. $\frac{du}{dx} = \frac{du}{dy} \cdot \frac{dy}{dx}$ (Chain rule, 연쇄법칙)

▪ 2.2 지수함수, 로그함수

1. $\frac{d}{dx}(e^x) = e^x$
2. $\frac{d}{dx}(a^x) = a^x \ln a$
3. $\frac{d}{dx}(\ln x) = \frac{1}{x}$
4. $\frac{d}{dx}(\log_a x) = \frac{1}{x \ln a}$

▪ 2.3 삼각함수

1. $\frac{d}{dx}(\sin x) = \cos x$
2. $\frac{d}{dx}(\cos x) = -\sin x$
3. $\frac{d}{dx}(\tan x) = \sec^2 x$
4. $\frac{d}{dx}(\cot x) = -\csc^2 x$
5. $\frac{d}{dx}(\sec x) = \sec x \tan x$
6. $\frac{d}{dx}(\csc x) = -\csc x \cot x$

3. 적분

▪ 3.1 일반 공식

1. $\int (u \pm v)dx = \int u dx \pm \int v dx$
2. $\int C u dx = C \int u dx$ (C는 상수)
3. $\int u' v dx = uv - \int u v' dx$ 또는 $\int v du = uv - \int u dv$ (부분적분법)
4. $\int F[u(x)]dx = \int F(w) \frac{dw}{w'}$, $w = u(x)$, $w' = \frac{dw}{dx}$

▪ 3.2 기본형

1. $\int k dx = kx + C$ (k, C는 상수)
2. $\int x^n dx = \frac{1}{n+1} x^{n+1} + C \quad (n \neq -1)$
3. $\int \frac{1}{x} dx = \ln|x| + C$
4. $\int a^x dx = \frac{a^x}{\ln a} + C \quad (a > 0, a \neq 1)$
5. $\int e^x dx = e^x + C$
6. $\int \sin x dx = -\cos x + C$
7. $\int \cos x dx = \sin x + C$
8. $\int \sec x \, dx = \ln|\sec x + \tan x| + C$
9. $\int \tan x dx = -\ln|\cos x| + C$
10. $\int \csc x \, dx = \ln|\csc x - \cot x| + C$
11. $\int \cot x dx = \ln|\sin x| + C$
12. $\int \sec^2 x dx = \tan x + C$
13. $\int \csc^2 x dx = -\cot x + C$
14. $\int \sec x \tan x dx = \sec x + C$

15. $\int \csc x \cot x\, dx = -\csc x + C$

16. $\int \frac{1}{\sqrt{a^2 - x^2}} dx = \sin^{-1}\left(\frac{x}{a}\right) + C$

17. $\int \frac{1}{a^2 + x^2} dx = \frac{1}{a} \tan^{-1}\left(\frac{x}{a}\right) + C$

18. $\int \frac{1}{x\sqrt{x^2 - a^2}} dx = \frac{1}{a} \sec^{-1}\left(\frac{x}{a}\right) + C$

19. $\int \frac{1}{x^2 - a^2} dx = \frac{1}{2a} \ln\left|\frac{x-a}{x+a}\right| + C$

20. $\int \frac{1}{\sqrt{x^2 - a^2}} dx = \ln(x + \sqrt{x^2 - a^2}) + C' = \cosh^{-1}\left(\frac{x}{a}\right) + C$

21. $\int \frac{1}{\sqrt{x^2 + a^2}} dx = \ln(x + \sqrt{x^2 + a^2}) + C' = \sinh^{-1}\left(\frac{x}{a}\right) + C$

■ 3.3 지수함수, 로그함수

1. $\int \ln x\, dx = x \ln x - x + C$
2. $\int \frac{1}{x \ln x} dx = \ln|\ln x| + C$
3. $\int (\ln x)^2 dx = x(\ln x)^2 - 2x \ln x + 2x + C$
4. $\int x \ln x\, dx = \frac{1}{2} x^2 \ln x - \frac{x^2}{4} + C$
5. $\int x e^x dx = e^x (x - 1) + C$
6. $\int x^2 e^x dx = e^x (x^2 - 2x + 2) + C$
7. $\int x e^{ax} dx = \frac{1}{a^2}(ax - 1) e^{ax} + C$
8. $\int x^n e^{ax} dx = \frac{1}{a} x^n e^{ax} - \frac{n}{a} \int x^{n-1} e^{ax} dx + C$
9. $\int x^n \ln x\, dx = \frac{x^{n+1}}{(n+1)^2} [(n+1) \ln x - 1] + C$
10. $\int (\ln x)^n dx = x(\ln x)^n - n \int (\ln x)^{n-1} dx + C$
11. $\int e^{ax} \sin bx\, dx = \frac{e^{ax}}{a^2 + b^2}(a \sin bx - b \cos bx) + C$
12. $\int e^{ax} \cos bx\, dx = \frac{e^{ax}}{a^2 + b^2}(a \cos bx + b \sin bx) + C$

■ 3.4 삼각함수

1. $\int \sin^2 x\, dx = \frac{1}{2} x - \frac{1}{4} \sin 2x + C$
2. $\int \tan^2 x\, dx = \tan x - x + C$

3. $\int \cos^2 x\, dx = \frac{1}{2}x + \frac{1}{4}\sin 2x + C$

4. $\int \cot^2 x\, dx = -\cot x - x + C$

5. $\int \sin^n x\, dx = -\frac{1}{n}\sin^{n-1}x\cos x + \frac{n-1}{n}\int \sin^{n-2}x\, dx$

6. $\int \cos^n x\, dx = \frac{1}{n}\cos^{n-1}x\sin x + \frac{n-1}{n}\int \cos^{n-2}x\, dx$

7. $\int x\sin x\, dx = \sin x - x\cos x + C$

8. $\int x\cos x\, dx = \cos x + x\sin x + C$

9. $\int x^n \sin x\, dx = -x^n\cos x + n\int x^{n-1}\cos x\, dx$

10. $\int x^n \cos x\, dx = x^n \sin x - n\int x^{n-1}\sin x\, dx$

■ 3.5 쌍곡선함수

1. $\int \sinh x\, dx = \cosh x + C$

2. $\int \cosh x\, dx = \sinh x + C$

3. $\int \tanh x\, dx = \ln(\cosh x) + C$

4. $\int \coth x\, dx = \ln|\sinh x| + C$

5. $\int \operatorname{sech} x\, dx = \tan^{-1}|\sinh x| + C$

6. $\int \operatorname{csch} x\, dx = \ln\left|\tanh\frac{1}{2}x\right| + C$

7. $\int \operatorname{sech}^2 x\, dx = \tanh x + C$

8. $\int \operatorname{csch}^2 x\, dx = -\coth x + C$

찾아보기

기초미적분학

지은이 유주식
펴낸이 조경희
펴낸곳 경문사
펴낸날 2016년 3월 5일 1판 1쇄
등 록 1979년 11월 9일 제313-1979-23호
주 소 121-818, 서울특별시 마포구 와우산로 174
전 화 (02)332-2004 팩스 (02)336-5193
이메일 kyungmoon@kyungmoon.com

값 14,000원

ISBN 978-89-6105-968-8